KB063801

태양을 만드는 사람들

일러두기

— 책과 신문, 잡지와 학술지는《 》, 그림과 영화, 음악 작품명은〈 〉로 구분했다.

— 노래 가사는 한국음악저작권협회의 승인을 받아 수록했다.

— 외래어는 국립국어원의 외래어 표기 규정에 따라 표기했다.
일부 용어는 관습적 표현과 원어 발음을 감안하여 적었다.

— 'plasma'는 관련 학계와 산업계에서 널리 쓰이는 '플라즈마'로 표기했다.

— 용어, 지명, 인명의 원어 표기는 찾아보기에서 확인할 수 있다.

태양을 만드는 사람들

The Sun Builders

Clean, Safe, and Unlimited Energy from TOKAMAK

나용수 지음

╲ 토카막으로 만드는 핵융합 무한 에너지

계단

들어가며

세계 지도가 바뀌고 있다. 섬이 사라지고 도시가 물에 잠기고 있다. 몰디브와 자카르타에서는 이민을 준비하는 사람들이 늘고 있다. 파키스탄은 폭우에 국토의 삼분의 일이 침수되었다. 꿀벌이 사라지고 펭귄이 집단 폐사한다. 전 세계적으로 230만 명 이상의 목숨을 앗아간 신종 코로나바이러스 감염증이 사실상 기후변화에서 비롯됐다는 연구 결과가 발표되기도 했다. 이제는 이상 기후라는 대규모 재앙 앞에 인간의 지성과 과학기술이 얼마나 미약한지 모든 사람들이 절감하고 있다.

코로나 팬데믹 기간이었다. 자동차를 정비소에 맡기고 정비소 차량으로 서울대 캠퍼스로 들어가려던 참이었다. "서울대에 이렇게 똑똑한 분들이 많은데, 코로나가 해결이 안 되네요." 나는 말문이 막혔다. '우리는 이 지성의 요람에서 도대체 무엇을 하고 있나'라는 생각이 머리를 맴돌았다. 이런 자괴감 속에서도 '조금만 기다려 달라. 우리에겐 시간이 좀 더 필요할 뿐이다'라는 희망의 메시지를 전하고 싶었다. 그리고 이제 나는 이 희망에 관한 이야기를 하려고 한다.

이 책은 새로운 에너지 전환에 대한 이야기다. 우리는 '이 에너지원'으로 생명을 유지하고 있지만, 아직 단 한 번도 이 에너지원을 이롭게 사용해 본 적이 없다. 우리는 태양을 보며 그 밝음에 놀라고 뜨거움에 놀라고 이글거리며 타는 모습에 놀란다. 그런데 누군가는 이런 경이로운 창조물을 바라보며 '지구 위에 만들 수는 없을까' 라는 생각을 품었다. "하늘 위 저 별을 따다 줄게"를 실현하고 싶었던 걸까? 얼토당토않아 보였던 이 작은 생각의 씨앗이 집단 지성의 힘으로 자라 지금 '인공 태양'으로 태어나려 하고 있다. 이 책은 태양의 씨앗이 땅에 떨어져 뿌리를 내리고 줄기를 올려 인공 태양이라는 열매를 맺는 과정에 관한 이야기다.

영화 〈아이언맨〉, 〈스파이더맨 2〉, 〈패신저스〉, 〈설국열차〉에는 한 가지 공통점이 있다. 모두 '핵융합'이 에너지원으로 등장한다. 아이언맨은 하늘을 날다가 배터리를 바꾼다고 중간에 멈추지 않는다. 주유소에 들러 기름을 넣지도 않고, 수소나 전기를 충전하지도 않는다. 〈스파이더맨 2〉에 나오는 닥터 옥토퍼스는 작은 태양을 만들려고 한다. 〈패신저스〉의 우주선 아발론은 무려 120년 동안 우주를 항해하고 있다. 설국열차는 멈추지 않고 끊임없이 달린다. 이들의 에너지원이 바로 핵융합이다. 이뿐 아니다. 우리나라 최초의 로봇 만화인 태권 브이도 핵융합 엔진으로 움직인다. 일본의 로봇 애니메이션 '건담 시리즈'의 모빌슈트도 초소형 핵융합 엔진을 장착하고 있다.

우리는 아직 이런 SF 영화처럼 핵융합을 실현하지 못했지만, 핵융합이 막대한 에너지원이 될 수 있다는 것은 수소폭탄의 존재를 통해 이미 알고 있다. 프로메테우스가 인간에게 선사한 불은 '파괴와 홍익'이라는 두 개의 얼굴을 갖고 있었다. 핵융합도 프로메테우스의 불처럼 수소폭탄과 핵융합 발전이라는 두 가지 모습으로 인류에게 파괴 또는 홍익을 가져다 줄 수 있다. 우리는 핵융합 반응을 제어해 인간에게 이롭게 사용하고 싶은 것이다.

핵융합 발전을 실현하기 위해서는 수많은 '왜'와 '어떻게'에 답을 해야만 한다. 라틴어 '스키엔티아(scientia)'는 새로운 것을 발견하여 분별한다는 뜻이다. 과학을 뜻하는 '사이언스(science)'가 바로 이 말에서 유래했다. '왜'에 대한 답을 찾는 것이다. '인게니움(ingenium)'은 라틴어로 현명함이라는 뜻이다. 공학을 뜻하는 '엔지니어링(engineering)'이 여기에서 유래했다. '어떻게'에 대한 답을 찾는 것이다. 핵융합의 실현은 태양과 별에서 새로운 원리를 찾아내 이를 현명하게 현실화하는 과정이다. 과학과 공학이 아름다운 조화를 이루어야 가능한 일이다.

이 책은 인공 태양이 열매를 맺어 최초의 핵융합 발전소가 운전을 시작하는 미래의 가상 상황에서 시작한다. 그리고 그곳에 이르기까지 맞닥뜨렸던 수많은 '왜'와 '어떻게"에 대한 답을 찾아가는 과정을 다섯 개의 부로 나눠 보여 준다. 1부는 한스 베테와 함께 태양과 별이 밝게 빛나는 이유를 찾아 나서며 핵융합의 원리를 소개한다. 이어 엔리코 페르미를 통해 맨해튼 프로젝트와 수소폭탄 개발에 얽힌 이야기를 펼친다. 2부에서는 실제로 존재했던 구소련의 비밀연구소를 배경으로 '사고의 용광로'라는 가상의 프로젝트를 통해 핵융합을 실현할 장치인 '토카막'을 만들고 완성해 가는 과정을 보여준다. 이곳에서 독자들은 단순히 프로젝트의 관찰자가 아니라 실제 연구원의 한 사람으로 당대의 구소련 과학자들과 함께 그들의 문제를 풀어 볼 것이다. 3부는 독일의 막스플랑크 연구소와 ITER를 비롯해 전 세계의 주요 핵융합 연구소를 돌아보며 토카막의 발전 과정을 살펴볼 것이다. 이어 4부에서는 토카막에서 전기를 생산하는 과정과 핵융합 에너지 상용화에 남아 있는 여러 난제를 들여다볼 것이다. 이 부분은 핵융합의 기술적 내용이 많아 보다 전문적인 독자에게 도움이 될 것으로 기대한다. 5부는 KSTAR를 중심으로 우리나라의 핵융합 연구의 역사를 되짚어 볼 것이다. 이 여정을 마치면 우리는 다시 미래의 가상 상황으로 돌아간다.

필자가 음악을 좋아하고 레코드 수집이 취미라는 점을 적극 활용하여 책의 곳곳에 내용과 어울리는 노래 가사를 배치했고 QR 코드를 집어넣어 음악을 매개로 핵융합 내용을 조금이나마 쉽고 흥미롭게 전달하고자 했다. 또한 책에 나오는 사진 중 출처를 따로 적지 않은 것들은 모두 해외 출장이나 학회 참석을 할 때마다 필자가 직접 찍거나 수집한 자료를 이용했다.

이 글을 쓰면서 여러 분들의 많은 도움을 받았다. 서울대 함택수 교수, 황용석 교수, UNIST 박현거 교수, 단국대 노승정 교수, 대구대 권오진 교수, KAIST 최원호 교수, 한국핵융합에너지연구원 이경수 박사, 권면 박사, 한정훈 박사, 권재민 박사, 한국원자력연구원 최병호 박사, 한국가속기및플라즈마연구협회 정보현 박사, 영국 컬햄 핵융합 연구소 김현태 박사, 미국 프린스턴 플라즈마 물리 연구소 양성무 박사, 김상균 박사, 양정훈 박사, 서울대 원자핵공학과 PLARE 연구실의 대학원생들에게 감사를 표한다. 그리고 나에게 꿈을 심어준 부모님과 쌍둥이 동생, 여동생, 마지막으로 사랑하는 아내와 예성, 예준, 예율이에게 진심으로 고맙다는 말을 전하며, 이 책을 통해 세상에 빛을 주신 하나님께 영광 돌리길 원한다.

마지막으로 일화 하나를 소개한다.

2016년 11월, 영국의 BBC는 케임브리지 대학의 빅데이터 연구소 설립 행사에 참석한 스티븐 호킹에게 세상을 바꿀 단 한 가지 아이디어에 대해 물었다. 스티븐 호킹은 이렇게 답했다.

"수소 원자를 헬륨으로 바꾸며 에너지를 발생시키는 핵융합입니다."

차례

솟아오른 또 하나의 태양

20○○년 ○월 ○일.
두 개의 태양을 맞이하는 초읽기가 시작된다.

10, 9, 8, 7, 6, 5, 4, 3, 2, 1.

수평선 위로 하늘에 태양이 얼굴을 내밀었다. 이윽고 하늘을 수놓은 수많은 마이크로 드론들 사이로 또 하나의 태양이 모습을 드러내기 시작했다. 사람들의 환호성이 터졌다. 그리고 이 순간에 초대된 수많은 역사 속 인물들이 가상 현실로 한 사람 한 사람 눈앞에 나타났다.

아서 에딩턴, 한스 베테, 엔리코 페르미, 안드레이 사하로프, 이고리 탐, 레프 아르치모비치, 나탄 야블린스키, 보리스 카돔체프, 비탈리 샤프라노프, 한네스 알벤, 라이먼 스피처, 마셜 로젠블루스, 프리츠 바그너 그리고 스티븐 호킹과 리처드 파인먼까지.

그들은 이 역사적 순간에 함께 한 참석자들의 질문에 답을 해주며 즐겁게 이야기를 나누고 있었다. 나도 오늘따라 유난히 붉게 이글거리며 힘차게 떠오르는 태양을 바라보았다. 그때 한스 베테가 나에게 다가왔다.

"모두 저기로부터 시작했지요. 바로 저 태양으로부터."

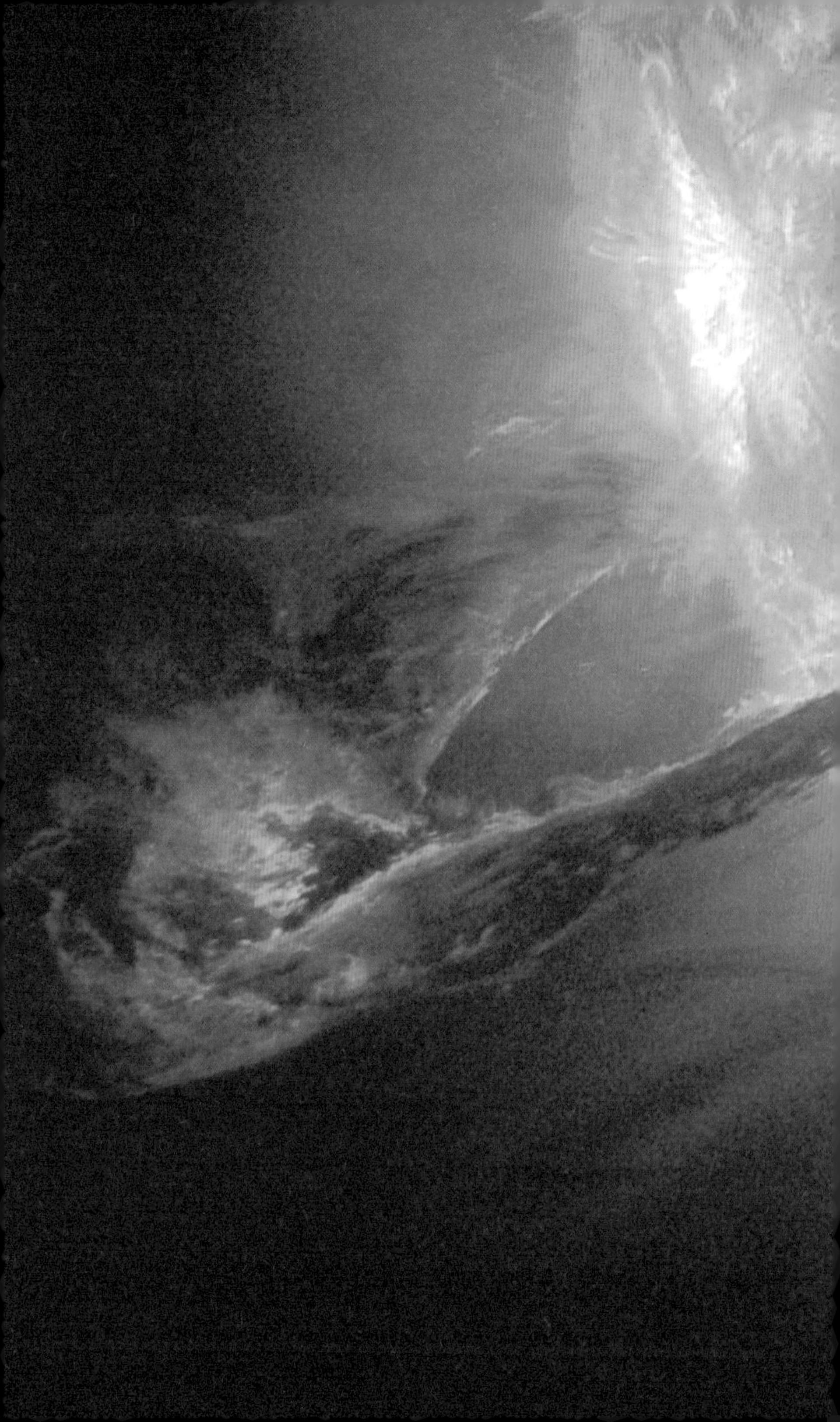

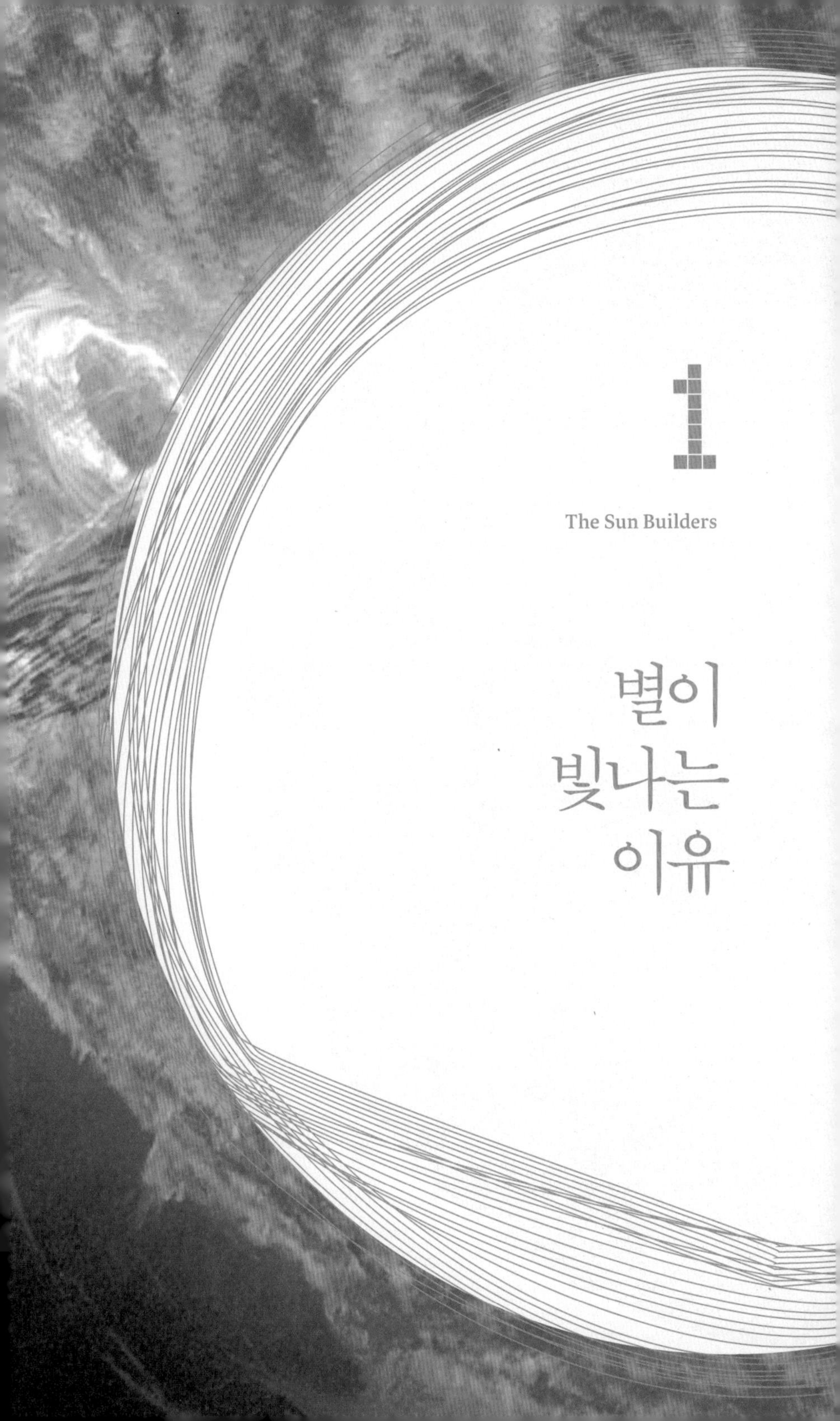

1

The Sun Builders

별이 빛나는 이유

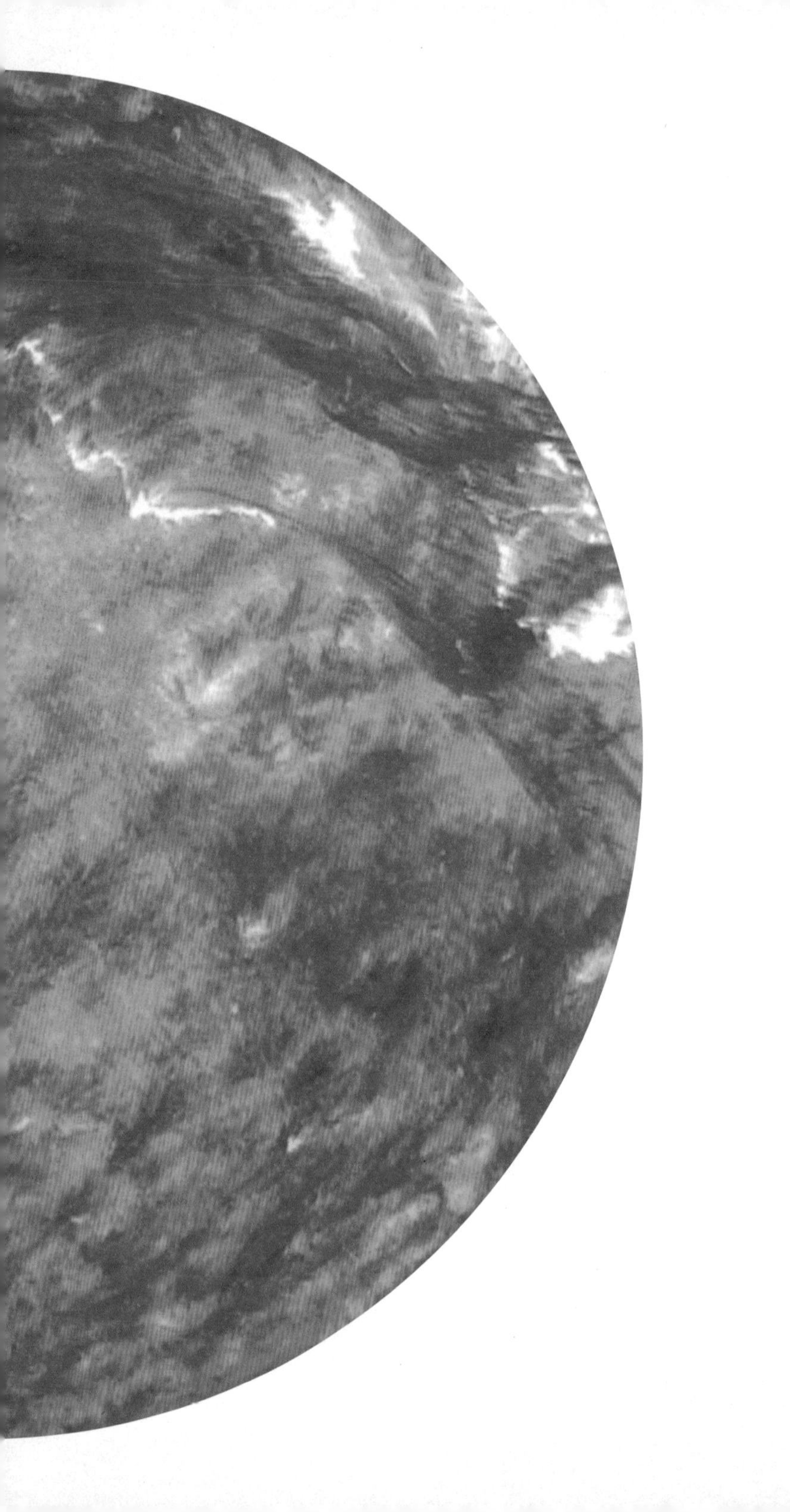

"어둠이 걷히고 햇볕이 번지면 깃을 치리라"

— 마그마 〈해야〉 에서

한 물리학자의 부고

2005년 3월 6일 일요일, 영하 3도에 날씨 흐림, 독일 뮌헨 인근의 대학 도시 가르힝(Garching). 한국을 떠나온 지 4년째, 내가 이 땅에서 배우고자 했던 학문의 기틀을 닦았던 한 과학자의 부고가 들려왔다.

나는 아스덱스 업그레이드(ASDEX Upgrade) 토카막 장치와 벤델슈타인 7-AS(Wendelstein 7-Advanced Stellarator) 스텔라레이터 장치가 있는 막스플랑크 플라즈마 물리 연구소*에서 버스를 타고 지하철역으로 향했다. 일분이라도 늦으면 버스도 지하철도 오간 데 없는, 모든 게 정해진 시간에 맞춰 돌아가는 나라. 6호선 가르힝 호흐브뤼

* 막스플랑크 협회는 독일을 대표하는 연구 기관으로, 자연과학, 공학, 인문학 분야의 혁신적인 주제를 깊이 그리고 폭넓게 연구하는 80여 개의 연구소로 이루어져 있다. 2024년 기준으로 단일 기관으로는 세계에서 가장 많은 38명의 노벨상 수상자를 배출했다.

크(U6 Garching-Hochbrück) 역에서 기다리는 지하철에서는 늘 매캐한 냄새가 났다.

잠시 후 지하철은 '심장이 있는 국제 도시(Weltstadt mit Herz)' 뮌헨 시내로 미끄러지듯 떠났다. 뮌헨은 역사와 문화, 예술과 과학이 살아 숨 쉬는 도시다. 영국의 트렌드 매거진 《모노클(*Monocle*)》은 뮌헨을 '세계에서 가장 살기 좋은 도시' 중 하나로 선정했다. 지하철은 15분 후 뮌히너 프라이하이트 역에 도착했다. '뮌헨의 자유'라는 이 역 주변은 슈바빙(Schwabing)이라 불린다. 《압록강은 흐른다》의 이미륵과 《그리고 아무 말도 하지 않았다》의 전혜린이 이상을 향해 발걸음을 내디뎠던 곳. 바실리 칸딘스키, 프란츠 마르크, 파울 클레의 청기사파가 표현주의를 떠올렸고, 칼 야스퍼스와 토마스 만, 라이너 마리아 릴케가 이곳에서 자유와 낭만을 노래했다. 나치의 유대인 학살에 침묵한 교회의 과오를 비판했던 카를 라너(Karl Rahner)의 기도가 여기저기에 나지막이 흐른다. 이곳이 슈바빙이다.

3월이지만 아직 겨울 냄새가 가득하다. 살을 에는 바람은 없지만, 뼈를 저리게 하는 독일 추위다. 주머니에 손을 찌르고 끝없는 직선으로 펼쳐진 레오폴트 거리를 따라 걷는다. 거리에 즐비한 카페에는 그윽한 커피 내음과 갓 구운 브레첼과 젬멜의 향이 가득하다. 강인해 보이는 금발의 여성이 아기 바구니를 들고 내 옆을 스쳐 간다. 바구니 안 파란 눈의 아기는 맑은 콧물을 흘리며 한 손에는 브레첼을 꼬옥 쥐고 있다.

뒤쪽에서 앰뷸런스 소리가 들리고 차들이 진작부터 길을 비키기 위해 인도까지 올라온다. 문득 뮌헨에 본사가 있는 BMW 엠블럼이 눈에 들어온다. BMW는 제1차 세계 대전 중에 설립되어 비행기 엔진을 만들던 회사다. 지금도 BMW 본사 빌딩은 비행기 엔진 모양이다.

어디선가 바이에른 뮌헨 축구팀의 유니폼과 머플러를 두른 사람들이 "Mia San Mia(우리는 우리일 뿐)"를 외치며 떼 지어 지나간다. 외투 안에 1리터짜리 맥주잔 마스크루크(Maßkrug)를 품은 사람도 보인다. 이들을 보니 2002년 한일 월드컵 때 한국과 튀르키예 사람이 승리를 축하하며 이 거리를 함께 쏘다녔던 일이 떠오른다.

곧 뮌헨 루트비히 막시밀리안 대학(Ludwig-Maximilians-Universität München)이 눈에 들어온다. 곧잘 뮌헨 대학교라고 줄여 부른다. 이 대학은 야스퍼스와 만, 릴케를 비롯해 교황 베네딕토 16세, 음악가 리하르트 슈트라우스가 공부한 곳으로도 유명하지만, 기라성 같은 과학자들이 양자역학을 탄생시킨 곳 중 하나로도 잘 알려져 있다. 옴의 법칙으로 유명한 게오르크 옴, 엑스선을 발견하여 노벨 물리학상을 최초로 수상한 빌헬름 뢴트겐, 양자역학의 아버지 막스 플랑크, 핵분열을 발견한 오토 한이 바로 이곳 출신이다.

그리고 이곳은 '노벨상을 받지 못한 비운의 과학자'에 빠지지 않고 꼭 이름을 올리는 사람이자, 내가 교수로서 가장 존경하는 위대한 물리학자 아르놀트 조머펠트가 학생들을 가르친 곳이기도 하다. 조머펠트는 본인은 비록 노벨상을 수상하지 못했지만 노벨상을 받은 제자를 여럿 키워냈다. 불확정성 원리를 발견한 베르너 하이젠베르크(1932년 물리학상)와 피터 디바이(1936년 화학상), 배타 원리를 찾아낸 볼프강 파울리(1945년 물리학상), 그리고 한스 베테(1967년 물리학상)가 바로 그들이다.

그의 제자 중 피터 디바이와 한스 베테, 수소폭탄의 아버지 에드워드 텔러, 훗날 토카막에서 전류를 측정하는 데 사용될 코일을 개발한 발터 로고스키는 핵융합 분야에도 큰 업적을 남겼다. 이들 중 오늘 그 파란만장한 삶을 마감한 사람이 있다. 바로 태양의 비밀을 밝힌, '별의 항해사' 한스 베테다.

나는 베테를 기리며 뮌헨 대학을 뒤로한 채 레오폴트 거리를 따라 계속 걸었다. 회화에 소리를 담았던 청기사파의 그림이 가득한 렌바흐하우스가 멀리 보인다.

어느새 레오폴트 거리가 끝나고 오데온 광장이 나왔다. 뮌헨을 수도로 바이에른과 팔츠 지방을 다스렸던 비텔스바흐 가문의 본궁인 레지덴츠가 있는 곳. 이곳에는 디즈니 성의 모델이 된 노이슈반슈타인 성의 완공을 보지 못하고 짧은 생을 마감한 루트비히 2세의 흔적이 남아 있다. 나는 해마다 여름이면 이곳을 찾아 뮌헨 필하모닉과 바이에른 방송 교향악단의 '오데온 클래식'을 들었다.

너무 오래 걸었는지 다리가 쉴 곳을 찾는다. 한참 걸어 지친 다리를 모아 오데온 광장의 계단 한편에 앉았다.

뮌헨 오데온 광장

두 얼굴의 뮌헨

"내가 너를 기다려온 곳
하늘 아래 태양이 모인 곳
오랜 이야기들을
이제 내게 말해줘 내게"
— 허클베리핀 〈올랭피오의 별〉에서

베테는 오데온 광장의 레지덴츠 궁정 앞 사자상의 발을 만지며 소원을 빌었다. 사자의 앞발은 수많은 사람의 손길에 금빛으로 반질반질했다. 뮌헨은 베테에게 참 많은 것을 주었다. 무엇보다 베테는 이곳에서 조머펠트를 만날 수 있었다. 그리고 조머펠트의 지도를 받았던 뛰어난 제자들과 교류할 수 있었다.

하지만 뮌헨에는 이미 아돌프 히틀러와 나치의 그림자가 짙게 드리워 있었다. 1913년 오스트리아를 떠나 뮌헨에 온 히틀러는 1920년 뮌헨의 호프브로이하우스에 모인 2000명이 넘는 사람들 앞에서 국가사회주의 독일 노동자당의 결성을 선포했다. 그리고 베테가 뮌헨 대학에 입학하기 3년 전인 1923년 11월, 바로 여기 오데온 광장에서 나치 봉기를 이끌었다.

베테는 뮌헨 대학에서 박사 학위를 받은 후 튀빙겐 대학에서 교수로 짧게 있었지만, 나치가 정권을 잡자마자 어머니가 유대인이라는 이유로 학교를 나와야 했다. 베테가 학교로 돌아갈 수 있도록 조머펠트가 백방으로 노력했지만, 그는 결국 독일을 떠날 수밖에 없었다. 베테는 사자상에서 손을 뗐다. 이제는 조국을 떠나야 할 시간이다.

별이 간직한 비밀

1938년 3월, 독일을 떠나 미국의 코넬 대학에 온 지 어느덧 3년. 베테는 예전부터 모아온 우표를 흐뭇하게 바라보며 하나씩 정리하고 있었다. 그중 20페니히짜리 베토벤 우표가 눈에 들어왔다. 1926년 독일에서 발행한 13인의 위대한 독일인 시리즈 중 하나였다. 베테는 자리에서 일어나 대형 나팔관이 달린 축음기에 베토벤의 교향곡 5번 '운명'의 레코드를 올렸다. 1913년 아르투르 니키쉬가 지휘한 베를린 필하모닉 오케스트라의 녹음이었다.

1913년 녹음한 아르투르 니키쉬의 베토벤 〈운명〉 교향곡

'운명은 이렇게 문을 두드린다!' 이 곡은 역시 니키쉬와 베를린 필 연주가 제맛이지. 그러고 보니 헝가리에는 참 훌륭한 사람들이 많군. 이 음악의 지휘자인 니키쉬도 헝가리 사람이라니. 독일에 계신 어머니께 드린 편지에도 썼지만, 헝가리에서 온 유진 위그너는 확실히 나보다 똑똑한 것 같아. 참, 조머펠트 교수님 밑에서 함께 수학했던 에드워드 텔러도 헝가리 출신이었지.' 그러다 문득 조지

워싱턴 대학에서 열렸던 학회에 참석한 일이 생각났다. 초대를 받긴 했지만, 주제가 그리 흥미롭지 않아 크게 신경 쓰지 않았는데, 어찌된 일인지 계속 머리를 맴돌았다. '별에서 만들어 지는 에너지' 라니. 뮌헨에서 함께 공부한 에드워드 텔러가 초대하지 않았다면 참석하지도 않았을 것이었다. 그런데 학회에서 듣게 된 태양의 에너지에 대한 설명은 예기치 않게 묘한 매력으로 다가왔다.

항성은 스스로 빛을 내는 천체로, 그 주위를 행성이 돌고 있다. 태양을 비롯해 밤하늘에 빛나는 별은 대부분 항성이다. 금성은 달 다음으로 밝게 빛나 '샛별'이라고도 불리지만, 태양 빛을 반사해 빛을 낼 뿐 스스로 빛을 내지는 않기에 행성 중 하나다. 화성이나 금성, 지구 역시 태양계의 행성이다.

'도대체 별은 어떻게 빛을 내는 걸까?'

나무나 석탄, 석유를 태우면 주위가 뜨거워지고 멀리서도 그 빛을 볼 수 있다. 하지만 조금만 멀리 떨어져도 그 열기를 느낄 수 없다. 그런데 태양은 지구로부터 1억 5000만 킬로미터나 떨어져 있지만, 그 열기는 저수지를 말릴 정도로 대단하다. 태양은 1초에 9.2 $\times 10^{25}$칼로리의 에너지를 우주 공간에 내뿜고 있다는데 도대체 이 엄청난 에너지는 어디서 나오는 걸까? 그리고 태양은 어떻게 꺼지지 않고 이렇게 오래 탈 수 있는 걸까? 하루 이틀도 아니고 몇백 년 아니 몇천 년, 몇만 년 동안 그토록 뜨겁게 타오르기 위해서는 도대체 얼마나 많은 연료를 가지고 있어야 한단 말인가? 그리고 앞으로 얼마나 오래 빛을 낼 수 있을까?'

질문은 꼬리에 꼬리를 물었다. 베테는 책상 위에 빈 종이를 펼치

한스 베테

고 긁적이기 시작했다. "도대체 태양은 무엇인가? 아니, 우리는 태양을 무엇이라고 생각해 왔나?"

우리는 태양을 무엇이라고 생각했을까

베테는 지그시 눈을 감고 태양에 대해 처음부터 하나씩 짚어 보기 시작했다.

생각해 보면 태양과 달, 별의 관찰은 역사적으로 어느 시대에나 사람이 살아가는 데 중요한 일이었다. 천체를 살피면서 사람들은 시간을 구분해 달력을 만들고 날씨를 예측했다. 특히 농경 사회에서는 날씨와 절기를 아는 것이 중요했다. 사람들은 별의 움직임에 따라 씨를 뿌려 작물을 수확하고, 나무를 심어 열매를 땄다. 풍작을 위해 태양을 숭배하며 제사를 지내기도 했다.

• 태양은 신이 아니다

베테는 우표책을 덮고는 자리에서 일어나 연구실 한쪽에 있는 태양계 모형을 쳐다보았다. 옆으로 다가가 손가락으로 태양 모형을 톡톡 두드렸다.

'먼저 태양이 신이 아니라 생명 없는 물체라는 것을 인식했어야 했지.'

기원전 5세기에 그리스의 철학자 아낙사고라스는 '태양은 불타는 돌덩어리'라는 주장을 펼쳤다. 그는 천체와 자연 현상을 관찰에 입각해 설명하려 했고, 태양이 펠로폰네소스 반도보다 더 큰 불타는 덩어리, 즉 신적 존재가 아닌 물리적 실체라고 주장했다. 그리고 달이 밝게 빛나는 이유는 태양 빛을 반사하기 때문이라는 놀라운 선견지명을 보여주었다. 그러다 그리스 신을 모독한 죄로 아테네에서 추방당하긴 했지만, 그의 생각은 기존의 관념을 뒤집는 획기적인 것이었다.

이어 기원전 4세기에 플라톤의 수제자였던 에우독소스는 우주는 투명한 구로 겹겹이 이루어져 있다는 동심천구설을 주장했다. 이 구들에 태양과 별, 행성이 점점이 박혀 있고, 구들은 종류에 따라 하루에 한 바퀴 혹은 일 년에 한 바퀴씩 지구를 중심으로 회전하고 있다고 보았다. 그리고 하늘의 태양과 별은 구에 박힌 채 회전하는데, 마찰을 빚어 빛을 낸다고 생각했다. 이 이론은 아리스토텔레스에게로 이어졌다.

• 태양은 화석 연료 덩어리가 아니다

베테는 태양 모형을 이리저리 돌려보며 생각을 이어 갔다. '태양이 실체가 있는 존재라는 것을 알게 된 후에는 어떤 물질로 이루어졌는지 알아야 했지.'

17세기 초 이탈리아의 갈릴레오 갈릴레이는 완전무결하다고 생각하던 태양에서 '흑점'이라 불리는 몇 개의 작은 검댕을 보았다. 태양의 흑점은 기원전 28년에 이미 중국의 천문학자들이 관측한 적이 있었다. 하지만 갈릴레오는 1610년경 자신이 직접 만든 망원경으로 흑점을 관찰하고 기록하여 흑점의 존재를 세상에 분명하게 알렸다.

사람들은 이제 흑점을 태양에 불을 붙이는 고체 연료의 일부라고 생각했다. 산업혁명을 거치며 사람들은 태양이 석탄과 같은 화석 연료 덩어리일지도 모르겠다는 생각을 하게 되었다. 태양은 매년 약 10^{34}줄(joule)의 에너지를 내놓는다. 태양의 질량을 2×10^{33}그램이라 하고, 석탄의 연소열을 그램당 3만 줄이라고 하면, 태양의 수명은 대략 6000년 정도다. 그런데 우주에서 석탄 덩어리가 타는 것은 과학적으로 말이 되지 않았다. 산소가 없이는 불이 탈 수가 없기 때문이다. 그래서 다시 태양은 석탄과 산소로 이루어진 덩어리라고 생각했다. 그러나 이렇게 계산해 보면 태양의 수명은 더 짧아야 했다.

1650년 영국의 제임스 어셔 대주교는 천지창조는 기원전 4004년 10월 22일 밤에 이루어졌다고 주장했다. 산업혁명기를 기원 후 대략 1800년대라고 하면, 태양의 나이는 4004+1800=5804년 정도가 된다. 태양의 수명이 6000년이 채 안된다고 하면 태양의 종말이 얼마 남지 않았다는 계산이었고, 이는 곧 지구의 종말을 의미했다. 당시 신문들은 이런 계산을 바탕으로 지구종말론에 대한 기사를 쓰기도 했다. 그런데 지구는 아직까지도 멸망하지 않고 멀쩡하다. 태양이 화석 연료를 거의 다 써 버리고 식어가는 것으로도 보이지 않았다. 결국 태양은 화석 연료 덩어리로는 설명할 수가 없었다.

• 태양에는 수소와 헬륨이 있다

베테는 창문으로 다가갔다. 책상 위에 놓여 있던 프리즘을 들어 태양 빛을 통과시켜 보았다. 백색광의 태양 빛이 분산되어 무지개 색깔의 띠가 나타났다. 이번에는 분광기에 태양빛을 통과시켰다. 연속 스펙트럼 중간 중간에 검은 띠가 나타났다. 프라운호퍼선이었다.

'그래, 프라운호퍼도 뮌헨에 살았지. 어릴 적 가난했지만, 독학으로 위대한 과학자가 됐어. 중금속 중독으로 서른아홉에 요절한 것은 참 안타까운 일이야. 아무튼 프라운호퍼 덕분에 우리는 태양이 화석 연료 덩어리가 아니라 우리에게 익숙한 지구상의 원소들로 이루어진 물체라는 것을 알게 됐어. 뮌헨에 있을 때 본 그의 묘비명이 참 절묘해.'

"그는 우리를 별에 더 가깝게 이끌었다(Approximavit Sidera)."

요제프 폰 프라운호퍼는 12세에 부모를 잃고, 뮌헨의 유리 세공 공장에서 일을 하다 공장이 무너져 잔해에 깔리는 사고를 당했다. 이 사건은 전화위복이 되어 그는 왕실의 지원을 받을 수 있었고, 간절히 바라던 책을 읽고 공부를 할 수 있었다. 그는 유리 공장의 직공으로 출발했지만, 총명하고 부지런해 망원경을 비롯해 다양한 광학 제품을 제작했고 분광기도 발명했다. 1814년부터 자신이 만든 분광기로 태양 스펙트럼에서 프라운호퍼선이라 불리는 574개의 검은 선들을 찾아냈고, 태양에서 오는 빛이 모닥불에서 나오는 오렌지빛의 선과 동일한 스펙트럼선을 가지고 있음을 발견했다.

1859년에는 구스타프 키르히호프와 로베르트 분젠이 태양의 선 스펙트럼을 분석하여 프라운호퍼의 검은 선이 각각 서로 다른 원소에 대응한다는 것을 밝혀냈다. 프라운호퍼선은 빛의 특정 파장이 원소별로 고유하게 흡수되어 생기는 선이었다. 이를 응용하면 별이 어떤 성분으로 이루어져 있는지 알 수 있었다.

별빛을 분광기에 통과시키면 역시 프라운호퍼선이 나타난다. 프라운호퍼선을 원소별로 대응한 분류표에 적용하면 별빛에서 얻어진 프라운호퍼선이 어떤 원소에 해당하는지 알 수 있었고, 이를 통해 별이 어떤 원소로 이루어져 있는지 찾아낼 수 있었다. 이렇게 프라운호퍼선을 분석해서 태양이 단순히 탄소나 산소로만 이루어진 석탄 덩어리가 아니라 지구에서 쉽게 발견할 수 있는 수소가 대부분인 물체라는 것을 알아냈다.

1868년의 발견도 흥미로웠다. 프랑스의 천문학자 피에르 장센이 8월 18일에 나타난 일식을 관찰하다가 헬륨을 발견한 것이다. 같은 해에 영국의 노먼 로키어와 에드워드 프랭크랜드도 헬륨을 발견했다. 흥미롭게도 장센과 로키어의 논문이 프랑스 과학원에 같은 날 도착해서, 두 사람은 '헬륨의 발견자'로 나란히 이름을 올리게 되었다. 로키어는 '헬륨'이라는 이름도 지었는데, 이는 그리스어로 태양을 뜻하는 '헬리오스(helios)'에서 유래한 것이었다. 태양을 이루고 있는 주요 원소 중 하나가 바로 헬륨이라는 매우 의미심장한 명명이었다. 로키어는 또한 과학자들이 서로의 생각을 활발하게 교환하는 것을 중요하게 생각해서, 현재 전 세계적으로 가장 영향력 있는 과학학술지 중 하나인 《네이처(*Nature*)》를 최초로 발행하고 편집하기도 했다.

• 태양은 점점 에너지를 잃고 있다

베테는 연구실의 창문을 활짝 열었다. 차갑지만 상쾌한 공기가 방 안으로 들어왔다. 숨을 깊이 들이 쉬던 베테는 열린 창 밖으로 한쪽 손을 뻗어 시원한 공기를 느껴 보았다. 열린 창의 아래쪽에서는 창밖의 차가운 바람이 들어오는 것이, 위쪽에서는 방안의 따뜻한 바람이 나가는 것이 느껴졌다.

'그래, 그때 우리에게는 열역학이 필요했던 거야.'

증기기관이 처음 등장했을 때에는 아직 열역학이 정립되지 않았다. 내연기관이 발전하기 위해서는 열에 대한 이해가 깊어져야 했고, 이는 열역학 법칙의 발견으로 이어졌다. 독일의 헤르만 폰 헬름홀츠는 에너지가 그 형태는 변하더라도 총량은 변하지 않는다는 에너지 보존 법칙, 즉 열역학 제1법칙을 정립했다.

공을 손에 들고 있으면 공은 위치 에너지를 갖는다. 이제 이 공을 떨어뜨리면 공의 높이가 점점 낮아지면서 위치 에너지가 줄어 들고, 대신 속도가 붙기 시작한다. 줄어든 위치 에너지가 운동 에너지로 바뀌는 것이다. 공이 바닥에 닿는 순간에는 속도가 가장 커져 운동 에너지가 최대로 커지는 반면, 높이는 0이 되어 위치 에너지가 사라진다. 위치 에너지가 운동 에너지로 모두 바뀐 것이다. 이처럼 위치 에너지와 운동 에너지는 서로 바뀌면서 에너지의 형태는 달라지지만, 위치 에너지와 운동 에너지의 합, 즉 에너지의 총량은 언제나 일정하게 유지된다는 것이 바로 에너지 보존 법칙이다.

헬름홀츠는 이런 에너지 보존 법칙의 관점에서 태양을 바라보았다. 그러자 이해할 수 없는 현상이 보였다. 태양은 '복사(radiation)'라는 방식을 통해 자신의 에너지를 빛과 열의 형태로 우주 공간에 내뿜는다. 에너지 보존 법칙에 의하면 태양이 에너지를 밖으로 보내면 자신은 에너지를 잃는다. 반대로 지구와 같이 태양의 빛과 열을 받는 곳은 에너지를 얻는다. 태양이 에너지를 잃는다면 태양의 온도는 조금씩 떨어져야 했다. 이는 태양이 과거로 갈수록 온도가 높아야 한다는 의미였다. 만일 이게 사실이라면 오래전 지구는 태양의 열기로 펄펄 끓고 있어야 했다.

• 태양은 천체 물질과 충돌해 에너지를 얻는 걸까

헬름홀츠는 태양이 예나 지금이나 온도를 일정하게 유지하기 위해서는 태양 내부에 잃어버린 에너지를 보충해 줄 에너지원이 존재하거나 외부에서 에너지가 계속 보충되어야 한다고 생각했다. 당시 과학계를 이끌며 켈빈 경이라고 불리던 윌리엄 톰슨은 태양이 여러 천체 물질이 충돌하여 만들어진 것이라고 보았다. 혜성이나 운석과 같은 천체 물질이 태양과 충돌하면 그들이 가지고 있던 운동 에너지가 열에너지로 변환되어 에너지가 채워졌을 것이었다.

그렇다면 태양은 천체의 충돌 에너지를 우주로 방출하고 있는 건 아닐까? 사실 커다란 운석이 태양에 충돌한다면 원자폭탄에 맞먹는 에너지가 발생할 수 있을 것이다. 그런데 이 가정은 곧 난관에 부딪혔다. 태양에 천체 물질이 계속 부딪친다면 태양의 질량은 계속 커져야 했다. 그리고 그에 따라 태양의 중력도 커져야 했다. 그러나 태양의 크기는 예나 지금이나 크게 변하지 않고 있었다. 태양의 중력이 변한다면 지구의 공전 주기도 달라져 1년의 주기도 달라져야 했다. 게다가 계산을 해 보면, 태양의 엄청난 에너지를 설명하려면 커다란 운석 2조 톤이 매초 태양에 충돌해야 가능했다.

• 태양은 그럼 중력에 의해 뜨거워지는 걸까

1854년 헬름홀츠는 이 문제를 해결하고자 십여 년 전에 존 워터스톤이 제시했던 이론을 부활시켰다. 태양이 천천히 수축하면서 중력에 의한 위치 에너지를 복사 에너지로 방출한다는 것이었다. 결국 태양의 열 에너지가 중력 에너지에서 변환되었다는 의미였다. 이 이론은 별들이 성운의 중력 압축에 의해 형성되었다는 당시의 '성운 가설'과도 잘 맞아떨어졌다.

톰슨은 이런 헬름홀츠의 이론을 받아들여 널리 대중화했다. 그리고 이 이론을 이용하여 태양의 나이를 계산해 보았다. 태양이 수축하고 있다고 했으니 가장 팽창했을 때만 알면 나이 계산이 가능했다. 태양의 크기가 아무리 크더라도 지구를 삼킬 정도로 크면 안 될 것이었다. 그는 태양이 지구의 공전 궤도를 침범하지 않는 선에서 중력 수축을 시작하여 지구가 지금과 같은 수준의 온도를 유지할 정도까지 수축하는데 걸리는 시간, 즉 '켈빈-헬름홀츠' 시간을 계산했다. 대략 1570만 년이었다. 켈빈-헬름홀츠 가설은 이전에 계산한 태양의 나이에서 한 걸음 더 나아간 것이었지만, 여전히 훗날 아서 에딩턴이 묘사한 것처럼 '매장하지 못한 시체(unburied corpse)', 즉 이미 맞지 않는다고 결론난 아이디어를 폐기하지 않고 붙들고 있는 것이었다.

• 태양열이 방사성 물질에서 나오는 것은 아닐까

19세기 말 방사능의 발견은 기존과 다른 완전히 새로운 세상을 열어 주었다. 방사성 물질은 화학 연료가 없이도 엄청난 양의 에너지를 방출할 수 있었다. 진화론으로 유명한 찰스 다윈의 아들이자 달이 지구에서 떨어져 나갔다는 분리설을 주장한 조지 다윈은 1903년 태양의 숨겨진 에너지원이 방사성 물질이라고 주장했다. 그러나 태양이 수소와 헬륨으로 이루어졌다는 사실이 밝혀지면서 이 이론 또한 수정되어야 했다.

한스 베테는 뒤이어 물리학계에 발표된 심상치 않은 연구 결과를 짚어보기 시작했다.

'1905년, 그래 1905년으로 돌아가 보자.'

아인슈타인의 $E=mc^2$

과학사에서 1666년은 '기적의 해(annus mirabilis)'라고 불린다. 그 해 스물세 살의 영국 청년이 나무에서 떨어지는 사과를 보고 만유인력의 법칙을 발견했다. 흑사병이 덮친 런던을 떠나 귀향했다가 세상을 움직이는 기본 법칙을 찾아낸 것이다. 그는 같은 해 미적분이라는 새로운 수학 개념을 만들었을 뿐 아니라 햇빛이 프리즘을 통과하면 무지개색으로 분해되는 원리를 밝혀 광학의 체계를 세우는 등 물리학과 수학에 커다란 업적을 남겼다. 바로 아이작 뉴턴이다.

그로부터 수백 년이 지난 1905년, 또 다른 '기적의 해'가 열렸다. 알베르트 아인슈타인은 기차역의 시간을 정확하게 조율하는 특허를 검토하던 중, '시간은 관찰자에 따라 상대적일 수밖에 없다'라는 생각을 떠올렸다. 그리고 바로 그 해에 독일의 《물리학 연보

(*Annalen der Physik*)》에 현대 물리의 기초가 되는 논문 네 편을 발표했다. 광전 효과, 브라운 운동, 특수 상대성 이론 그리고 질량-에너지 등가 원리가 바로 그것이다.

베테는《물리학 연보》1905년 판을 펼쳤다. 639페이지에 아인슈타인의 질량-에너지 등가 원리가 실린 논문이 있었다. 과학에서 가장 유명한 식 중 하나가 눈에 들어왔다.

$$E = mc^2$$

여기에서 E는 에너지, m은 질량, c는 빛의 속도로 초속 30만 킬로미터를 나타낸다. '질량(mass)'은 물질이 가진 고유의 양이다. 질량이 있는 물체가 받는 힘, 즉 중력이 바로 '무게(weight)'다. 내가 지구에 있든 달에 있든 어느 곳에 있든 나의 질량은 언제나 일정하다. 하지만 나의 몸무게는 달에 가면 지구에서 측정했을 때의 6분의 1로 줄어든다.

$E = mc^2$은 '질량은 극도로 집약된 에너지의 한 형태'라는 것을 보여 준다. 이 식에 의하면 질량은 에너지로 바뀔 수 있고, 반대로 에너지도 질량으로 바뀔 수 있다. 1그램의 질량으로 2500만 킬로와트시(kWh)의 에너지를 낼 수 있다는 말이기도 했다. 우리나라 한 가구의 월 평균 전기 사용량이 약 250킬로와트시이니, 1그램으로 10만 가구가 한 달 동안 사용할 수 있는 전기를 제공해 줄 수 있다는 말이다.

베테는 아인슈타인 논문의 마지막 단락을 손가락으로 짚어 가며 유심히 살펴보았다. 베크렐이 발견한 방사성 붕괴 현상에 질량-에너지 등가 원리를 적용할 수 있다는 내용이었다. 즉, 라듐염과 같이 많은 에너지를 내놓는 물질에 $E=mc^2$을 적용하면 줄어든 질량과 에너지의 관계를 검토하여 그의 이론을 검증할 수 있다는 것이었다.

질량은 어떻게 에너지로 바뀌는가

"설혹 너무 태양 가까이 날아
두 다리 모두 녹아내린다고 해도
내 맘 그대 마음속으로
영원토록 달려갈 거야"
— 이적 〈하늘을 달리다〉에서

아인슈타인은 질량과 에너지가 서로 바뀔 수 있다는 위대한 발견을 했지만, 당시에는 이 방정식에 빛나는 별의 비밀을 풀 열쇠가 숨어 있다는 것을, 그리고 훗날 인류에게 번영과 파괴를 동시에 가져다 줄 막대한 에너지의 근원이 감춰져 있다는 것을 알지 못했다.

베테는 시나브로 어두워진 연구실에 전등을 켰다.

'태양은 아마도 자신의 질량을 에너지로 바꾸고 있었는지도 몰라. 태양의 밝기가 3.8×10^{26}와트니까, 아인슈타인의 공식에 대입해 보면 이 에너지는 매초 400만 톤의 질량에 해당하는 양이야. 언뜻 엄청나게 많은 것 같지만, 태양의 질량이 2×10^{27}톤이라는 것을 생각해 보면 이건 정말 아무 것도 아니지. 이렇게 태양의 질량을 $E=mc^2$을 이용해 에너지로 바꿔보면 태양의 나이를 설명할 수도 있을 거야.'

그러나 당장 문제가 생겼다. 태양은 도대체 어떻게 질량을 에너지로 바꾸는 걸까?

'어쩌면 태양의 에너지는 우주에서 다양한 원소가 생성되는 과정과 관계가 있을지 몰라. 책이 아무리 두껍다 해도 자음 12개, 모음 19개 총 21개의 조합으로 이루어져 있듯이, 우주를 이루고 있는 수많은 물질도 겨우 100여 개 남짓 원소들의 조합으로 이루어져 있지. 바로 멘델레예프의 주기율표에 나오는 원소들이지.'

1920년대 러시아의 물리학자 알렉산드르 프리드만과 벨기에의 신부이자 물리학자인 조르주 르메트르는 '빅뱅 이론'이라고 불리는 대폭발설을 제안했다. 우주는 아주 오래전에 시공간의 한 특이점에서 시작했으며, 대폭발이 일어나 팽창을 시작해 현재와 같은 상태가 되었다는 것이었다. 초고온과 초고밀도의 에너지 덩어리였던 우주는 대폭발 후 순식간에 수많은 기본 입자들을 쏟아 냈고, 이들 입자들이 결합해 양성자가 생겨났다. 1번 원소의 탄생이다. 이렇게 빅뱅을 통해 원자번호 1번 수소 원자가 탄생했다면, 2번 헬륨을 비롯한 다른 원소는 어떻게 만들어졌을까?

베테는 1932년 덴마크의 한 목수가 내놓은 나무로 만든 조립식 블록 장난감을 꺼내 보았다. 상자에는 'LEGO' 라고 적혀 있었다. 베테는 같은 모양의 블록을 차곡차곡 쌓아 올리면서 '프라우트의 가설'을 떠올렸다. 1815년 영국의 제임스 프라우트는 세상의 모든 원소가 수소만으로 이루어져 있다는 가설을 제시했다. 수소 원자가 바로 레고에서 말하는 일종의 기본 블록으로, 각각의 원소는 이 블록이 둘 이상 모여 만들어졌다는 것이었다. 그는 수소 원자를 모든 원소의 진정한 근원이라는 의미로, 그리스어로 '첫 번째 물질(prote hyle)'이라 불렀고, 이를 다시 'protyle'이라고 이름 지었다. 한 가지 흥미로운 점은 프라우트가 이 논문을 저자 이름이 없는 채로 발표했다는 것이다. 어쩌면 그는 자신의 파격적인 생각에 대한 학계의 저항이 부담스러웠던 게 아니었을까? 게다가 그는 화학자라기보다는 화학을 좋아하는 의사에 가까웠다. 그의 예견처럼 프라우트의 가설은 당시에 받아들여지지 못했다. 원자설의 제창자로 당시 대세였던 존 돌턴이 서로 다른 원자들은 수소가 아닌 서로 다른 각자의 기본 물질들로 이루어져 있다고 생각했기 때문이었다.

1868년 장센과 로키어가 헬륨을 발견하기 백여 년 전인 1766년, 영국의 헨리 캐번디시는 금속-산 반응에서 발생하는 기체를 '인화성 공기'라고 불렀다. 그는 이 기체에 불을 붙이면 물이 생겨나는 것을 보았다. 1783년 '근대 화학의 아버지' 앙투안 라부아지에는 이 기체에 '수소(Hydrogen)'라는 이름을 붙여 주었다. 그리고 마침내 1920년에 어니스트 러더퍼드가 알파입자와 질소 원자핵의 충돌 실험을 통해 수소의 원자핵을 발견했다. 그는 수소의 원자핵에 '양성자(proton)'라는 이름도 지어 주었다. 프라우트의 protyle에 -on을 결합한 것이었다. 이는 프라우트에 대한 존경의 표시였다.

1915년경 과학자들은 모든 원소의 원자량이 수소 원자량의 배수로 비슷하게 맞아 떨어진다는 것을 발견하면서 프라우트의 가설은 다시 주목을 받았다. 그러나 상황에 따라 배수로 떨어지지 않고 아주 미세한 차이가 나타난다는 점은 설명하지 못하고 있었다.

베테는 블록 조각 네 개를 들었다.

'이 네 조각을 합치면 질량이 네 배가 되어야 하는데, 그게 아니라는 거지. 결합하며 질량이 줄어드는 거야. 그렇다면 줄어든 질량은 도대체 어디로 간 거지? 좀 아쉽긴 했지만 에저튼이 제대로 짚긴 했어.'

1915년 영국 웨일스 출신의 앨프리드 에저튼은 기체 방전관에 순수한 수소를 넣고 실험을 하던 중 수소 외에 헬륨과 네온이 함께 관측되는 현상을 연구하고 있었다. 방전관에는 수소 기체만 넣었으니 수소만 관측되어야 할 텐데, 이상하게도 헬륨과 네온이 발견되었다. 그는 이 현상을 설명하기 위해 세 가지 가설을 세웠는데, 그 중 하나가 수소 네 개가 결합하여 헬륨이 발생한다는 것이었다. 그런데 헬륨은 수소 네 개보다 질량이 작았다. 그는 아인슈타인이 발표한 질량과 에너지의 관계에 주목했다.

'혹시 차이 나는 질량이 에너지와 관련이 있는 것은 아닐까?'

그는 헬륨이 형성될 때 나오는 에너지를 아인슈타인의 공식을 이용해 계산해 보았다. 즉, 아인슈타인의 $E=mc^2$ 공식을 이용하여 수소 원자핵 네 개의 질량의 합에서 헬륨 원자핵의 질량을 뺀 값을 m에 대입하고 빛의 속도의 제곱을 곱하여 에너지를 계산하였다. 이는 획기적인 생각이었지만, 그는 치명적인 오류를 범하고 말았다. 수소 네 개에서 헬륨을 형성할 때 질량이 줄어든 만큼의 에너지가 발생해야 하는데, 그는 반대로 에너지가 필요하다고 생각했다. 즉, 헬륨이 형성되기 위해서는 기체 방전관에 에너지를 넣어주어야 한다고 봤던 것이었다.

미국 시카고 대학의 윌리엄 하킨스도 이 분야를 연구하고 있었다. 에저튼의 논문이 발표된 바로 그 해에 하킨스는 제자인 어니스트 윌슨과 함께 수소 네 개로 헬륨 하나가 만들어질 때 질량이 0.77퍼센트 만큼 줄어든다는 것을 확인하고, 이렇게 질량이 줄어드는 현상을 '충진 효과(packing effect)'라고 불렀다. 그들은 이 현상을 설명하기 위해 이리저리 고심했지만, 고전역학으로는 도저히 설명할 수가 없었다. 막힌 벽을 뚫고 나갈 획기적인 생각이 필요했다. 에저튼의 연구를 다시 한번 살펴보았다. 그리고 에저튼이 발열 반응을 흡열 반응으로 착각하고 있다는 것을 파악하고 아인슈타인의 공식을 이용하여 네 개의 수소가 하나의 헬륨을 형성할 때 발생하는 에너지를 다시 계산하였다.

베테는 태양 모형을 손가락으로 툭툭 두드리며 생각했다.

'하킨스는 우주로 시선을 돌렸단 말이지. 자신의 아이디어를 확장해서 태양과 별의 내부에서 이런 반응이 일어날 거라고 예측한 거야. 수소에서 헬륨이 생성된 것과 유사한 원리로 무거운 원소도 형성될 수 있다고 생각한 거지. 헬륨은 네 개의 수소로 만들어지고, 그보다 무거운 원소는 헬륨 여러 개가 결합해서 만들어진다고. 그는 정답에 거의 도달했어.'

하킨스는 1920년에 중성자의 존재를 예측하고 중성자(neutron)란 말을 원자핵에 처음 사용한 사람이기도 했다.

'생각해 보니 프랑스에서도 비슷한 생각이 생겨나고 있었어. 폴

랑주뱅이 별의 어마어마한 에너지의 근원이 원자핵의 변환 때문이라 생각하고 있었지. 이 생각은 장 페랭에게 이어졌고.'

페랭은 브라운 운동으로 분자의 존재를 밝혀 1926년 노벨 물리학상을 수상한 학자였다. 그는 1913년 《원자(*Les atomes*)》라는 책에서 무거운 원소가 가벼운 원소에서 만들어 질 가능성을 간략하게 언급했다. 고온과 고압의 천체에서는 가벼운 원자핵이 서로에게 침투하여 무거운 원소를 생성할 수 있다는 것이었다. 그러나 그는 에저튼과 마찬가지로 이 반응이 에너지를 발생시키는 발열 반응이 아닌 에너지를 흡수하는 흡열 반응이라고 생각했다. 그는 이 이론을 더욱 발전시켜 1919년에는 성운이 중력 수축으로 고온과 고압의 상태가 되어 내부의 가벼운 원자핵이 무거운 원자핵으로 변환될 수 있다고 보았다. 그리고 무거운 원자핵이 알파입자와 엑스선을 방출해 에너지가 발생돼 별이 뜨겁게 유지된다고 생각했다.

베테는 지구 모형을 쳐다보았다. 아무리 정밀하게 만든 태양계 모형이라도 태양에 비해 지구는 너무 작아 각 나라를 구분하기가 쉽지 않았다. 게다가 유럽 대륙의 서쪽 끝에 위치한 이 섬나라는 유난히 더 작았다.

'결국 영국에서 해내다니….'

이처럼 별의 비밀이 조금씩 벗겨지기 시작할 무렵, 영국에서는 프랜시스 애스턴이 원자의 질량을 정확하게 측정할 수 있는 질량분석기를 개발했다. 그는 이 질량분석기를 이용하여 네온의 동위원소를 찾아내는 실험을 했다. 동위원소란 원자번호는 같으나 원자량이 다른 원소를 말한다. 동위원소끼리는 양성자의 수와 전자의 수가 같아 화학적 성질은 같지만, 원자핵에 있는 중성자의 개수가 다르다. 1920년에 애스턴은 헬륨 원자핵 하나의 질량이 수소 원자핵 네 개의 질량을 합한 값보다 약간 작다는 실험 결과를 얻었다. 수소의 질량을 1.008이라면 헬륨의 질량은 4가 나온 것이다. 실험과 측정이 정확하다면 질량이 중간에 사라진 것이었다.

이런 애스턴의 발견은 태양 에너지의 근원을 찾고 있던 천체물리학자들에게 큰 영향을 미쳤다. 그중에는 경쟁 관계였던 제임스 진스와 아서 에딩턴도 있었다. 나이는 에딩턴이 다섯 살 어렸지만, 둘 다 학창 시절 케임브리지 수학과의 최우등생에게 부여하는 '랭글러(Wrangler)'였고, 수학과와 이론물리학과에서 수여하는 스미스상을 수상하는 등 탁월한 역량으로 기대를 잔뜩 받고 있었다. 두 사람은 서로 다른 관점에서 태양과 별의 에너지를 설명하기 위해 중력-복사 이론으로 씨름하고 있었고, 끊임없이 논쟁을 벌였다. 이런 건설적인 논쟁은 에딩턴을 새로운 사고의 영역으로 이끌었다.

태양의 심장을 갖고 싶다

1920년 8월 24일, 영국 웨일스의 카디프에서 '과학 진보를 위한 영국 연합 연례 회의'가 열렸다. 에딩턴은 이 회의에서 항성 내부에 존재하는 수소 네 개가 결합하여 헬륨 하나를 생성한다면, 그 과정에서 줄어든 질량이 커다란 에너지로 변해 나타날 것이라고 주장했다. 수소에서 헬륨이 만들어지는 과정을 밝히고 동시에 질량 결손을 이용해 별에서 에너지가 생겨나는 과정을 명확하게 설명한 것이었다. 그는 이 아이디어를 같은 해 9월 2일에는《네이처》에, 10월에는《옵저버토리(*Observatory*)》와《사이언티픽 먼슬리(*Scientific Monthly*)》에 "별의 내부 구성(The Internal Constitution of the Stars)"이라는 제목으로 발표했다. 한 가지 흥미로운 것은 에딩턴이 이런 생각에서 한걸음 더 나아가 항성의 에너지를 인간이 사용할 수 있는 날이 올 것이라는 꿈을 꾸었다는 점이다. 그는 카디프 회의에서 이런 연설을 했다.

"아주 오래전 두 명의 항해사가 날개를 만들었습니다. 다이달로스는 하늘 한가운데를 안전하게 날아 무사히 착륙했지만, 이카로스는 날개를 붙인 왁스가 녹아 내릴 때까지 태양을 향해 솟구쳐 올랐고, 그의 비행은 실패로 끝났습니다. 예전부터 많은 사람들이 이카로스는 잘난 체하며 묘기를 보여 주려다 추락한 것이라고 말했습니다. 그런데 오히려 나는 이카로스를 당시 비행 기구의 심각한 구조적 결함을 드러낸 사람이라고 보고 싶습니다. 이런 일은 과학의 이론에서도 마찬가지입니다. 조심성이 많은 다이달로스는 문제없이 작동할 거라 확신한 부분에만 자신의 이론을 적용했을 것입니다. 안전을 위해 지나치게 조심하다보니 숨겨진 약점은 찾아낼 수 없었을 겁니다. 반면 이카로스는 더 나은 장치를 만들기 위해 연결 부위가 끊어지는 한계까지 자신의 이론을 몰아 부쳤습니다. 그저 모험심일 뿐일라고 말할 수도 있습니다. 그건 인간이면 누구나 가진 본능이니까요. 하지만 이카로스가 태양에 가까이 다가가 태양이 어떻게 만들어졌는지 그 수수께끼를 풀어보겠다고 마음먹었기 때문에, 우리는 그의 여정에서 더 좋은 비행 기구를 만들 수 있는 단서를 배울 수 있었습니다."

에딩턴은 어쩌면 요원해 보였던 핵융합 에너지를 얻기 위해 이카로스처럼 태양의 심장을 향해 날개를 펴고자 한 것은 아니었을까?

쿨롱 반발력을 넘어서려면

"있잖아
별이란 건
빛을 품어내고서
뿜어내는 돌멩이를 말한대
그럼 말이야
아침을
오롯이 끌어안은
조약돌도 별이라고 부를까
오 나는 천문학자는 아니지만
너의 눈동자에 떠 있는
별빛들을 주머니에 넣어둘 거야"
— 이승윤 〈천문학자는 아니지만〉에서

'음, 진스와 에딩턴의 논쟁은 에딩턴의 승리로 끝이 났지.'

1918년 진스는 질량이 에너지로 변환되는 과정을 알게 되면 별이 내놓는 엄청난 에너지를 설명할 수 있을 거라고 생각했다. 그리고 태양 질량의 1퍼센트만 에너지로 바뀌어도 1500억 년 간 빛날 수 있다는 생각에까지 이르렀다. 하지만 안타깝게도 그의 생각은 여기서 더 나아가지 못했다.

그에 반해, 에딩턴은 별들의 에너지 근원이 결국 아인슈타인의 방정식에 숨어있었다는 것을 명확하게 밝혀 냈다. 양성자가 융합해 헬륨을 만들 때 줄어든 질량이 별빛의 근원이라는 것이었다. 이건 정말 놀라운 가설임에 틀림 없었다. 정말 우아한 이론이었다.

그런데 여기에는 커다란 문제가 있었다. 도대체 양성자는 서로 어떻게 결합할 수 있단 말인가? 양성자는 양의 전하를 띠고 있기 때문에, 그들 사이에는 서로 간에 밀쳐 내는 힘이 작용한다. 이들이 결합하려면 전기력에 의한 반발력, 즉 쿨롱 반발력을 이길 수 있는 더 큰 에너지가 필요했다. 입자의 평균 운동 에너지는 온도로 정의할 수 있는데, 이처럼 큰 에너지라면 온도가 무척 높아야 했다. 한 40억 도 정도면 가능할까?

그런데 그동안 다른 과학자들이 밝힌 바로는 태양의 온도는 그 정도로 높지 않았다. 태양의 중심부 온도는 1570만 도 정도에 불과했다! 억지로 꿰맞추려 해도 차이가 너무 컸다. 이 문제에 대한 답을 제시하지 못하면 에딩턴의 이론은 아무리 우아하다 해도 버려야 했다. 게다가 에딩턴은 태양에 수소가 얼마나 많이 있는지도 제대로 알지 못했다.

베테는 문득 조머펠트의 제자였던 선배 볼프강 파울리가 생각났다. 파울리는 배타원리를 발견해 1945년 노벨 물리학상을 수상했고, 조머펠트의 탁월한 제자 중에서도 단연 천재로 일컬어지는 인물이었지만 독설로도 유명했다. 조머펠트는 파울리에게 평소 베테 자랑을 많이 했다고 한다. 그런데 베테를 처음 만난 파울리는 이런 말을 슬쩍 남겼다.

"음, 사실 나는 자네에게 이 논문보다 더 대단할 걸 기대했는데…."

베테에 대한 기대가 크지 않았다면, 아마도 파울리는 이런 독설조차 내뱉지 않았을 것이다.

'파울리가 결혼식 증인을 서 주었던 하우터만스의 논문이 있었지!'

베테는 에딩턴의 이론이 발표된 지 십여 년이 지난 1929년에 발표된 논문을 하나 꺼냈다.

"별에서 일어나는 원소의 형성에 관한 질문에 대하여".

어느 뜨거운 여름날이었다. 괴팅겐에서 산책을 하던 영국의 젊은 천문학자 로버트 앳킨슨이 재치가 넘치는 독일의 물리학자 프리츠 하우터만스에게 말했다.

"양자 터널 현상이 '저 위'에도 가능해야겠지?"

"물론이지!"

"좋아, 그럼 어디 한번 확인 해볼까? 저 태양에도 작동하는지?"

이렇게 앳킨슨과 하우터만스는 프리드리히 훈트가 1927년에 제안했던 '양자 터널링' 이론을 빛나는 별의 비밀을 푸는데 적용해 보았다. '양자 터널링 현상'은 핵력으로 똘똘 뭉쳐있는 원자핵에서 양성자나 중성자가 그리 높지 않은 에너지만으로도 핵력을 이기고 원자핵을 뚫고 빠져나올 수 있는 현상이다. 조지 가모프는 이 현상을 핵분열에서 발생하는 알파붕괴를 설명하기 위해 이용한 적이 있었다. 똘똘 뭉쳐있는 원자핵은 어떻게 쪼개져 붕괴할까? 원자핵이 쪼개지면서 알파입자는 무슨 힘으로 튀어나오는 걸까? 가모프는 원자핵이 쪼개질 만큼의 에너지가 없더라도, 양자역학에 의하면 이 힘의 장벽을 뚫고 나갈 확률이 매우 작지만 있을 수 있다고 생각했다. 이는 마치 우리가 던진 공이 벽을 뚫고 지나갈 확률이 있다는 이야기인데, 거시세계에서는 일어날 수 없지만 양자역학이 지배하는 미시세계에서는 가능해 보였다. 일단 이 장벽을 뚫어 결합이 깨지면 그 다음에는 양의 전하를 띤 양성자와 양의 전하를 띤 알파입자가 서로 밀어내는 쿨롱 반발력이 작용하여 알파입자가 원자핵으로부터 멀리 도망갈 수 있다는 것이었다.

가모프와 함께 양자 터널링 현상을 연구하던 하우터만스는 앳킨슨의 제안처럼 반대 현상도 일어날 수는 없을지 궁금했다. 원자핵이 쪼개질 수 있다면 반대로 결합할 수도 있지 않을까? 양성자가 서로 밀어내는 쿨롱 반발력의 장벽을 넘지 않고 장벽을 뚫고 들어갈 수 있는 양자 터널링의 확률이 존재하지 않을까? 일단 뚫고 들어가기만 하면 그 다음에는 원자핵을 뭉치게 하는 어떤 강한 힘이 작용하여 결합할 수 있을 것 같았다.* 그런데 이 현상은 실험실에서 확인해 볼 수 없었다. 당시 실험 장치는 양자 터널링이 발생할 정도로 원자핵을 높은 에너지로 가속하는데 한계가 있었다. 그렇다면 별은 어떨까? 별의 내부라면 입자들이 충분히 높은 에너지를 가지고 있을지도 몰랐다.

앳킨슨과 하우터만스는 태양에 있는 양성자의 온도가 서로 밀어내는 척력을 이겨내기에는 부족하지만 '양자 터널링'을 일으키는 데에는 충분하다는 것을 알아냈다. 그리고 논문을 작성하기 시작했다. 앳킨슨은 천문학자였고 하우터만스는 실험물리학자라서, 논문의 이론 파트는 가모프의 도움이 필요했다. 가모프는 비록 논문의 저자 리스트에는 들어가지 않았지만, 앳킨슨과 하우터만스는 논문 뒷부분에서 가모프에게 감사를 표했다. 앳킨슨과 하우터만스는 1929년 3월 독일의 《물리학회지(*Zeitschrift für Physik*)》에 논문을 보냈는데 그들의 재치를 담아 논문의 제목을 "압력솥에서 헬륨 원자핵을 요리하는 방법(Wie kann man einen Heliumkern in Potentialtopf kochen)"이라고 지었다. 그러나 학술지 편집자는 이 재치를 받아들일 만큼 너그럽지 못해 "별에서 일어나는 원소의 형성에 관한 질문에 대하여(Zur Frage der Aufbaumöglichkeit der Elemente in Sternen)"로 제목을 바꾸었다.

한 남자가 아름다운 여자와 산책을 하고 있었다. 낭만적인 밤이었다. 하늘에 별이 하나둘 나오기 시작했다. 여자는 "저 별을 보세요. 정말 아름답게 빛나지 않나요?"라며 다정한 눈길로 남자를 쳐

* 원자핵이 양성자와 중성자로 이루어졌다는 것이 알려진 이후, '중성자는 전하가 없는데 어떻게 양성자와 결합해 있을 수 있을까'라는 질문이 대두된다. 1935년 일본의 물리학자 유카와 히데키는 양성자와 중성자가 서로 결합해 원자핵을 이루는 힘으로 '강한 핵력'을 제안한다.

다보았다. 그러자 남자는 "나는 바로 어제 저 별이 밝게 빛나는 이유를 찾아 냈지요"라고 자랑스레 말했다. 여자는 얼굴에 엷게 미소만 지을 뿐 아무 대꾸도 하지 않았다. '참, 이 사람은 낭만이라곤 모른다니까!'

이 남자가 바로 하우터만스였다. 하우터만스는 앳킨슨과 논문을 마무리 한 바로 그날 저녁에 여자 친구를 만나 이런 말을 한 것이었다. 하우터만스와 데이트를 하던 여자는 샤를롯데 리펜스탈이었다. 리펜스탈은 독일의 물리학자로 하우터만스와 함께 1927년에 괴팅겐 대학에서 박사 학위를 받았다. 재미있는 사실은 훗날 맨해튼 프로젝트를 이끌 로버트 오펜하이머 또한 같은 해에 괴팅겐 대학에서 막스 보른의 지도로 박사 학위를 받았다는 점이다.

앳킨슨과 하우터만스의 논문이 나온 이듬해인 1930년에 하우터만스는 리펜스탈과 실제로 결혼했다. 파울리가 그 결혼식의 증인을 섰다. 이들은 결혼을 한 번만 한 게 아니다. 히틀러가 정권을 잡자 그들은 독일을 떠나 영국을 거쳐 소련으로 가게 되는데, 그곳에서 하우터만스가 독일 스파이로 몰려 소련의 비밀경찰 NKVD(내부 인민 위원회)에 체포되고 말았다. 리펜스탈만 겨우 탈출해서 닐스 보어의 도움으로 덴마크를 거쳐 미국으로 갈 수 있었다. 이 과정에서 나치 독일의 새로운 법에 의해 두 사람은 억지로 이혼을 하게 되었다. 전쟁이 끝나고 1953년에 다시 만났지만, 법적으로 그들은 남남이었다. 부부가 되려면 다시 한 번 결혼을 해야 했다. 두 번째 결혼식에서도 파울리는 역시 결혼식의 증인으로 참석했다.

'분명 이 논문은 태양에서 양성자가 서로 결합할 수 있음을 밝힌 위대한 발견이 틀림없어. 많은 과학자들이 관심을 갖지 않았던 게 안타까울 따름이지. 그런데 앳킨슨과 하우터만스도 놓친 게 있어. 그들은 중성자를 고려하지 않았으니까. 엄밀히 말하면, 안 한 게 아니라 못 한 거지. 영국의 제임스 채드윅이 중성자를 발견한 게 1932년이니 당시 그들은 중성자의 존재를 알지 못했을 수밖에. 그들은 헬륨의 원자핵에 대한 제대로 된 지식이 없었어. 알파입자는 양성자 두 개와 중성자 두 개로 이루어져 있지만, 당시에는 헬륨의 2가 이온, 즉 헬륨 원자에서 전자 두 개가 떨어져 나간 상태라고 생각했지. 그러니 애초에 잘못된 계산일 수밖에 없었어.'

베테는 뮌헨에 있을 때 조머펠트 밑에서 함께 공부했던 알브레히트 운죌트의 연구 결과도 떠올렸다. 태양을 비롯한 별들은 지구와 달리 대부분 수소로 이루어져 있다는 것이었다.

밝혀진 별의 비밀

"얼기설기 사연 휩쓸려 여기까지 왔네
휘황찬란한 도시의 불빛 밝다 하더니
내 어머니 눈빛만 못하더라"
— 9 〈앞바다〉에서

"똑똑똑"
골똘히 생각에 잠겨 있던 베테의 연구실에 누군가 노크를 했다.

"교수님, 우편물이 도착했습니다."

우편물의 발신인을 살펴 본 베테는 반가운 미소를 지었다. 조지 워싱턴 대학에서 온 것이었다. 텔러의 제자 찰스 크리치필드가 가모프의 추천으로 베테에게 보낸 논문의 초고였다. 그는 양성자 두 개로 중수소의 원자핵인 중양자가 형성되는 과정에 대해 계산하고 있었다.

'음. 잘 썼는데.' 베테는 그의 계산을 하나씩 짚어 내려갔다. '어쩌면 별의 비밀을 밝힐 수도 있겠는걸.' 그리고 그는 얼마 지나지 않아 모든 계산을 완성했다.

1938년 베테는 크리치필드와 양성자와 양성자가 만나 중수소의 원자핵인 중양자를 만들고, 중양자와 양성자가 만나 헬륨-3, 그리고 결국에는 헬륨 원자핵이 만들어지는 '양성자-양성자 연쇄 반응(proton-proton chain reaction)'을 완성된 형태로 기술했다. 앳킨슨과 하우터만스가 마무리 짓지 못한 작업이 베테를 통해 완성된 순간이었다.

그러나 베테는 곧 양성자-양성자 연쇄 반응은 밝게 빛나는 항성에서 헬륨보다 훨씬 무거운 원소가 함께 관찰되는 현상을 설명하지 못한다는 것을 떠올렸다. 베테는 다시 고심하기 시작했다.

'항성에서 발견되는 원소들이 헬륨이 만들어지는 과정에 어떤 역할을 하는 것은 아닐까?'

베테는 수소와 헬륨이 주인공인 소설에 다른 원소를 하나씩 조연으로 등장시켜 보았다. 탄소와 질소, 산소. 그러자 어느 순간 베테의 계산이 맞아 떨어졌다.

양성자-양성자(p-p) 연쇄 반응(위)과 CNO 순환 반응(아래)

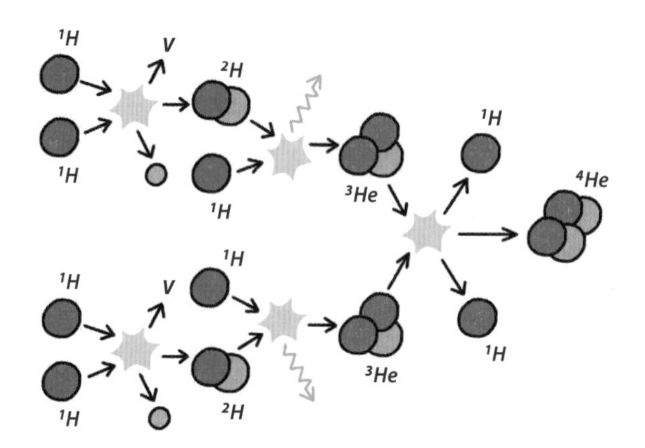

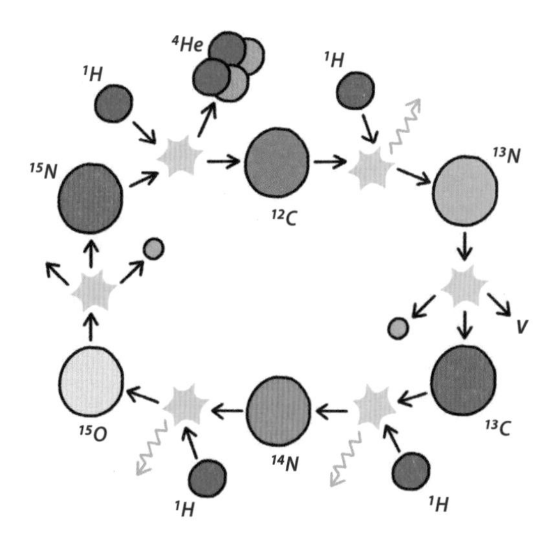

양성자 중성자 전자 v 중성미자 감마선

"그래, 탄소와 질소, 산소가 헬륨을 만드는 데 필요했던 거야!"

베테는 탄소, 질소, 산소를 촉매로 등장시켜 수소에서 헬륨이 만들어지는 과정을 우아하게 설명하는 데 성공했다. 이 반응을 탄소의 원소기호인 C, 질소의 원소기호인 N 그리고 산소의 원소기호인 O를 합쳐 'CNO 순환 반응'이라고 부른다. 인류가 드디어 별에서 일어나고 있는 핵융합 현상을 밝혀낸 것이다.

베테는 이 발견을 담은 논문을 1938년 《피지컬 리뷰(*Physical Review*)》에 보냈지만 곧 철회했다. 아직 독일에 남아 있는 어머니를 구하기 위해 돈이 필요했기 때문이었다. 베테는 뉴욕 과학 아카데미에서 태양과 별들의 에너지를 주제로 한 미발표 우수 논문에 500달러의 상금을 수여한다는 것을 알게 되자, 《피지컬 리뷰》에 보낸 논문을 철회하고 대신 뉴욕 과학 아카데미에 투고했다. 그는 상금을 받았고, 1938년 12월 15일 《피지컬 리뷰》 편집자에게 편지를 보내 CNO 순환에 대해 언급하고 1939년 3월 1일 공식적으로 논문을 발표했다. 미국의 휘황찬란한 도시의 불빛도 베테의 어머니에 대한 그리움을 대신할 수는 없었던 것이다.

비슷한 시기에 베테와 독립적으로 CNO 순환을 발견한 사람이 있었다. 전 세계의 수많은 과학자들이 같은 주제로 연구 중이었으니 충분히 있을 법한 일이었다. 그 사람은 같은 독일 출신의 물리학자 카를 바이츠제커였다. 그는 양자 터널링 효과를 제시했던 프리드리히 훈트의 제자였고, 훗날 독일의 대통령을 지낸 리하르트 바이츠제커의 형이기도 했다. 바이츠제커는 1937년과 1938년에 발표한 일련의 논문에서 CNO 순환을 밝혔다.

이처럼 한스 베테를 비롯한 많은 과학자의 노력으로 별의 에너지원이 밝혀졌고, 빅뱅 이후 우주에서 핵융합을 통해 원소가 생성되는 과정이 이해되기 시작했다. 별의 내부에서는 핵융합 반응으로 수소에서 헬륨 그리고 리튬과 같은 원소가 생성되고 최종적으로 가장 안정적인 철이 만들어진다. 그래서 가장 성숙한 별의 중심부에는 터줏대감으로 철이 자리 잡고 있다. 그리고 납과 같이 철보다 원자번호가 큰 원소는 초신성 폭발에서 나오는 중성자를 흡수해 만들어진다.

태양과 별의 운명

항성에는 핵융합 반응에 의한 팽창력이 존재한다. 동시에 중력에 의한 수축력도 있다. 보통은 이 팽창력과 수축력이 평형을 이루고 있지만, 항성에서 이 평형이 깨지는 상황을 가늠해 보면 별들이 겪게 될 최후의 운명을 예측해 볼 수 있다. 항성에서 핵융합 원료가 다 소모되면 더는 팽창력을 얻을 수 없고 중력만 남게 된다. 태양의 경우는 수소 핵융합을 마치게 되면 중력이 만드는 수축력만 작용해 중심부로 압축되면서 온도와 압력이 증가하게 된다. 태양은 다른 항성에 비해 상대적으로 가벼운 편이다. 그래서 탄소 핵융합을 일으킬 조건에는 도달하지 못해 더 이상 핵융합을 일으키지는 못한 채 탄소와 산소로 이루어진 핵을 가진 백색왜성이 되어 점점 식어갈 것이다.

그럼 태양보다 질량이 큰 항성의 최후는 어떻게 될까? 인도의 수브라마냔 찬드라세카르는 '찬드라세카르 한계'라는 것을 제시했다. 백색왜성이 태양 질량의 1.4배 정도가 되는 찬드라세카르 질량 한계에 도달하게 되면, 항성의 중심인 핵이 높은 중력에 의해 붕괴되고, 높은 온도로 전자와 양성자가 결합하여 중성자들로 똘똘 뭉친 중성자별이 만들어진다.

그렇다면 이보다 더 큰 질량을 갖는 항성은 어떻게 될까? 붕괴를 계속한 항성은 근처를 지나는 모든 물질을 삼켜 부피가 0이며 밀도가 무한대가 되는 특이점까지 수축한다. 거대한 중력 덩어리, 바로 블랙홀이 탄생하는 것이다. 블랙홀의 모습은 영화 〈인터스텔라〉에 사실적으로 표현되어 있다. 2017년 중력파를 검출하여 노벨 물리학상을 수상한 킵 손이 영화 제작에 참여하여 블랙홀의 모습이 영화에 제대로 구현될 수 있었다.

'찬드라세카르 한계'를 제시했던 찬드라세카르는 강의에 대한 책임감이 투철해서 두 명의 대학원생을 지도하려고 수업이 있는 날마다 하루에 160킬로미터를 운전했다고 한다. 이 두 학생은 1957년 나란히 노벨 물리학상을 수상한다. 리정다오와 양전닝이었다. 스승인 찬드라세카르는 별에서 중력 붕괴 현상이 나타날 수 있다는 것을 예견하고, 무거운 별의 후기 진화 단계를 설명한 업적으로 제자들보다 한참 후인 1983년에 느지막이 노벨 물리학상을 수상했다.

오랜 세월이 흐른 후, 리정다오와 양전닝이 찬드라세카르에게 물었다고 한다.

"선생님은 우리 두 사람을 위해 왜 그렇게 먼 길을 오가며 시간

낭비하는 일을 마다하지 않으셨습니까?"

찬드라세카르는 이렇게 대답했다.

"시간을 낭비했다고? 무슨 소리! 나는 그 길을 오가면서 줄곧 수학 문제를 풀고 있었다네."

이처럼 늘 머릿속에 별을 그렸던 그는 천체물리학뿐 아니라 유체역학의 불안정성에 대한 연구도 수행하여 훗날 핵융합 플라즈마의 불안정성 현상을 이해하는 주요한 실마리를 제공하게 된다.

$E=mc^2$은 빛나는 태양과 반짝이는 별빛에 숨겨진 비밀을 밝혀 인간의 오랜 궁금증을 해결해 주었다. 그런데 이 $E=mc^2$이란 열쇠는 우주에서는 비밀에 싸여 있던 별빛의 창을 열었지만, 지구에서는 인간에게 번영과 파괴의 문을 동시에 열어 제꼈다.

페르미가 알아낸 $E=mc^2$의 암시

1923년, 이탈리아의 피사. 갈릴레오 갈릴레이 이후 이탈리아를 대표하게 될 이 젊은 물리학자는 피사의 사탑을 바라보며 뭔가를 중얼거리고 있었다.

'그러니까 갈릴레오가 피사의 사탑에서 낙하 실험을 했다는 것은 사실이 아니라는 거지? 그의 제자 비비아니가 지어낸 이야기라고. 역시 뉴턴의 사과와 같은 드라마틱한 이야기가 있어야 사람을 끌어들일 수 있다니까.'

그는 고개를 절레절레 흔들더니 다시 긁적이던 종이로 시선을 옮겼다. 아인슈타인의 공식 $E=mc^2$이 적혀 있었다.

'이 단순한 공식도 사람의 마음을 끄는 엄청난 힘이 있어. 알파벳 몇 개의 조합에 이런 엄청난 의미가 담겨 있다니!'

그는 한 독일 책의 이탈리아어 번역판의 부록을 작성 중이었다. 그 책은 1921년 독일의 천문학자 아우구스트 콥프가 쓴《아인슈타인의 상대성 이론의 핵심(*Grundzüge der Einsteinschen Relativitätstheorie*)》이었다. 콥프의 책은 상대성 이론을 알기 쉽고 명료하게 풀어 써서 다양한 언어로 번역되고 있었는데, 이탈리아어도 예외는 아니었다.

엔리코 페르미는 당시 스물세 살의 젊은이였지만 이미 상대성 이론을 꿰뚫고 있었다. 그는 단지 아인슈타인의 이론을 번역하는 데에서 그치지 않고 한 걸음 더 나아가 아인슈타인도 미처 깨닫지 못한 다른 의미를 끌어내기 위해 고심하고 있었다. 이윽고 1923년에 이탈리아어 번역판이 발간되었고, 페르미는 자신이 발견한 비밀을 이 책의 부록에 담아 냈다.

"적어도 가까운 미래에 이처럼 어마어마한 에너지를 얻을 수 있는 방법을 찾는 것은 아마 불가능할 것 같다. 그런데 어쩌면 이것은 다행일는지 모른다. 왜냐하면 이 엄청난 에너지가 그 방법을 찾아낸 물리학자를 산산조각 내 버릴 것이기 때문이다."

이는 아인슈타인의 $E=mc^2$ 즉, '에너지와 질량이 등가'라는 원리를 통해 별이 아닌 지구 위의 실험실에서도 원자핵의 엄청난 에너지를 끌어낼 수 있다는 사실을 예언한 것이었다. 훗날 페르미는 $E=mc^2$란 열쇠로 원자핵 에너지를 펼쳐낼 번영과 파괴의 문을 본인이 직접 열며 자신의 예언을 스스로 성취한다. 다만 물리학자가 산산조각 날 것이라는 예언은 빼고 말이다.

페르미 이전에 $E = mc^2$의 숨은 의미를 얼핏 알아챈 또 다른 학자가 있었다. 미국 MIT의 대니얼 콤스톡은 원자가 전기를 띤 입자로 이루어진 구조체라고 하는 '물질의 전기 이론(electrical theory of matter)'을 제시하였다. 그리고 1908년에는 이 이론을 바탕으로 방사성 물질이 붕괴하면서 발생하는 질량 결손이 막대한 에너지를 낼 수 있다고 예견하였다. 그러나 이 이론에 따르면 $E = \frac{3}{4}mc^2$으로 아인슈타인의 공식과 상수값이 달랐다. 이 작은 차이는 그의 연구를 역사 속에 묻고 말았다.

핵분열 현상의 발견

25살에 로마 대학의 이론물리학 교수가 된 페르미는 1932년에 채드윅이 중성자를 발견했다는 소식을 들었다. 1934년에는 프랑스의 프레데리크와 이렌 졸리오퀴리 부부가 알파입자를 알루미늄박에 충돌시켜 인공 방사능 물질을 만들었다는 발표도 접했다. 알루미늄박은 알파입자와 충돌이 끝난 후에도 여전히 방사선을 방출하고 있었다. 이들의 연구에 자극을 받은 페르미는 이론물리학에서 실험물리학으로 관심을 돌려 중성자를 여러 원소에 충돌시켜 새로운 '방사성 동위원소'를 만드는 실험을 시작했다. '방사성 동위원소'란 연대 측정에 사용되는 탄소-14(^{14}C)와 같이 방사선을 방출하며 안정된 상태로 붕괴하는 동위원소를 말한다.

임의의 원소에 중성자를 충돌시켜 이 원소가 중성자를 흡수하게 되면, 양성자의 수는 변화가 없어 원자번호는 같고, 원자량이 하나 더 큰 동위원소로 바뀌게 된다. 이 원소가 불안정하여 방사선을 방출하며 붕괴하면 방사성 동위원소가 되는 것이다. 이런 실험을 자연에 존재하는 가장 무거운 원소인 우라늄에 수행한다면 우라늄보다 무거운 '초(超)우라늄' 원소를 만들 수도 있을 것이었다.

1934년 페르미는 중성자가 파라핀이나 물과 같은 매질을 통과하면 속도가 줄어들어 매질의 온도와 평형 상태에 있는 중성자, 즉 열중성자(thermal neutron)가 된다는 것을 발견하였다. 속도가 느려 매질의 원자핵과 상호작용할 시간이 충분하니, 열중성자 혹은 느린 중성자(slow neutron)를 이용하면 새로운 원소를 더 쉽게 만들어 낼 수 있을 것이었다. 페르미는 이 방법을 일련의 원소에 적용해 보았고, 원자번호 92인 우라늄에 중성자를 충돌시켜 미확인의 방사성 물질을 얻었다. 그는 우라늄보다 원자번호가 큰 원소가 생성되었다고 생각했다. 페르미 그룹은 초우라늄 원소가 만들어졌다고 확신하고는 자기들 나라 이름인 이탈리아의 다른 명칭을 따서 원자번호 93번 원소에 오세니움, 원자번호 94번 원소에 헤스페리움이라는 이름을 붙였다.

그러나 훗날 이 원소들은 초우라늄 원소가 아니라 우라늄에 바륨과 크립톤을 비롯한 다른 원소들이 섞인 것으로 밝혀졌다. 실제 93번과 94번 원소는 1940년에 미국의 에드윈 맥밀런, 필립 아벨슨, 글렌 시보그가 우라늄에 중수소를 쏘아 찾아냈다. 맥밀런은 이들을 각각 넵튜늄과 플루토늄이라고 불렀다. 이 발견은 1940년대 미국의 핵무기 개발 계획인 맨해튼 프로젝트의 진행 방향을 크게 바꿔 놓는다.

이런 페르미의 실험 결과에 대해 독일의 여성 물리학자 이다 노닥은 초우라늄 원소가 생성된 것이 아니라 중성자에 의해 우라늄이 가벼운 원소들로 쪼개진 것이라는 해석을 내놓았다. 하지만 사람들은 중성자의 에너지가 우라늄을 쪼갤 정도로 크지 않으니 노닥의 해석은 말이 안 된다고 무시해 버렸다. 이다 노닥은 누구보다 앞서 핵분열 현상을 간파해서 언급했고, 남편인 발터 노닥, 오토 베르그와 함께 원자번호 75번 레늄을 발견하는 등 탁월한 업적을 남겨 노벨 화학상 후보에 세 차례나 올랐지만 안타깝게도 수상하지 못했다.

페르미의 미완의 실험은 1938년 독일의 오토 한과 프리츠 슈트라스만에 의해 다시 한 번 수행되었다. 그들은 우라늄 원자핵에 중성자를 충돌시킨 실험에서 우라늄보다 원자번호가 작은 56번 바륨의 동위원소를 검출했다. 분명히 우라늄이 중성자를 흡수했으니 원자번호가 그보다 큰 원소가 생성되어야 하는데, 반대로 원자번호가 작은 원소가 발생하다니. 그들은 이 실험 결과를 이해할 수 없었다. 게다가 바륨이 생성되면서 막대한 에너지가 방출되었다.

한은 이 소식을 리제 마이트너에게 알렸다. 마이트너는 그녀의 조카 오토 프리슈와 함께 이 실험 결과를 따져 보았다. 아무리 보아도, 이 현상은 중성자에 의해 우라늄이 바륨의 동위원소와 크립톤으로 쪼개진 것이라고 밖에는 볼 수 없었다. 핵이 쪼개진 것이었다. 그리고 이 현상이 생명체의 세포가 쪼개지는 이분법(binary fission)

과 유사하다고 해서 '핵분열(nuclear fission)'이라는 이름을 붙였다. 이때 발생하는 대량의 에너지는 아인슈타인의 $E = mc^2$으로 명쾌하게 설명할 수 있었다. 즉, 우라늄이 중성자를 만나 더 가벼운 원소들로 분열했고, 이때 발생한 질량 결손이 핵분열 에너지로 나타난다는 것이었다. 핵융합의 반대 현상이었다. 이다 노닥이 예견한 핵분열이 증명된 순간이었다.

이후 몇 달 지나지 않아 마리 퀴리의 사위인 프레데리크 졸리오 퀴리가 이끄는 팀은 핵분열 반응에서 발생한 중성자가 둘 이상의 핵분열 반응을 유발하여 핵분열 반응이 기하급수적으로 증가하는 '핵분열 연쇄 반응'을 발견했다. 이런 일련의 과정은 향후 세계를 뒤흔들 위대한 과학적 발견의 시작이었고, 세계 대전을 일으킨 독일 나치에게는 새로운 대량 살상 무기의 가능성을 예고하는 것이었다.

핵분열의 두뇌는 미국으로

제2차 세계 대전은 미국에게 많은 것을 안겨 주었지만, 그중 가장 큰 전리품은 유럽의 과학자들이었다. 베테와 아인슈타인, 마이트너를 비롯하여 많은 유대인 과학자가 나치를 피해 미국으로 망명했다. 무솔리니가 반유대인법을 통과시킨 이탈리아도 예외가 아니었다. 페르미의 아내 라우라는 이탈리아 해군 장교의 딸이었지만, 몸에는 유대인의 피가 흐르고 있었다. 파시즘은 갈수록 페르미 가족을 조여 왔다. 1938년 11월 10일 아침, 라우라는 스웨덴에서 걸려온 전화 한 통을 받았다. 페르미가 노벨 물리학상을 수상하게 된 것이었다. 이 소식은 페르미에게는 엄청난 영예였지만, 동시에 파시즘에서 빠져나올 수 있는 절호의 기회이기도 했다. 파시스트 정부는 별다른 의심 없이 페르미가 스웨덴에서 노벨상을 받도록 여행을 허가해 주었고, 노벨상을 수상한 페르미는 스웨덴을 떠나 곧장 그를 기다리고 있는 뉴욕의 컬럼비아 대학으로 향했다.

페르미는 이제 파시즘의 위협에서 벗어나 그의 연구를 마음껏 펼칠 수 있었다. 그의 머릿속에는 벌써 핵분열 연쇄 반응을 일으키는 원자로 설계에 대한 생각이 차오르기 시작했다.

'흑연을 감속재로 써서 중성자의 속도를 줄이면 열중성자를 만들 수 있을 것이다. 이 열중성자를 우라늄에 충돌시키면 우라늄이 쪼개지며 중성자가 새로 튀어 나올 것이다. 새로 생겨난 중성자는 다른 우라늄과 충돌하고 또 다른 중성자가 나와 핵분열 연쇄 반응이 일어날 것이다.'

그런데 문제가 있었다. 중성자가 너무 많이 생겨나 핵분열 반응이 폭주하면 어떻게 될 것인가? 페르미는 고심 끝에 중성자를 흡수할 수 있는 '제어봉'을 설치하기로 했다.

화성인이 시작한 원자폭탄

"원자폭탄이 떨어졌을 때 난 태어나지도 않았네
할아버지가 히로시마에 살고 계셨다네

내 왼손가락은 태어날 때부터 한덩어리로 붙어있었죠
언제나 주머니속에 숨어있는 나의 왼손

버섯구름이 피어오를 때 우린 무엇인지도 몰랐지
할아버지의 핏속을 통해 전해내려온줄
내 왼손가락은 한 덩어리여서 제일 불쌍한 새끼손가락
봉숭아물 한번도 못들이는 내 손가락"
— 김승진 〈새끼손가락〉에서

"지구 외의 다른 별에도 지적 생명체가 살 수 있을 것 같은데 왜 아직 발견되지 않는 걸까요?"

"무슨 말씀을요. 그들은 이미 우리들 사이에 살고 있는 걸요. 우리는 그들을 '헝가리인'이라고 부른답니다."

헝가리 출신의 물리학자 죄르지 마르크스가 쓴 《화성인의 목소리》에 등장하는 내용이다. 여기서 질문에 답을 한 사람은 레오 실라르드다. 그 역시 헝가리 출신으로 선형 가속기와 사이클로트론을 개발했으며, 최초로 전자 현미경의 특허를 낸 물리학자이자 발명가였다. 그의 대답은 한 마디로 '우리 헝가리인은 완전 똑똑하거든!'이란 말이다. 그런데 당시에 이 말을 들은 과학자들은 모두 고개를 끄덕이며 수긍했다고 한다. 베테가 본인보다 똑똑하다고 인정했으며, 기본 대칭입자를 발견한 공로로 1963년에 노벨 물리학상을 수상한 유진 위그너와 '수소폭탄의 아버지' 에드워드 텔러 역시 헝가리인이다.

누군가 위그너에게 "헝가리에는 왜 그렇게 천재가 많습니까?"라고 물었을 때, 그는 이렇게 말했다고 한다. "천재가 많다니요? 헝가리에 천재는 이 사람 하나뿐입니다." 이 사람이 바로 존 폰 노이만이다. 폰 노이만은 위그너보다 나이는 한 살 어렸지만, 둘다 부다페스트 출신으로 어렸을 때 같은 김나지움을 다녔고, 수많은 과학자와 수학자를 키워낸 수학 선생님인 라슬로 라츠의 가르침을 받았다. 폰 노이만은 컴퓨터의 아키텍처를 제안하여 에니악을 탄생시키고, '죄수의 딜레마'로 잘 알려진 게임 이론을 창시한 사람이다.

이런 화성인을 대표하는 사람 중 하나인 실라르드가 깊은 영감을 받은 한 권의 책이 있다. 그가 읽었던 책은 공상과학소설의 아버지라 불리며 노벨 문학상 수상자로 네 차례나 후보에 올랐던 허버트 조지 웰즈가 1914년 시대를 앞서간 상상력으로 쓴 과학 소설《해방된 세계(*The World Set Free*)》였다. 웰즈는 이 책에서 인위적 핵붕괴를 이용하는 원자폭탄을 등장시켰다.

1933년 9월의 어느 날, 실라르드는 런던의 러셀 광장 앞에서 신호등이 바뀌기를 기다리고 있었다. 신호등이 파란색으로 바뀌는 순간 화성인의 머릿속에 번뜩이는 생각이 스쳐 지나갔다.

'알파입자를 원자핵에 충돌시키면 원자핵이 분열하여 다른 원소로 바뀐다. 이때 엄청난 에너지가 발생한다. 만약 이 반응을 인위적으로 조절할 수 있다면 막대한 에너지를 얻는 새로운 방법이 될 것이다.'

하지만 그의 생각은 시도로만 끝나고 현실화되지 못했다. 오토한이 그랬던 것처럼 알파입자 대신 중성자를 사용했다면 아마도 실라르드의 생각은 실현될 수 있었을지도 모른다.

독일에서 핵분열 현상이 발견되자 실라르드는 원자폭탄을 독일이 먼저 개발한다면 돌이킬 수 없는 상황이 발생할 것이라고 직감했다. 게다가 최근 우라늄을 발 빠르게 확보하기 시작한 나치의 심상치 않은 행보는 그에게 더욱 경각심을 갖게 했다. 그는 루스벨트 대통령에게 이 사실을 알려야 한다고 동료들을 설득했다. 그의 말을 들은 경제학자이자 금융가였던 알렉산더 색스는 루스벨트 대통령이 존경하는 아인슈타인이 직접 편지를 작성하면 좋겠다는 조언을 해주었다. 이 말을 받아들인 실라르드는 뉴욕 롱아일랜드에서 휴가 중이던 아인슈타인에게 한 통의 편지를 건넸다. 내용은 미국의 루스벨트 대통령에게 독일의 핵 위협을 알리고 독일이 핵무기를 개발하기 전에 미국이 핵무기 개발을 진행해야 한다고 촉구하는 것이었다.

이렇게 세계사에서 가장 중요한 편지 중 하나에 아인슈타인의 서명이 더해진다. 그리고 이 편지는 1939년 8월 2일 루스벨트 대통령에게 보내졌다. 전달한 사람은 알렉산더 색스였다.

"나폴레옹에게 어느 날 로버트 풀턴이라는 미국의 젊은 발명가가 찾아와 영국을 공격하는데 필요한 증기선 함대를 구축하자고 제안했습니다. 나폴레옹은 돛이 없는 배는 말이 안된다면서 이 젊은이를 내쫓았죠. 영국의 액턴 경은 나폴레옹이 조금만 더 상상력이 풍부하고, 조금만 더 겸손했다면, 19세기 유럽의 판도는 완전히 바뀌었을 거라고 말했습니다."

색스의 이야기를 듣고 대통령은 비서에게 쪽지 하나를 건넸다.

쪽지를 받은 비서는 나폴레옹 시대의 프랑스 브랜디 한 병을 대통령에게 가져 왔다. 대통령은 색스에게 잔을 건넸고, 맨해튼 프로젝트는 그렇게 시작되었다.

루스벨트 대통령의 지시로 곧바로 아서 콤프턴을 중심으로 한 우라늄 위원회가 구성되었다. 맨해튼 계획에는 당시 돈으로 20억 달러 이상의 막대한 예산이 배정되었고, 2500여 명의 과학자를 포함, 13만 명이 넘는 인력이 투입되었다. 총책임자로는 미국의 국방부 펜타곤 건물을 성공적으로 건설한 레슬리 그로브스 대령이 임명되었다.

연구는 주로 시카고 대학과 뉴멕시코주의 로스앨러모스에서 진행되었다. 원자폭탄 설계 임무가 주어진 로스앨러모스 연구소의 소장은 로버트 오펜하이머가 맡았다. 그는 하버드대 화학과를 최우등으로 졸업하고, 캐번디시 연구소에서 조지프 존 톰슨의 밑에서 연구하고는, 괴팅겐 대학에서 막스 보른의 지도로 박사 학위를 받았다.

뉴멕시코주의 황무지 로스앨러모스에는 한스 베테, 닐스 보어, 엔리코 페르미, 유진 위그너, 제임스 채드윅, 이시도어 라비, 루이스 앨버레즈, 어니스트 로런스, 해럴드 유리 그리고 20대의 젊은 리처드 파인먼 등 노벨상을 수상했거나 후에 수상하게 될 과학자들이 대거 모여들었다. 이외에도 오토 프리슈, 레오 실라르드, 에드워드 텔러, 존 폰 노이만, 스타니스와프 울람, 존 휠러 등 최고의 과학자들이 참여해 힘을 모았다.

그들은 히틀러가 원자폭탄을 만들기 전에 먼저 원자폭탄을 완성해야 한다는 사명감으로 똘똘 뭉쳐 있었다. 특히 베테를 비롯해 나치를 피해 미국으로 건너왔던 독일 출신 과학자들은 더더욱 나치에게 원자폭탄을 양보할 수 없었다. 게다가 나치는 핵무기 개발을 위한 우란프로젝트(Uranprojekt)를 이미 시작하고 있었다. 여기에는 불확정성의 원리로 노벨 물리학상을 수상한 베르너 하이젠베르크를 중심으로 핵분열을 발견한 오토 한 그리고 베테와 동시에 CNO 순환을 발견한 카를 바이츠제커도 참여하고 있었다.

페르미의 아이디어를 구현할 원자로 설계는 극비리에 이루어졌다. 그의 연구팀은 국가 안보 차원에서 시카고 대학으로 옮겼고, 풋볼 구장 한구석 스쿼시 연습장에 세워진 실험실에 시카고 파일-1(Chicago Pile-1) 원자로가 만들어졌다.

1942년 12월 2일, 실험실에 모인 연구진과 참관인 앞에서 페르미는 시연을 시작했다. 모두가 긴장한 가운데 페르미의 지시에 따라 원자로에서 제어봉을 조금씩 빼내기 시작했다. 작업은 천천히 이루어졌고, 점심 시간이 다가왔지만 아무도 허기를 느끼지 못했다. 페르미가 입을 열었다.

"밥 먹고 합시다!"

사람들은 안도했다. 페르미의 이 짧은 말에는 확신이 가득 했다. 오후 3시 20분, 마지막 제어봉이 제거되었다. 원자로는 임계에 도달했고, 연쇄 반응이 시작되었다. 위그너는 등 뒤에 감추고 있던 와인을 꺼냈고, 사람들은 포도주 병의 라벨에 각자의 이름을 써넣어 이 날을 기념했다.

워싱턴에 곧 소식이 전해졌다.

"이탈리아 항해사가 방금 신세계에 도착했습니다."

이탈리아 출신의 물리학자가 최초의 원자로를 만들어낸 것이었다. 그는 '나무와 검은 벽돌로 만든 조잡한 더미'에서 인류 최초로 핵분열 연쇄 반응을 제어하는데 성공했다. 이 원자로는 연구용이었지만, 맨해튼 프로젝트의 일부로서 핵분열에서 연쇄 반응이 실재하고 이것이 가공할 만한 에너지를 발생시킬 수 있다는 사실을 증명한 것이었다. 1944년 CP-1은 우라늄-238을 이용하여 플루토늄을 생산하는 데 성공하였고, 이로써 원자폭탄의 연료가 준비되었다.

1945년 7월 16일 오전 5시 29분 45초, 뉴멕시코주의 앨러모 사막에서 버섯 구름이 피어올랐다. 코드명 '트리니티' 실험이 성공한 것이었다. '멸망이 창조'된 순간이었다. 7월 21일 트루먼 대통령은 원자폭탄의 사용을 승인했고, 1945년 8월 6일 '에놀라 게이'는 우라늄-235로 만든 원자폭탄 '리틀보이'를 일본의 히로시마에 투하했다. 리틀보이는 루스벨트 대통령의 별명이었다. 길이 3.2미터, 직경 71센티미터, 무게 4톤으로, 아인슈타인의 공식에 의해 1그램의 질량을 TNT 1만 5000톤에 달하는 폭발 에너지로 바꾸었다. 3일 후에는 나가사키에 CP-1에서 추출한 플루토늄으로 만든 '팻맨'이 투하되었다. 팻맨은 윈스턴 처칠의 별명이었다. 길이 3.25미터, 직경 152센티미터, 무게 4.86톤으로 TNT 2만 톤 급이었다. 1945년 8월 14일 일본은 무조건 항복을 선언했다.

죽음의 태양

제2차 세계 대전이 이렇게 막을 내린 후, 승전국인 미국과 소련은 막대한 자원을 쏟아부으며 원자폭탄보다 훨씬 강력한 무기를 개발하는 경쟁을 시작했다. 수소폭탄의 개발이었다. 페르미는 1941년 9월에 이미 작은 핵분열 폭탄을 이용하여 핵융합 반응을 개시하면 폭발력이 엄청난 무기를 만들 수 있다는 아이디어를 텔러에게 제시한 적이 있었다. 텔러는 이 아이디어를 바탕으로 수소폭탄의 초기 모델을 제시했다. 스타나스와프 울람이 이 설계를 개선하여 수소폭탄의 기본 프레임이 될 텔러-울람 배열을 완성시켰다.

울람은 폰 노이만의 초대로 프린스턴 고등연구소에 머물렀으며, 이때 인연으로 로스앨러모스에서 수소폭탄 연구를 시작했다. 그는 원자력 추진 우주선을 고안하여 오리온 프로젝트의 기틀을 마련하였고, 무작위적인 숫자를 통계적으로 추출하여 함수값을 확률적으로 계산하는 '몬테카를로 방법'을 고안하기도 했다. 카지노가 유명한 유럽의 유명 휴양지에서 이름을 딴 몬테카를로 방법은 현재 입자물리와 원자력 발전, 핵융합 연구 등에 널리 사용되고 있으며 이세돌 9단을 이긴 알파고 등의 인공지능에도 적용되고 있다.

텔러-울람 배열은 내부에 설치한 원자폭탄이 터져 핵융합 반응을 점화하는 방식으로, 원리는 초신성 폭발과 비슷하다. 금속 용기 내에서 핵분열 폭발이 발생하면 폭발과 동시에 발생한 엑스선이 용기 중앙에 위치한 핵융합 연료에 쏟아져 이들 연료를 엄청난 힘으로 압축시킨다. 동시에 핵분열에서 발생한 중성자가 핵융합 연료가 감싸고 있는 중심부의 플루토늄을 폭발시킨다. 플루토늄에 의한 두 번째 핵분열 폭발이 압축된 핵융합 연료를 가열시켜 핵융합 반응이 일어날 수 있는 조건을 만들고, 곧 핵융합 반응이 폭발적으로 일어난다.

1952년 11월 1일, 미국은 태평양 한가운데 있는 마셜 제도의 한 섬에서 코드명 '아이비 마이크(Ivy Mike)'라는 수소폭탄 실험에 성공한다. 폭발 에너지는 나가사키에 떨어진 팻맨의 450배 이상이었고, 이중 4분의 1이 핵융합 반응에 의한 것으로 추정되었다.

파괴를 넘어 홍익으로

"너희들은 서로 책임감을 가져야 한다.
너희들은 서로 사랑해야 한다.
너희들의 세상은 평화로운 세상이 되어야 한다.
비록 그 세상이 오래가지 않는다고 해도 말이다."
— 구드룬 파우제방 《핵폭발 뒤 최후의 아이들》에서

이렇게 인류는 $E = mc^2$이란 열쇠로 파괴의 문을 열었다. 원자폭탄의 파괴력은 모두의 예상을 훨씬 뛰어넘었다. 히로시마 도심에 떨어진 리틀보이는 한순간에 7만 명의 생명을 앗아갔다. 나가사키에 떨어진 팻맨은 4만 명의 피해자를 냈다. 즉각적인 피해 외에도 폭발 후 방사능으로 지속적인 추가 피해가 이어졌다.

1952년 태평양의 에니위톡 섬에서 시행된 수소폭탄 실험, '아이비 마이크'

이 소식을 들은 오펜하이머는 이렇게 말했다.

"이제 나는 세계의 파괴자, 죽음의 신이 되었다."

베테는 원자폭탄 제조에 성공하며 자신들의 노력이 전쟁을 승리로 이끄는 데 공헌해서 크게 기뻤지만, 곧이어 원자폭탄이 남긴 참상을 접하고는 이렇게 말했다.

"우리가 대체 무슨 짓을 한 것인가? 우리가 무슨 짓을 한 것인가?"

페르미 또한 자신이 한 일에 큰 자괴감을 느꼈다. 영화에 등장하는 수많은 과학자는 아인슈타인과 같은 천재로 등장해, 자신이 좋아하는 연구에만 몰두하고 자신의 연구 결과가 어떻게 쓰이게 될지는 전혀 관심 없는 책임감 없는 모습으로 그려진다. 그러다 결국에는 악당의 손에 죽고 말거나 자신이 초래한 결과에 희생을 당하곤 한다. 어찌 보면 베테와 페르미처럼 맨해튼 프로젝트에 참여한 과학자가 바로 그런 모습의 원형일는지도 모른다.

전쟁이 끝나고 로스앨러모스의 과학자들은 각자 자신의 원래 자리로 돌아갔다. 맨해튼 프로젝트를 성공시켰던 오펜하이머는 뉴저지주 프린스턴의 고등연구소로 향했다. 아인슈타인 또한 이곳으로 거처를 옮겼다.

하지만 아직 희망은 남아 있었다. 원자폭탄이라는 거대한 괴물을 탄생시켜 파괴의 문을 열었던 $E=mc^2$은 인류에게 평화의 선물 또한 준비해 놓고 있었다. 그 선물의 첫 단추를 끼울 사람은 바로 페르미였다. 시카고 대학 축구장 한구석의 CP-1 원자로에서 핵분열 연쇄 반응을 제어하는데 성공하면서 원자폭탄이 만들어졌지만, 동시에 핵분열 반응을 천천히 그리고 지속적으로 뽑아내면서 핵의 에너지를 인간에게 이롭게 사용할 수 있게 되었다. 이는 원자력 발전소 건설로 이어졌고, 인간을 널리 이롭게 하는 홍익의 문을 열어주었다.

2차 세계 대전이 끝나자 페르미는 이시도어 라비와 함께 원자력위원회에 원자폭탄의 사용은 절대로 정당화될 수 없다는 내용의 보고서를 제출하며 원자력의 평화적 이용에 최선을 다했다. 미국 정부는 원자력위원회에 5만 달러의 장학재단을 설립하고 원자력의 평화적 이용에 뛰어난 공헌을 한 사람들에게 상을 수여했다. 이 상의 첫 번째 수상자는 바로 페르미였다.

페르미는 1954년 11월 28일 미국 시카고에서 타계했다. 향년 53세였다. 사람들은 그를 '핵시대의 아버지'이자 "원자폭탄의 설계자'라고 불렀다. 원자번호 100번 원소는 그를 기려 페르뮴으로 명명되었다. 역사는 페르미를 "이론과 실험에 모두 뛰어날 뿐 아니라 당대의 물리학에 관한 모든 것, 천체 물리학에서 지구 물리학까지, 입자 물리학에서 응집 물리학까지 모든 분야에 통달했다"고 평가한다. 페르미는 또한 다양한 민족으로 구성된 미국에서 이탈리아계 미국인의 위상을 드높인 인물로도 자주 인용되었다. 영화 〈대부 2〉를 보면, 대부 마이클 콜레오네가 미국 상원위원회에서 증언하는 장면이 나오는데, 한 위원이 "크리스토퍼 콜럼버스로부터 엔리코 페르미의 시대를 거쳐 오늘날에 이르기까지 이탈리아계 미국인들은 위대한 미국을 건설하고 지키는데 선구적 역할을 해왔다"고 말한다. 시카고 인근에 있는 거대 가속기와 입자물리 연구소에도 그의 이름이 붙어 있다. 페르미 연구소다.

저무는 거인들의 시대

"하늘의 끝과 맞닿는

저 길에 가볼 수 있을까

……

가까이 더 가까이

뜨거운 태양 가까이"

— 이지형 〈항해〉에서

1931년과 1932년 봄. 당시 뮌헨 대학에 있던 베테는 페르미를 방문하기 위해 로마를 찾았다. 록펠러 재단에서 장학금을 지원 받아 다른 나라로 연수를 갈 수 있는 기회를 얻은 것이었다. 베테의 로마 방문은 길지 않았지만, 그는 복잡한 이론을 믿지 않고 모든 것을 간단명료하게 풀어내는 페르미에게 매료되었다. 베테는 훗날 자신에게 가장 큰 영향을 준 인물로 조머펠트와 페르미를 꼽았다. 조머펠트의 '엄격함'과 페르미의 '단순함'은 이후 베테가 이론을 전개할 때 기준이 된 두 개의 큰 축이 되었다. 베테가 페르미를 마지막으로 방문했던 1932년, 두 사람은 공동으로 논문 하나를 발표한다. 두 개의 전자 간에 작용하는 힘을 광자 교환으로 설명하는 것이었다.

맨해튼 프로젝트를 계기로 원자력의 군사적 이용을 반대하던 베테는 수소폭탄 개발도 반대했다. 한국 전쟁을 계기로 공산주의의 확산에 대항하여 수소폭탄의 개발을 지원하기도 했지만, 평생 화석 연료의 대안으로 원자력의 평화적 사용을 강력하게 주장했다.

그는 별에서 핵융합이 일어나는 과정을 밝힌 공로로 1967년 61세의 나이에 느지막이 노벨 물리학상을 수상했다. 1906년 7월 2일에 태어나 아흔이 넘어도 논문을 발표하며 왕성한 활동을 하던 베테는 2005년 3월 6일에 미국 뉴욕주에서 타계했다. 향년 98세, 예전 우리 나이로 100세였다.

그의 부고는 다음과 같았다.

'별의 항해사이자 원자핵의 시대를 열었던 마지막 거인이 잠들다.'

인공 핵융합의 꿈

페르미가 핵분열에서 인류를 패망과 번영으로 이끌 불씨를 찾아낸 반면, 별의 비밀을 파헤친 베테의 후예들은 다른 곳에서 새로운 불씨를 찾고 있었다. 바로 핵융합이었다.

바닷물에서 원료를 얻어 지구 위에 태양을 만들고, 그 태양에서 에너지를 얻는 것이었다. 수소폭탄을 통해 자연이 준 선물을 파괴적으로 사용하던 한편에서는 이렇게 핵융합을 제어하여 무한 에너지를 얻기 위한 새로운 역사가 움트고 있었다.

나는 오데온 광장의 계단에서 일어섰다. 이제는 내일부터 다시 시작되는 아스덱스 업그레이드의 실험을 준비할 때다.

2

The Sun Builders

토카막의 탄생

"난 지평선 저편에

타오르는 붉은 해를 보았지

이 가슴속 너울거리는

내 불같은 정열로

무한의 공간을 울리는

수많은 저 영들의 외침들"

— 김두수 〈시간은 흐르고〉에서

지구에 태양을 만들다

우리는 앞 장에서 핵융합의 원리에 대해 살펴보았다. 이제 우리에게 주어진 과제는 에딩턴의 소망을 실현시키는 것이다. 페르미가 핵분열을 제어했던 것처럼, 우리도 핵융합 반응을 제어하여 인간에게 유용하게 사용하는 것이다.

수소가 풍부한 바닷물로 지구 위에 태양을 만든다! 참으로 멋진 생각이다. 그런데 흐뭇해 하기에는 아직 이르다. 꿈은 멋있지만, 현실은 또 다른 문제다. 도대체 지구 위에 태양을 어떻게 만들 것이며, 또 만들어낸 '인공 태양(artificial sun)'은 어떻게 가둘 것인가? 그리고 이런 '미니 태양(mini sun)'에서 에너지는 또 어떻게 뽑아낼 것인가? 혹시 아래 〔그림〕처럼 만들면 될까?

지금부터 우리는 지구에 태양을 만드는 프로젝트를 함께 진행할 것이다. 우리는 과학자가 되어 핵융합 장치를 지구상에 실현하기 위해 걸림돌이 된 문제를 전 세계를 누비며 하나씩 풀어갈 것이다. 문제가 어렵다고 지레 걱정할 필요는 없다. 실제로 핵융합을 구현하는 데 일생을 바친 세계 최고의 과학자들이 여러분과 함께할 것이다. 여정의 시작은 가상의 소련(소비에트 사회주의 공화국 연방)의 한 연구소다. 상상 속의 이 연구소, "Laboratory No 2"는 러시아의 모스크바에 위치한 쿠르차토프 연구소를 기반으로 했지만,*

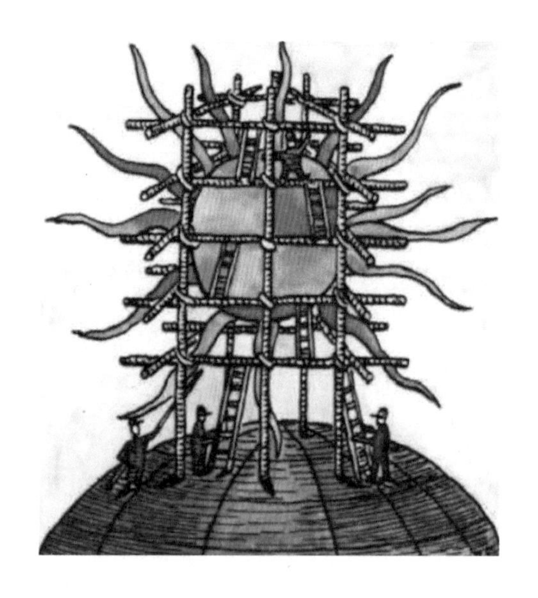

각 상황에 등장하는 모든 인물의 활동과 대화는 핵융합 연구를 실제로 이끌었던 과학자들을 바탕으로 재구성했다. 소련 출신 과학자의 이름은 우리에게 익숙하지 않다. 그러나 이들은 다른 사람들이 이런 복잡한 문제는 컴퓨터로 풀어야 한다고 말할 때, "우리는 비싼 컴퓨터를 사용하지 않아. 이 정도는 손으로 푼다구!"라고 말하며 핵융합의 난제를 연필과 종이, 계산기만으로 해결해 왔던 사람들이다.

소련의 비밀 연구소

"실패는 선택지에 없다!"
— 진 크랜츠**

1952년 무렵, 소련 모스크바의 비밀연구소, 'Laboratory No. 2'.
어느 날 정부에서 지령이 떨어졌다. '세계 최초의 핵융합로를 건

* 쿠르차토프 연구소는 러시아 원자력 에너지 연구 개발 분야의 최고 연구기관이다. 제2차 세계 대전 중인 1943년에 원자폭탄을 개발하기 위해 '소련 과학원 제2연구소(Laboratory No 2 of USSR Academy of Sciences)'라는 이름으로 모스크바에 설립되어 1955년까지 비밀리에 운영되었다. 1955년 이후에는 핵융합과 플라즈마 물리학을 주로 연구하였고, 첫 번째 토카막이 이곳에서 탄생했다.

** 1970년 달을 향해 날아가던 중 사고를 당한 아폴로 13호를 지구로 무사히 귀환시킨 미 항공우주국의 우주비행 관제소장이다.

설하라.' 경쟁자는 미국을 비롯해 유럽의 여러 선진국들이다. 연구소에서는 극비리에 긴급 핵융합 연구 부서가 신설되었다. 전국의 물리학, 화학, 재료공학, 전기공학, 화학공학, 원자력공학 등 다양한 분야의 전문가들이 영문도 모른 채 신설 부서로 발령을 받았다. 당신도 그들 중 한 명이다.

첫 번째 문제: 태양을 만들 연료를 찾아라

어리둥절해 있는 우리에게 첫 번째 긴급회의 소집 명령이 떨어졌다. 회의를 소집한 사람은 1944년부터 'Laboratory No. 2'에서 활동해 오다 핵융합 연구부서의 신임 부장으로 임명된 레프 아르치모비치 박사다.

"혹시 '우에믈 프로젝트(Proyecto Huemul)'에 대해 들어 본 적이 있으신지요? 1951년 3월 24일에 아르헨티나의 후앙 페론 대통령이 우라늄이 아닌 세상에서 가장 가벼운 원소로 원자력 에너지를 발생시켰다고 선언한 적이 있습니다. 오스트리아 출신의 독일 과학자 로날드 리히터의 작품이었죠. 페론 대통령은 희망에 가득 차 곧 우유 팩 크기의 장치로 에너지를 만들어 판매할 것이라는 말도 덧붙였습니다. 가벼운 원자핵을 융합해 무거운 원자핵으로 만드는 '핵융합 반응'을 일으켜 에너지를 얻는 프로젝트가 성공을 거두었다는 것이었죠. 그런데 엄청난 돈을 쏟아 부은 이 비밀 프로젝트에 대해 아는 사람이 아무도 없었습니다. 심지어 페론 대통령도 잘 몰랐습니다. 결국 그리고 '다행히도' 얼마 후에 이 프로젝트는 사기였고, 연구 결과는 허위라고 판명이 났습니다.

그러나 이 사건은 엄청난 파장을 일으켰습니다. 이제 곧 누군가 막강한 위력을 가진 수소폭탄을 손아귀에 넣을 수 있다는 것과 함께 핵융합 에너지를 상용화할 수 있다는 것을 의미했기 때문입니다. 소련도 미국도 아닌 제3국이 말이죠. 이 소식을 접한 세계 주요 국가들은 핵융합을 선점하기 위해 비밀리에 연구를 시작했습니다.

우리도 다른 나라에 뒤처질 수 없습니다. 소련은 1950년에 이 자리에 계시는 이고리 탐 박사와 그의 제자 안드레이 사하로프 박사가 핵융합 연구를 시작했습니다. 이제 우리 정부는 우에믈 사건 이후로 핵융합 연구에 집중적인 투자를 하기로 결정했습니다. 여러분은 다양한 분야에서 모인 각 분야 최고의 전문가입니다. 우리는 이곳 '사고의 용광로'에서 각자의 경험과 아이디어를 한데 녹여 세계 최초의 핵융합로를 만들고자 합니다."

사람들은 말없이 서로를 쳐다보았다. 대부분 아직도 상황을 정확히 파악하지 못하고 있는 듯 했다.

아르치모비치 부장은 이야기를 이었다.

"핵융합로를 만든다는 것은 다시 말해, 지구 위에 태양을 만든다는 것입니다. 우리는 이 프로젝트를 '스타론스(STARONTH)'라고 부르겠습니다."

"우리는 앞으로 회의를 자주 갖게 될 것입니다. 회의는 짧고 간결할 것입니다. 그러나 그때마다 여러분들에게는 미션이 하나씩 주어질 것입니다. 여러분은 그 미션을 완수해야 합니다. 마지막 미션이 완성된 순간, 핵융합로가 완성될 것입니다.

오늘은 첫 번째 회의이긴 하지만 예외 없이 여러분들에게 첫 번째 미션을 부여하겠습니다. 미안하지만 우리에게는 시간이 없습니다. 다른 나라에 질 수는 없죠. 첫 번째 미션입니다. 지구 위에 태양을 만들기 위한 연료를 골라주십시오. 다음 주 이 시간에 함께 논의하도록 하겠습니다."

우린 첫 번째 문제와 함께 '사고의 용광로'에 남겨졌다. 자, 이제 당신은 스타론스 프로젝트 개발을 완수해야 할 책임을 진 연구원이다. 당신은 아르치모비치 박사가 제시한 첫 번째 문제를 해결해야 한다.

태양의 핵융합 반응을 이용한다고

우리는 질문을 다시 짚어보았다. 우리에게는 지구 위에 태양을 만들 연료가 필요하다. 무엇으로 태양을 만들 것인가? 어쩌면 답은 간단했다. 질문이 답을 내포하고 있을지도 몰랐다. 태양을 만든다고 했으니 열쇠는 분명 태양에 있을 것이었다. 태양에서는 한스 베테가 밝힌 것처럼 수소의 원자핵인 양성자-양성자가 연쇄 반응을 일으켜 헬륨이 만들어지고 있었다. 즉, 태양은 수소를 연료로 하는 자연 핵융합로라는 것이다. 그렇다면 우리도 수소를 연료로 사용하면 될 것이었다.

그런데 질문이 남는다. 도대체 태양은 어떻게 46억 년 동안이나 탈 수 있을까? 다른 말로 핵융합 반응으로 수소를 이용해 헬륨을 만드는데 왜 46억 년이나 걸린단 말인가? 게다가 앞으로도 78억 년이 더 걸린다니 도대체 왜 이렇게 연료를 소진하는데 오랜 시간이 필요하단 말인가?

한스 베테를 비롯한 과학자들은 양성자와 양성자가 만나 중양자가 되는 확률이 엄청나게 낮다는 것을 알고 있었다. 태양에 수소가 아무리 많아도, 터널링은 그리 쉽게 일어나는 반응은 아니었다. 반응이 잘 안 일어나니 시간이 그렇게 오래 걸릴 수밖에 없었다.

다양한 핵융합 반응

태양이야 그렇다 치더라도 우리에게는 시간이 없다. 배가 고파 당장 요리를 해야겠는데 잘 타지 않는 연료에 불을 붙일 수는 없는 노릇이다. 우리는 불이 아주 잘 그리고 빨리 붙는 연료가 필요하다. 그렇게 수억 년 동안 탈 필요도 없다. 우리는 양성자-양성자 연쇄 반응 대신 다른 핵융합 반응을 찾아보기 시작했다. 다행히도 가속기를 이용하여 다양한 원자핵들끼리의 핵융합 반응을 연구한 결과들이 이미 발표되어 있었다. 양성자와 리튬을 이용하는 반응, 양성자와 베릴륨 또는 붕소를 이용하는 반응, 이외에도 다양한 원자의 핵융합 반응이 가능했다. 우리는 이처럼 다양한 핵융합 반응을 비교해 보고 이중 가장 적절한 반응을 고르기로 했다.

이고리 골로빈 박사가 침묵을 깼다.

“저는 그동안 다양한 핵융합 반응을 살펴봤습니다. 여러분과 그 지식을 공유하고 함께 논의하고자 합니다.”

골로빈은 칠판에 반응식을 적었다.

$$p + {}^{6}\mathrm{Li} \longrightarrow {}^{3}\mathrm{He} + \alpha + 4.0\ \mathrm{MeV}$$

“양성자(p)와 리튬(Li)이 반응하여 헬륨-3(^{3}He)과 알파입자(α)가 만들어지는 반응입니다. 식 오른쪽 마지막의 숫자 400만 전자볼트가 이 핵융합 반응에서 발생하는 에너지입니다. 반응 과정에서 질량 결손이 발생하고 $E = mc^2$에 의해 이 만큼의 에너지가 발생하는 것이죠.”

1전자볼트(eV · electronvolt)는 1볼트의 전압이 걸렸을 때 전자가 얻게 되는 에너지를 말한다. 보통 화학 반응에서 방출되는 에너지가 수십 전자볼트임을 감안하면 양성자와 리튬의 핵융합 반응이 얼마나 큰 에너지를 내놓는지 가늠할 수 있다. 이 반응에서 발생하는 400만 전자볼트는 1.5볼트 건전지(AA 사이즈) 약 270만 개를 직렬로 연결했을 때 전자가 얻게 되는 에너지에 해당한다. 건전지 270만 개를 직렬로 연결하면 약 40킬로미터가 되는데, 이는 서울시청에서 인천시청까지 거리다.

“질량 결손으로 발생한 400만 전자볼트는 핵융합 반응의 결과로 생성된 헬륨-3와 알파입자의 운동 에너지로 나타납니다. 즉, 양성자와 리튬이 만나면 헬륨-3와 알파입자로 바뀌면서 400만 전자볼트라는 엄청난 운동 에너지를 나눠 갖고 나오게 되는 것이지요.”

$$p + {}^{11}\mathrm{B} \rightarrow 3\alpha + 8.7\ \mathrm{MeV}$$

"또 다른 반응입니다. 양성자와 붕소(B)가 만나서 일으키는 반응이지요. 이 경우에는 반응 후에 세 개의 알파입자가 만들어지고 질량 결손으로 870만 전자볼트의 에너지가 발생합니다. 세 개의 알파입자는 각각 290만 전자볼트씩 운동 에너지를 나눠 갖고 나오게 되겠지요.

저는 이 두 가지 대표적인 반응을 여러분께 보여드렸는데, 이외에도 수많은 반응이 가능합니다. 도대체 우리가 만들 태양의 연료는 어떻게 결정해야 할까요?"

수소를 이용한 핵융합

우리는 일단 태양의 핵융합 반응에 사용되는 수소를 이용하기로 했다. 골로빈이 제시한 반응에도 모두 수소의 원자핵인 양성자가 사용되고 있다. 게다가 수소는 물에서 얼마든지 얻을 수 있다. 바다는 지구 표면의 70퍼센트를 차지하고 있지 않은가?

그 다음이 문제였다. 어떤 원소를 수소와 반응시킬 것인가? 리튬? 붕소? 우리는 수소와 짝을 이룰 다양한 원소 중 상대적으로 낮은 온도에서도 핵융합 반응이 일어날 수 있는 원소를 찾기로 했다. 온도를 높인다는 얘기는 에너지를 추가로 넣어 주어야 한다는 말이다. 온도를 많이 높이지 않아도 핵융합 반응이 일어난다면 금상첨화일 것이다. 핵융합 반응이 많이 일어난다는 얘기는 태양과 달리 짧은 시간에도 핵융합 반응이 많이 일어날 수 있다는 것이다. 핵융합 반응이 즉시 즉시 일어난다면 우리는 필요할 때 필요한 만큼의 에너지를 얻을 수 있을 것이다.

중수소-삼중수소 반응을 이용한 핵융합

약속한 회의 시간이 되었다. 아르치모비치는 우리에게 물었다. "여러분들은 답을 찾으셨는지요? 우리가 만들 태양에서 사용할 연료는 무엇이 적합하다고 생각하십니까?"

사하로프 박사는 골로빈 박사의 옆구리를 찔렀다. 움찔하던 골로빈은 준비한 대로 앞으로 나가 칠판에 반응식을 적었다. 중수소-삼중수소 반응이었다.

$$d + t \rightarrow \alpha(3.5\ \mathrm{MeV}) + n(14.1\ \mathrm{MeV})$$

"흥미로운 생각이군요. 이 반응에 대해 설명해 주시겠습니까?"

"여기 제가 물 컵 두 개를 가지고 왔습니다. 눈으로 보기에는 별 차이가 없습니다. 제가 한 번 마셔 보겠습니다. 맛도 같네요. 그런데 한 번 들어보시겠어요? 한쪽이 더 무겁다는 것을 느낄 수 있으세요? 이제 끓여보도록 하겠습니다. 가벼운 쪽은 섭씨 100도에서 끓는군요. 무거운 쪽은 온도가 잘 올라가지 않는데, 101.72도에서 끓네요. 그럼 한 번 얼려볼까요? 가벼운 쪽은 섭씨 0도에서 어는군요. 무거운 쪽은 어는 온도도 좀 높습니다. 3.82도에서 어네요."

"우리가 잘 알고 있듯이 일반적인 물, 즉 '경수(輕水, light water)'는 섭씨 100도에서 끓고 0도에서 업니다. 그런데 다른 컵에 든 물은 분명 같은 물인데 우리가 아는 물과 조금 다릅니다. 우리는 이 물을 '중수(重水, heavy water)'라고 부릅니다. 일반적인 물 한 분자는 산소 원자 한 개에 수소 원자 두 개가 결합되어 있는데, 중수의 물 분자는 산소 원자 하나에 중수소 원자 두 개가 결합되어 있습니다.

수소에는 중수소와 삼중수소라는 두 가지 동위원소가 있습니다. 둘다 수소와 마찬가지로 양성자는 하나뿐이라 원자번호는 1이지만, 중수소의 원자핵에는 양성자에 중성자가 하나 붙어 있어 중수소(Deuterium, D)라고 불리고, 삼중수소의 원자핵에는 양성자 하나에 중성자가 두 개 붙어 있어 삼중수소(Tritium, T)라고 합니다. 수소의 원자핵을 양성자(proton)라고 부르는데, 중수소의 원자핵은 중양자(deuteron, *d*), 삼중수소의 원자핵은 삼중양자(triton, *t*)라고 달리 부릅니다. 1934년에 중수소를 발견하여 노벨 화학상을 받은 미국의 해럴드 유리가 지은 이름입니다. 그는 페르미가 미국으로 망명할 때 큰 도움을 주었고, 맨해튼 프로젝트에도 참여했습니다. 원시 지구 환경에서 생명체의 기원을 탐색한 실험으로도 잘 알려져 있습니다."

"아주 흥미롭군요. 골로빈 박사님, 그럼 중수소-삼중수소 반응(*d-t* 반응)을 고르신 이유를 설명해 주시겠습니까?"

골로빈은 중수소-삼중수소 반응을 선택한 이유로 다음 세 가지를 들었다.

첫 번째, 이 반응에서는 큰 에너지가 발생한다. 중수소와 삼중수소가 핵융합 반응을 일으키면 알파입자와 중성자가 발생하는데, 이 과정에서 1760만 전자볼트의 질량 결손 에너지가 얻어진다. 이중 20퍼센트에 해당하는 350만 전자볼트는 알파입자의 운동 에너지로, 80퍼센트에 해당하는 1410만 전자볼트는 중성자의 운동 에너지로 나타난다. 1760만 전자볼트의 에너지는 양성자-리튬이나 양성자-붕소 반응에서 얻어지는 에너지인 400만 전자볼트와 870만 전자볼트보다 훨씬 크다.

우라늄이 핵분열을 할 때 내놓는 에너지는 약 2억 전자볼트로, 전체적으로 발생하는 에너지는 핵분열이 훨씬 더 크다. 하지만 핵자당 발생하는 에너지를 따져 보면, 중수소-삼중수소 핵융합 반응이 우라늄의 핵분열 반응보다 더 크다. 원자핵을 구성하는 양성자와 중성자를 핵자라고 하는데, 우라늄-235의 경우 핵자의 수가 235이니 핵자당 발생하는 에너지는 2억 전자볼트를 235로 나눈 85만 전자볼트다. 중수소-삼중수소 핵융합의 경우는 핵자의 수가 5이니 핵자당 발생하는 에너지는 1760만 전자볼트를 5로 나눈 350만 전자볼트다. 따라서 핵자당 발생하는 에너지는 중수소-삼중수소 핵융합 반응이 우라늄-235 핵분열 반응보다 네 배 정도 크다.

두 번째로 이 반응은 상대적으로 낮은 온도에서도 일어난다. 골프를 한번 예로 들어 보자. 언덕 위에 작은 구멍이 있고, 우리는 언덕 아래에서 공을 쳐 이 구멍에 넣으려고 한다. 그럼 언덕이 낮을수록, 우리는 공을 더 쉽게 넣을 수 있을 것이다.

여기서 언덕의 높이가 낮다는 것은 핵융합을 일으키는 데 필요한 입자의 속도 또는 운동 에너지가 작아도 된다는 의미로 생각할 수 있다. 다시 말해, 온도가 낮아도 반응이 일어날 수 있다는 의미다. 온도는 보통 '어떤 계를 구성하고 있는 입자들의 평균 운동 에너지'라고 정의하는데, 방 안의 온도가 섭씨 25도라는 말은, 방 안에 있는 공기 입자들이 저마다 다른 운동 에너지를 가지고 있지만, 이들 모든 입자의 운동 에너지를 평균하면 25도에 해당한다는 의미다.

골로빈은 핵융합 반응이 일어날 확률과 온도에 관한 그래프를 칠판에 그렸다. 다음 〔그림〕을 보면 입자의 온도에 따라 핵융합 반응 확률이 달라진다는 것을 알 수 있다. 골프 공을 치는 속도에 따라 공이 들어갈 확률이 달라진다는 것과 유사한 의미다. 중수소-삼중수소 반응이 확실히 다른 반응에 비해 상대적으로 낮은 온도에서도 핵융합 반응이 일어날 확률이 높다는 것을 알 수 있다. 1억 도만 되어도 핵융합 반응이 충분히 일어나고, 10억 도 근처에서 최대가 된다. 즉, 1억 도의 에너지면 공이 언덕 위까지 충분히 올라가 구멍에 들어갈 수 있고, 10억 도의 에너지에서 공이 가장 잘 들어간다고 할 수 있다. 또한 흥미롭게도 온도가 너무 높으면 오히려 핵융합 반응이 잘 일어나지 않는다. 마치 골프에서 공을 너무 세게 치면 구멍으로 들어가지 않고 구멍 위를 스쳐 지나가 버리는 것과 마찬가지다.

마지막으로, 중수소와 삼중수소를 사용하면, 에너지를 얻는 과정에서 이산화탄소가 거의 나오지 않는다. 핵융합 연료를 채취하

온도에 따른 다양한 핵융합 연료의 반응 확률

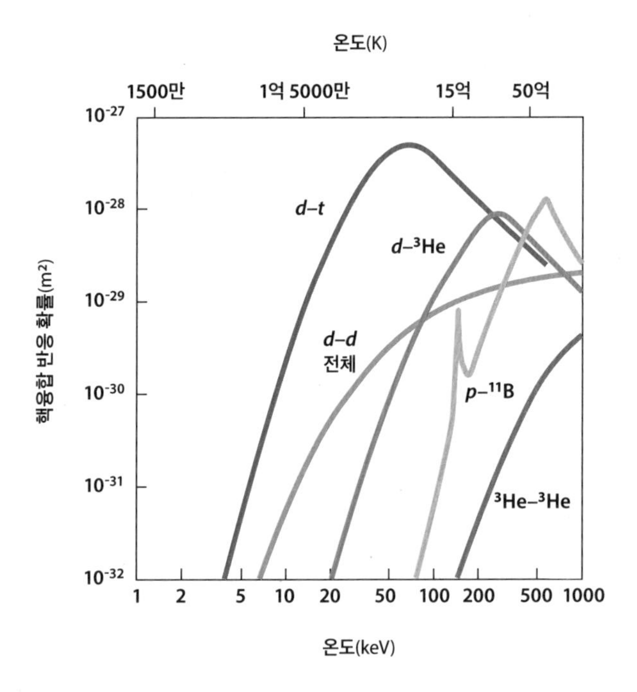

여 핵융합 반응을 일으키고 후처리를 하는 등 연료의 생애 주기 전체를 고려해도 화석 연료가 내놓는 이산화탄소 발생량의 20분의 1 이하로 예측된다. 핵융합 반응 자체만 생각하면 이산화탄소 발생은 0이다. 당연히 환경친화적이다.

골로빈의 설명을 듣고 있던 아르치모비치는 고개를 끄덕였다. 그리고 질문을 던졌다.

“여러분은 태양에서 양성자와 양성자가 만나 중수소를 만드는 과정이 어렵고 느리다는 점에 착안했군요. 한스 베테가 얘기한 태양에서 일어나는 양성자-양성자 연쇄반응 중에서 양성자로 중수소를 만드는 과정은 어려우니 중수소에서 헬륨을 만드는 과정을 사용하자는 아이디어네요. 아주 훌륭합니다.

그런데 연료의 풍부함에 대해서는 생각해 보셨는지요? 여러분이 선택한 중수소는 바닷물에 많이 존재한다고 알려져 있습니다. 그런데 삼중수소는 어떻지요? 삼중수소는 수소의 ‘방사성 동위원소’입니다. 방사선을 방출하면서 붕괴해가는 물질이지요. 결국 어느 정도 시간이 지나면 모두 붕괴하여 사라져 버리기 때문에 자연에 많은 양이 존재할 수가 없습니다. 골로빈 박사님이 경수와 중수는 가져왔는데 삼중수는 가져올 수 없었던 이유가 혹시 이것때문은 아니었을까요? 아무튼 이처럼 희귀한 삼중수소를 핵융합로에서 연료로 마음껏 사용하기는 매우 어렵지 않을까요?. 그래도 여러분은 중수소-삼중수소를 연료로 사용할 계획인가요?“

우리에게는 다시 일주일의 시간이 주어졌다. 이제 우리는 새로운 문제를 풀어야 한다. 우리는 그동안 반응에서 발생하는 에너지의 양이나, 상대적으로 낮은 온도에서도 반응이 원활한지 여부만 살펴보았지, 각각 연료가 얼마나 많은지에 대해서는 미처 살펴보지 않았다.

우리는 먼저 핵융합 발전소가 정상적으로 작동하려면 얼마나 많은 삼중수소가 필요한지 계산해 보았다. 핵융합 반응을 통해 열 출력 2500메가와트를 얻고 이를 전기로 변환해 전기 출력 1000메가와트를 내는 핵융합 발전소가 연간 80퍼센트 가동률로 운전한다고 가정하면, 1년에 약 100킬로그램의 삼중수소가 필요할 것이다. 아르치모비치가 맞다면 우리는 이 정도 양의 삼중수소를 조달할 수 없다. 핵융합로는 초기에는 미량의 삼중수소로 발전을 시작할 수 있을지 몰라도 시간이 지나면 연료가 떨어져 발전을 멈추고 말 것이었다. 우리는 중수소와 삼중수소의 자원량과 조달 방식을 다시 살펴보기 시작했다.

먼저 중수소의 자원량을 살펴보았다. 중수소는 바닷물 5킬로그램에 1그램 정도가 들어 있다. 황화수소 교환 공정이나 극저온 증류 기술로 중수를 분리하여 중수소를 얻을 수 있다. 지구에 바닷물은 얼마든지 있으니 중수소는 큰 문제가 되지 않았다.

다음은 삼중수소다. 아르치모비치가 말한 것처럼 삼중수소는 방사성 동위원소다. 수소 원자핵에는 양성자가 하나만 있지만, 삼중수소의 원자핵에는 양성자 한 개와 중성자 두 개가 있다. 이렇게 불안한 삼중수소의 원자핵은 베타선을 방출하고 헬륨-3으로 붕괴한다. 삼중수소의 반감기는 약 12년이다. 12년이 지나면 삼중수소는 처음에 비해 그 양이 절반으로 줄어든다. 이렇게 시간에 따라 양이 줄어들기 때문에 자연에는 거의 존재할 수가 없다. 간혹 우주 공간에서 지구로 쏟아져 들어오는 우주선(cosmic ray)에 의해 삼중수소가 생성되기도 하지만, 일반적으로 전 세계에 약 7킬로그램 정도 존재하는 것으로 보고 있다. 앞에서 1000메가와트의 핵융합 발전소를 운영하려면 연간 약 100킬로그램의 삼중수소가 필요하다고 했으니, 자연에 존재하는 7킬로그램의 삼중수소를 모두 모은다 해도 핵융합 발전소의 한 달 사용량도 안 되는 셈이다.

그런데 다행히도 삼중수소는 원자력 발전소에서 생산이 가능하다. 중성자의 감속재로 중수를 사용하는 '캐나다형 가압중수로' 소위 '캔두(CANDU, Canada Deuterium Uranium)' 방식의 원자력 발전소에서 중수소가 중성자를 흡수하면서 삼중수소가 생성된다. 캔두 원자로는 캐나다와 루마니아, 인도, 중국 그리고 한국의 월성에 있다. 삼중수소는 원자력 발전소에서 생산되기는 하지만, 그 양이 너무 적어 가격이 무척 비싸다. 삼중수소 1그램이 약 3000만 원 정도다. 이렇게 비싼 삼중수소에 투자해야겠다는 생각으로 월급을 꼬박꼬박 모아 1그램을 구입하고 미소 짓다가는 12년 후에는 반 토막이 난다. 물론 삼중수소 가격이 변하지 않는다면 말이다.

이처럼 삼중수소는 자연에서 쉽게 얻을 수 없기 때문에 우리는 삼중수소 대신 다른 연료를 사용하는 반응을 다시 한 번 찾아보았다. 그래도 역시 중수소-삼중수소 반응이 가장 매력적이기는 했다.

중수소-삼중수소 반응을 포기하지 못하겠다면 삼중수소를 안정적으로 공급할 수 있는 방법을 반드시 찾아야 했다. 우리는 혹시 핵융합로 내부에서 삼중수소를 자가생산하는 방법은 없을지 고민하기 시작했다. 중수소-삼중수소 반응에서 중성자가 발생하는데, 이 중성자를 이용하여 삼중수소를 다시 만드는 방법은 없을까?

우리는 중성자가 리튬과 반응하면 삼중수소가 만들어진다는 것을 찾았다. 다음 반응식과 같이 중성자는 리튬-6이나 리튬-7과 반응하면 삼중수소와 헬륨이 발생한다. 리튬-6은 리튬-7의 동위원소로, 자연에서 발견되는 리튬의 92.5퍼센트가 원자량 7인 리튬-7이고, 나머지 7.5퍼센트가 원자량 6인 리튬-6이다. 중성자가 리튬-6과 반응하는 경우는 발열 반응으로 4.78메가전가볼트 만큼의 추가 에너지를 얻을 수 있다. 반면 리튬-7과 반응하는 경우에는 흡열 반응으로 2.47메가전자볼트의 에너지를 잃게 되지만, 중성자 (n')가 새로 생성된다. 이 중성자가 또 다른 리튬과 반응하게 되면 삼중수소를 추가로 얻을 수 있다.

$$n + {}^{6}\mathrm{Li} \rightarrow t + \alpha + 4.78\ \mathrm{MeV}$$

$$n + {}^{7}\mathrm{Li} \rightarrow t + \alpha + n' - 2.47\ \mathrm{MeV}$$

우리는 생각을 정리해 보았다. 일단 어떻게든 미량의 삼중수소를 확보하여, 삼중수소와 중수소로 인공 태양을 만든다. 인공 태양 주위에 리튬을 촘촘히 배치해 놓는다. 인공 태양 내부에서 핵융합 반응으로 중성자가 발생해서 태양 바깥으로 튀어나오면 주위를 둘러싸고 있는 리튬과 반응하여 삼중수소가 발생한다. 삼중수소를 모아 인공 태양 내부로 다시 넣어준다. 그럼 중수소-삼중수소 핵융합 반응을 지속할 수 있다. 자급자족 인공 태양이 탄생하는 것이다! 즉, 중수소와 리튬만 있으면 중수소-삼중수소 핵융합 반응을 일으키는 인공 태양을 계속적으로 운영할 수 있는 것이다.

바닷물 45리터에 들어 있는 중수소와 노트북 컴퓨터의 배터리 1개에 들어 있는 리튬을 이용하여 중수소-삼중수소 핵융합 반응을 일으키면 석탄 40톤에 해당하는 에너지를 얻을 수 있다. 석탄 1톤이 약 7441킬로와트시(kWh)의 전기를 생산할 수 있음을 고려하면, 한 달에 300킬로와트시를 사용하는 가정이 앞에서 말한 수소 핵융합 반응으로 약 80년간 사용할 수 있는 에너지를 얻을 수 있는 셈이었다. 우리는 흥분하기 시작했다.

그런데 우리는 다시 질문을 해보았다. 리튬은 풍부한 원소인가?

삼중수소를 자급하여 지속적으로 운영할 수 있는 인공 태양

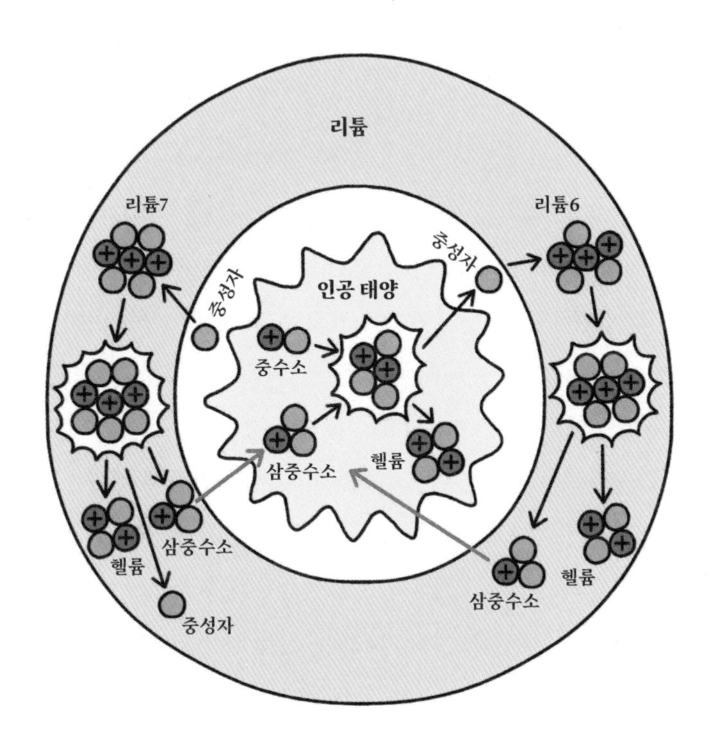

학습 효과다. 리튬 또한 삼중수소처럼 희귀하다면 또 다시 어려움에 봉착하게 될 것이다.

리튬은 전기 자동차와 휴대폰, 노트북 컴퓨터 등의 이차 전지의 재료로 사용된다. 리튬 배터리로 많이 알려져 있다. 리튬은 중수소의 100분 1에서 1000분의 1 정도로 적은 양이긴 하지만 바닷물에 2300억 톤 정도가 녹아 있고, 지구 표면과 바다에 앞으로 약 1500만 년 동안 사용 가능한 분량이 매장되어 있다고 추정되고 있다.

골로빈 박사는 아르치모비치에게 그동안 논의해 온 핵융합로에 대해 설명하기 시작했다. 앞에서 살펴 본 자급자족 인공 태양에 삼중수소 공급원으로 캔두 원자로를 넣은 것이었다.

일단 캔두 방식의 원자로에서 미량의 삼중수소를 확보한다. 고체나 액체 상태의 리튬을 핵융합로 주위에 빈틈없이 배치한다. 중수소와 삼중수소 핵융합 반응이 시작되면 이 과정에서 발생하는 중성자가 리튬과 반응하여 삼중수소가 만들어진다. 이렇게 발생한 삼중수소를 걸러내 다시 핵융합로에 주입해 핵융합 반응을 지속한다. 남은 삼중수소는 저장했다가 새로운 핵융합 발전소가 운전을 개시할 때 초기 장착 연료로 사용한다. 그러면 더 이상 캔두형 원자로에서 삼중수소를 확보할 필요가 없다.

골로빈의 설명을 들은 아르치모비치는 매우 만족해 했다.

"여러분의 의견처럼 삼중수소 자가생산을 통해 핵융합 발전소를 안정적으로 유지할 수 있다면 중수소와 삼중수소를 이용한 핵융합은 정말 매력적일 것 같습니다. 게다가 석유나 석탄처럼 특정 지역에 몰려 있는 편재성도 없으니 에너지 안보도 확보할 수 있겠네요. 그런데 삼중수소는 방사성 물질입니다. 물에 섞여 들어가 사람이 마실 경우, 방사선에 피폭될 수 있습니다. 게다가 유기물에 섞여 들어간 삼중수소, 즉 OBT(Organically Bound Tritium)가 체내에 들어오면 체재 시간이 더 길어질 수 있지요. 따라서 이러한 삼중수소를 취급하는 것은 매우 주의가 필요합니다. 그리고 여러분은 중수소-삼중수소 핵융합 반응에 의해 발생하는 중성자로 삼중수소를 다시 만든다고 했는데, 중성자는 멀쩡한 재료를 '방사화'시킬 수 있습니다. 다시 말해 중성자가 이들 재료의 원자핵과 충돌하여 핵변환을 통해 방사성 핵종을 만들어 낼 수 있다는 것이죠. 결과적으로 재료가 방사성 물질로 바뀌어 방사선을 방출하게 될 수 있습니다. 이 문제는 어떻게 할 건가요?"

아르치모비치의 질문은 날카로웠다. 그러나 우리에게는 방사선을 잘 알고 있는 이고리 탐 박사가 있었다. 그는 레베데프 물리연구소의 이론부장을 맡고 있었다. 1934년 파벨 체렌코프가 물속에 있는 방사능 물질이 내는 푸른빛을 '체렌코프 방사'로 설명했는데, 탐은 이 현상을 특수 상대성 이론을 이용해 이론적으로 밝혀 1958년 노벨 물리학상을 공동 수상했다.

탐 박사는 차근차근 답을 하기 시작했다. 중수를 사용하는 캔두 방식의 원자력 발전소에서는 삼중수소가 발생하기 때문에 이를 취급하는 기술이 개발되어 있다. 삼중수소는 반감기가 짧고 방사능도 약해 방출되는 베타선은 피부를 뚫지 못하고 공기 중에서는 6밀리미터 밖에 진행하지 못한다. 핵융합 발전소에서 사고로 삼중수소가 누출된다 해도, 기본적으로 양 자체가 매우 적은 데다, 누출된 삼중수소는 공기 혹은 물에 섞여 빠르게 희석되고 유기물로 전환되어 몸속에 들어가더라도 체류 시간은 길지만 수분 대사로 대부분이 배출된다.

중수소-삼중수소 반응에서 발생한 중성자가 재료를 방사화시키더라도, 방사능 문제는 원자력 발전소와 달리 그리 심각하지 않다. 핵융합 발전에서는 고준위 방사성 폐기물이 발생하지 않기 때문이다. 고준위 방사성 폐기물이란 원자력 발전의 연료인 우라늄과 플루토늄을 추출하고 남은 방사성 물질을 말한다. 핵융합 발전소에서 발생한 방사성 폐기물의 독성은 재료에 따라 다르기는 하지만 대략 50~100년이 경과하면 석탄을 이용한 화력 발전소보다 그 독성이 낮아져 설비를 재활용할 수 있다. 뒤에서 자세히 다루겠지만 적절한 재료를 사용하면 그 기간을 더 줄일 수도 있다. 결론적으로 중수소-삼중수소 핵융합은 풍부한 바닷물에서 연료를 얻는다는 장점이 있고, 방사능 문제가 있긴 하지만 현재 기준으로는 그렇게 심각한 수준은 아닌 것이다.

"탐 박사님, 아주 명쾌하게 설명해 주셨네요. 그런데 우리는 궁극의 핵융합 연료를 꿈꾸고 있습니다. 당장은 상대적으로 낮은 온도에서 큰 에너지를 얻을 수 있는 중수소-삼중수소 반응을 이용할 수 있겠지만, 우리의 핵융합 기술은 앞으로도 계속 발전할 것입니다. 저는 여러분이 중수소-삼중수소 반응에서 발생하는 문제를 해결할 수 있는 새로운 연료도 제시할 수 있으리라 믿습니다. 이를 플랜 B로 고려해 보지요. 그럼 다음 주에 뵙겠습니다."

더욱 청정한 핵융합 연료를 찾아서

그의 말은 일리가 있었다. 분명 중수소-삼중수소 반응은 심각하지는 않지만 그래도 방사능 문제가 있으니, 보다 청정한 원료가 필요한 것은 분명했다. 우리는 방사성 동위원소를 사용하지 않고 중성자도 발생하지 않는 비중성자 핵융합(aneutronic fusion)을 단계적으로 검토해 보기로 했다. 골로빈 박사는 이번에도 역시 이 문제를 누구보다 골똘히 살폈다. 우리는 심도 있는 논의 끝에 중수소-삼중수소 반응이 첫 번째 단계라면, 두 번째 단계로는 중수소-중수소 반응, 그리고 세 번째 단계로는 중수소-헬륨-3 반응을 사용하는 것으로 의견을 모았다.

두 번째 단계인 중수소-중수소 반응은 다음과 같다. 두 반응은 각각 50퍼센트의 확률로 일어난다.

$$d + d \longrightarrow t\,(1.0\ \text{MeV}) + p(3.02\ \text{MeV})$$

$$d + d \longrightarrow {}^{3}\text{He}\,(0.82\ \text{MeV}) + n(2.45\ \text{MeV})$$

일단 중수소-중수소 반응은 방사성 물질인 삼중수소를 사용하지 않는다. 그리고 중성자 발생이 절반으로 줄어든다. 게다가 반응 후에 생성되는 양성자를 전기 회로로 유도하여 핵융합 반응에서 나온 에너지를 전기 에너지로 직접 변환이 가능하다는 장점도 있었다. 양성자의 흐름이 바로 전류가 되기 때문이다. 그러나 앞에서 나온 핵융합 반응 확률과 온도 그래프에서 볼 수 있듯이 중수소와 중수소 반응에는 삼중수소와 중수소 반응보다 훨씬 높은 온도가 필요하다.

세 번째 단계인 중수소와 헬륨-3의 핵융합 반응은 두 번째 단계와 마찬가지로 삼중수소를 사용하지 않는다. 헬륨-3은 헬륨의 동위원소로 원자핵이 양성자 2개와 중성자 1개로 이루어져 있다. 동위원소이긴 하지만 중성자 수보다 양성자 수가 많아 동위원소 중 유일하게 안정한 원소이며, 앞에서 살펴보았듯이 삼중수소가 붕괴하여 변환되는 원소다. 아래 반응식과 같이 중수소와 헬륨-3의 반응에서는 알파입자와 양성자가 발생한다.

$$d + {}^{3}\mathrm{He} \longrightarrow \alpha(3.7\ \mathrm{MeV}) + p(14.7\ \mathrm{MeV})$$

중수소와 헬륨-3의 반응에서는 중성자가 발생하지 않아 재료가 중성자에 의해 방사화될 염려가 없다. 또한 이 반응에서 발생하는 양성자는 전기 변환에 직접 사용할 수 있다. 이 경우 중수소-삼중수소를 사용할 때 30~60퍼센트 수준이던 에너지 변환 효율이 중수소와 헬륨-3을 사용하면 최대 100퍼센트에 근접할 수 있다.

그러나 이 반응은 반응 확률을 높이려면 2단계보다 높은 온도가 필요하다. 게다가 헬륨-3가 지구상에 매우 희박하다는 어려움도 있다. 다행히도 헬륨-3는 달에 많이 존재한다. 세 번째 단계 핵융합 발전이 가능할 시기에는 아마도 달에서 헬륨-3을 가져올 수 있을 것이다. 참고로 중수소와 헬륨-3 이외에도 비중성자 핵융합 반응으로 수소와 붕소-11 반응도 거론되었다. 그러나 이 반응은 중수소와 헬륨-3를 이용한 반응보다 더 높은 온도가 필요했다.

이렇게 우리는 청정한 핵융합 발전을 위해 세 단계로 핵융합 원료를 제시했다. 1단계에는 에너지 발생량이 많고 상대적으로 낮은 온도에서도 핵융합 반응 확률이 높은 중수소와 삼중수소를 사용한다. 여기서는 삼중수소가 이용되고 중성자가 발생하여 방사능의 위험이 있을 수 있다. 2단계에는 중수소와 중수소 반응으로 방사능의 위험을 대폭 줄이고, 3단계로 가면 중수소와 헬륨-3 반응으로 방사능 물질을 발생하지 않게 하고 에너지 변환 효율도 높이는 것이다.

두 번째 문제: 태양을 어떻게 가둘 것인가

중수소-삼중수소, 중수소-중수소, 중수소-헬륨-3을 이용한 단계별 핵융합 반응을 제시한 우리의 의견을 듣고 아르치모비치 부장은 매우 기뻐했다.

"저는 여러분이 첫 번째 문제를 성공적으로 풀 것이라 생각했습니다. 역시 여러분은 저를 실망시키지 않는군요. 훌륭합니다!"

우리는 첫 번째 문제를 풀어냈다. 하지만 기쁨도 잠시였다. 아르치모비치는 다시 칠판 앞에 섰다.

"여기 칠판 지우개가 있습니다. 제가 이 칠판 지우개를 공중으로 던지는 순간 칠판 지우개가 태양으로 변한다고 가정하겠습니다.

무슨 일이 일어날까요?"

질문을 듣자마자 사하로프 박사가 손을 들었다.

"지구 중력에 의해 땅으로 떨어져 지구 중심부를 향해 파고 들어갈 것입니다. 중수소-삼중수소 반응을 이용한 인공 태양이라면 온도가 1억 도는 될 것이니 무엇이든 녹이고 지구 중심부로 향하겠죠. 그러나 인공 태양이 스스로 온도를 유지하지 못한다면 중간에 지하수 등을 만나 식어 버릴 겁니다."

아르치모비치는 뿌듯한 얼굴로 사하로프 박사를 바라보았다.

"내가 예상했던 답변이 나왔네요. 박사님은 내가 이 질문을 한 이유도 알고 있겠지요? 자, 두 번째 미션입니다. 중수소-삼중수소로 만든 태양을 가둘 방법을 찾는 겁니다."

'사고의 용광로'의 문이 닫혔다.

다르지만 서로 같은 문제

아르치모비치는 1억 도가 넘는 뜨거운 태양이 땅으로 떨어지거나 주위에 닿아 문제를 일으키지 않게 공중에 가두어 둘 방법을 우리에게 요구한 것이다.

한동안 아무도 말이 없었다. 주어진 문제가 너무 어려웠기 때문이었다. 흘러내리는 안경을 계속 쓸어 올리는 사람, 담배를 피우러 잠깐 밖으로 나간 사람, 커피를 타러 가는 사람. 팔짱을 끼고 칠판만 빤히 쳐다보는 사람.

그중 창밖으로 뭔가를 골똘히 바라보고 있던 사하로프 박사가 갑자기 우리를 향해 말문을 열었다.

"제가 문제를 해결하는 데 필요한 실마리를 제공할 수 있을 것 같습니다."

사하로프라면 탐 박사의 제자로, 소련의 수소폭탄을 완성한 과학자다. 그는 1948년에 우라늄과 핵융합 연료를 번갈아 가며 층층이 쌓아 올린 핵분열-핵융합 폭탄을 설계하고 그 방식을 소련의 전통 케이크인 '슬로이카(sloyka)'라고 이름지었다. 1953년에는 러시아 최초로 핵융합을 이용하여 실험에 성공한 폭탄 RDS-6s를 설계했고, 1955년에는 마침내 텔러-울람 배열과 독립적으로 '세 번째 아이디어'라는 폭탄 구조를 개발해 소련 최초의 '진정한' 수소폭탄 RDS-37을 성공시켰다.

우리는 사하로프 박사에게 다가갔다. 그는 잠시 머뭇거리다가 이야기를 시작했다.

"제가 문제를 하나 내겠습니다. 먼 미래의 이야기입니다. 과학자들이 우주를 항해하며 지구와 환경이 비슷한 행성을 찾고 있었습니다. 그러던 어느 날 오랜 항해 끝에 지구와 아주 비슷한 행성을 발견했지요. 과학자들은 비행선을 타고 그 행성으로 향했습니다.

그곳에는 커다란 호수가 있었습니다. 지구의 호수와 매우 비슷했는데, 사실 이 호수에는 물이 아니라 뭔가 다른 액체가 있었습니다. 과학자들은 이 액체가 무엇인지 알기 위해 여러 기기를 넣어 보았습니다. 그런데 이 액체는 집어넣은 탐침마다 모조리 녹여 버렸습니다. 과학자들은 당황했지요. 하지만 모든 것을 녹여 버리는 이 액체는 분명 지구에서 유용하게 사용할 수 있을 것 같았습니다. 과학자들은 이 액체를 지구로 가져가기로 했습니다. 그런데 문제가 있었습니다. 모든 것을 녹이는 이 액체를 도대체 어디에 담아 갈 수 있을까요?"

사람들은 잠시 머뭇거리다가 여기저기에서 손을 들었다.

"전기 분해를 하는 건 어떨까요?"

"온도를 낮춰 고체 상태로 만드는 겁니다!"

"공중부양을 시켜보죠."

많은 아이디어가 여기저기서 쏟아졌다.

사하로프는 각 아이디어의 실현 가능성에 대해 논의를 진행했다. 그럴듯해 보였던 아이디어에는 모두 일정한 한계가 있었다. 전극을 상하지 않고 전기 분해를 어떻게 할 것인가? 어는점이 매우 낮으면 어떻게 할 것인가? 무엇으로 공중부양을 시킬 것인가? 쓸 만한 아이디어가 떨어질 때쯤 뒤쪽에 앉아 있던 사람이 조용히 손을 들었다. 이고리 탐이었다.

"두 문제는, … 사실은 같은 문제네요."

"무슨 말이죠? 두 문제라니요?"

사람들은 어리둥절했다.

"탐 교수님은 역시 제 생각을 읽으셨군요. 완전히 다른 것 같았던 아르치모비치의 문제와 제가 낸 문제가 사실은 같은 문제입니다. 태양도 행성의 신비한 액체도 지구의 모든 것을 녹일 수 있습니다. 아니 어쩌면 지구 자체를 몽땅 녹여 버릴 것입니다. 그런데 우리는 이 둘을 무언가로 담아두어야 한다는 것이죠."

우리는 그제야 두 문제가 서로 같은 질문을 하고 있다는 탐의 말을 이해할 수 있었다.

사하로프 박사는 말을 이었다.

"사실 이 질문은 제가 대학에서 강의할 때 학기 초에 학생들에게 한 번씩 던져보는 질문입니다. 학생들은 대부분 어렵고 복잡한 답을 제시하죠. 그런데 이 질문을 초등학생에게 해보면 참 재미있는 답이 나옵니다."

"아저씨, 그냥 행성을 가져오면 되잖아요."

"야, 그렇게 무거운 걸 어떻게 가져오냐"라고 아이들은 깔깔거립니다. 그때 한 친구가 맞받아서 말합니다.

"그럼 그건 너무 무거우니까, 호수를 흙과 같이 퍼서 통째로 가져와야지."

이런 말들이 오고 가면서 학생들은 답을 만들어 냅니다.

"행성의 흙으로 접시를 만들어 담아 와요."

문제는 어려워 보이지만 실은 문제 안에 정답이 있었던 것입니다. 전기 분해를 한다는 높은 수준의 지식이 없어도 질문의 본질을 들여다보면 답을 찾을 수가 있는 것이죠.

우리가 만들고자 하는 태양. 이것도 어쩌면 다르지 않을 겁니다. 우주에 있는 태양. 그 태양은 어떻게 46억 년 동안, 그곳에서 빛나며 머물 수 있었을까요? 행성의 토양이 그 신비로운 액체를 가둬두고 있었던 것처럼, 태양도 저 컴컴한 우주의 한편에서 무언가에 의해 가둬지고 있던 것입니다. 우리는 태양을 살펴봐야 합니다. 그 안에 분명 우리가 지구 위에 태양을 가둬 놓을 수 있는 열쇠가 숨겨져 있을 것입니다."

결국 비밀은 태양에 있었던 것이다. 만약 우리가 태양이 우주에 가두어져 있는 원리를 파악할 수 있다면 그 원리를 인공 태양을 가두는데 사용하면 될 일이었다. 우리는 각자 흩어져서 태양에 대한 연구를 시작했다.

물질의 첫 번째 상태, 플라즈마

태양은 참으로 아름답고 신비롭다. 영화 〈패신저스〉처럼 우주선에서 항성 표면을 볼 수 있다면 정말 로맨틱할 것이다. 영화에서 항성은 시시각각 이글거리며 타오른다. 커다란 고리가 형성되어 치솟는가 하면 불꽃이 바깥으로 뿜어져 나오기도 한다. 우리는 태양에서 수소 핵융합 반응이 일어나는 것을 알고 있다. 그런데 이처럼 이글거리는 태양은 어떤 '물질의 상태'일까? 그리고 과학자들의 언어로 말하면, 내부에는 어떤 힘이 작용하고 있을까? 우리는 태양을 이해하기 위해 이 문제부터 다뤄 보기로 했다.

먼저 태양의 '물질의 상태'에 대해 생각해 보자. 태양은 중심부의 온도가 섭씨 1570만 도 정도이고, 표면 온도는 약 5500도다. 앞에서 살펴봤던 것처럼 핵융합을 일으키기 위해서는 양전하를 띤 원자핵이 서로 밀어내는 힘을 이겨내고 양자역학적 터널링 효과가 일어나도록 서로를 향해 빠르게 움직여야 한다. 즉, 온도가 매우 높아야 한다. 온도가 올라가면 물질의 상태가 바뀔 수 있다.

우리는 물질이 크게 세 가지 상태로 존재한다고 알고 있다. 바로 고체, 액체, 기체다. 얼음이라는 고체 상태에서 온도가 올라가면 물이라는 액체 상태로 변하고 여기에서 더욱 온도가 올라가면 수증기라는 기체 상태로 변한다. 그렇다면 수증기와 같은 기체 상태에서 온도가 더욱 올라가게 되면 어떻게 될까? 이것이 바로 태양의 상태다. 용광로 속 녹아 흐르는 철과도 다르고, 그러면서 기체도 아닌 상태.

생각해 보면 인류는 아주 오래전부터 이런 상태를 알고 있었다. 그리스의 철학자 엠페도클레스는 우주는 흙, 공기, 불, 물의 네 가지 원소로 이루어져 있다고 믿었다. 여기에서 불이 태양의 상태에 해당한다. 우리나라 태극기에서도 비슷한 생각을 읽을 수 있다. 태극기의 사괘인 '건곤감리(乾坤坎離)'는 각각 하늘, 땅, 물, 불을 가리키고 이중 '리'가 태양의 상태를 나타낸다.

태양과 같은 상태에 대한 연구는 근대에 들어와서야 본격적으로 진행되었다. 우선 1802년에 영국의 화학자 험프리 데이비가 밀봉된 유리관의 양 끝에 각각 탄소 막대를 두고 그 사이에 높은 전압을 걸었다. 그러자 두 막대 사이 빈 공간에서 강렬한 빛이 번쩍였다. 아크등을 개발한 것이었다.

아크등에서는 '방전(discharge)'이라고 하는 신기한 현상이 발생했다. 전류가 흐르지 않는 공기와 같은 물질에 일정 수준 이상의 전압을 걸어 주면 전류가 흐르는 현상을 방전이라고 한다. 다른 말로 하면, 방전은 전기가 흐르지 않는 물질에 특정 수준 이상의 고전압이 걸리면 도전성이 갑자기 증가하여 절연 파괴가 일어나 전류가 흐르는 현상을 말한다. 아크 방전은 기체에서 일어나는 방전의 하나로, 전극 사이에 비교적 낮은 전압과 큰 전류를 내보낼 때 전극이 가열되어 전자를 방출하면서 강렬한 빛을 내는 현상이다. 아크등 내부에서 방전이 일어나면 기체 상태로 있던 물질이 다른 상태로 변하곤 했다. 우리가 궁금해 하는 태양과 비슷한 상태였다. 아크등이 개발되자 가스 램프를 하나둘 대체하기 시작했고, 방전 현상에 대해서도 활발한 연구가 이루어졌다.

1855년 독일에서는 하인리히 가이슬러가 진공펌프를 개발하면서 데이비의 실험을 진공 상태에서 수행할 수 있게 되었다. 그는 유리관의 양 끝에 금속으로 된 양극과 음극을 설치해 높은 전압을 걸어 줄 수 있는 가이슬러관을 개발했다. 그는 자신이 개발한 장치의 유리관 내부에 네온이나 아르곤과 같은 기체를 넣고 전기를 걸어 주었다. 놀랍게도 기체에 따라 유리관 안쪽 불빛의 색깔이 달라졌다. 우리가 알고 있는 네온 사인의 원리였다.

영국의 윌리엄 크룩스는 보다 높은 수준의 진공과 고전압, 개량된 전극 재료를 이용해 크룩스관을 개발했고, 이를 이용해 방전 현상을 연구했다, 그는 1879년과 1880년에 《네이처》에 연속으로 발표한 논문에서 유리관 내부의 반짝이는 물질을 '빛을 내는 물질(radiant matter)'이라고 불렀고, 이 물질의 상태를 고체나 액체, 기체가 아닌 전혀 새로운 상태인 '물질의 네 번째 상태'라고 불렀다.

크룩스는 크룩스 관에 일정 수준 이상의 고전압을 가하면 전류가 흐르기 시작한다는 것도 관찰했다. 그는 보이지 않는 미지의 입자가 한쪽 전극에서 나와 다른쪽 전극으로 이동해 전류를 흐르게 한다고 생각했다. 이 빛 줄기에는 독일의 오이겐 골드슈타인이 '음극선(cathode ray)'이라는 이름을 붙였다.

음극선을 계속 연구한 크룩스는 다음 〔그림〕과 같이 크룩스관에 몰타 십자가를 넣고 실험을 해보았다. 유리관의 끝 부분에는 형광물질을 발라 음극선이 부딪히면 빛이 나게 했다. 전원을 넣어 주자 십자가에 부딪치지 않은 음극선은 유리관 끝까지 직선으로 날아가 초록의 밝은 형광빛을 냈다. 십자가에 부딪쳐 음극선이 도달하지 않은 곳에는 십자가 형상으로 그림자가 생겼다. 이제 크룩스관 위에 자석을 놓아 자기장을 걸어 주자 음극선이 휘었다. 자기장의 방향에 따라 휘는 방향도 달라졌다. 크룩스는 이렇게 기발한 실험으로 음극선의 특성을 밝혔지만, 정작 음극선의 정체는 알아내지 못했다.

해결책은 가난한 제본소 직원의 아들로 태어나, 뉴턴이 다녔던 케임브리지 대학의 트리니티 칼리지를 장학생으로 졸업한 한 물리학자에게서 나왔다. 그는 크룩스관에 전기장과 자기장을 걸어 다양한 실험을 진행했다. 이렇게 해서 음극선의 속도가 빛보다 무척 느리다는 것을 알아냈고, 음극선이 전자기파의 일종이 아니라 입자라고 생각했다. 1897년에 그는 음극선이 입자로 이루어져 있으며, 특히 음전하를 운반하는 입자의 흐름이라고 결론을 내린다. '전자'의 발견이었다. 주인공은 '제이제이(JJ)'라고 불리던, 조지프 존 톰슨이었다.

그러나 이 발견은 당시 사고로는 받아들이기 어려운 획기적인 것이었다. 전자가 원자의 일부이고 원자에서 떨어져 나와 움직일

몰타 십자가를 넣은 크룩스관

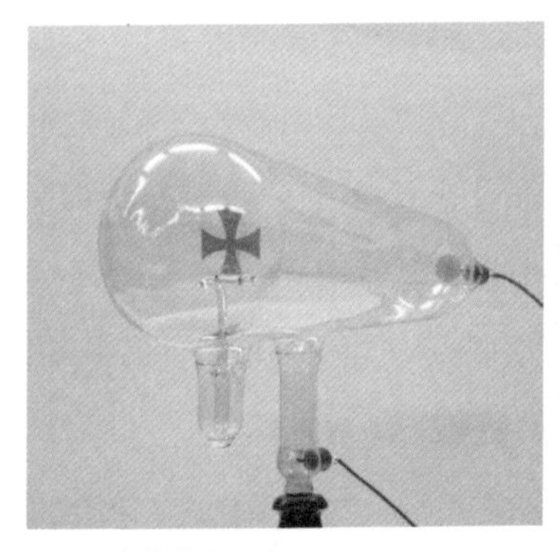

전원을 넣지 않았을 때

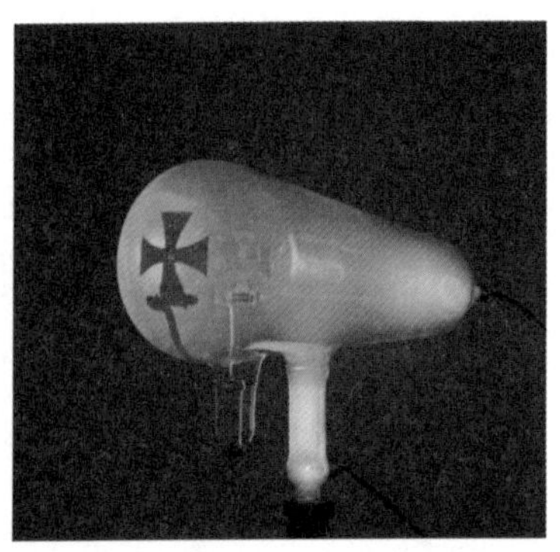

전원을 넣어 십자가의 그림자가 나왔을 때

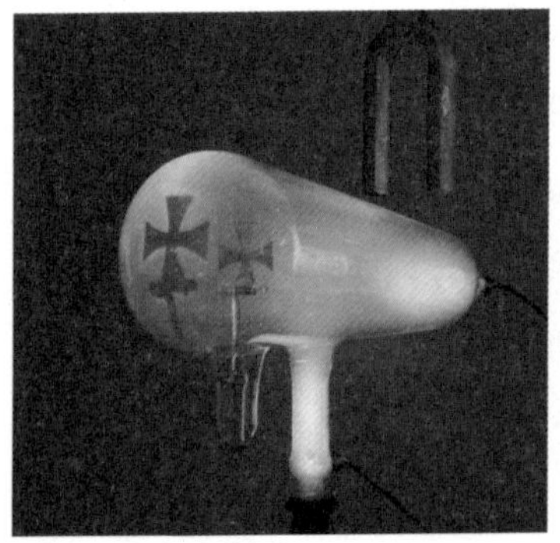

오른쪽 위에 말굽 자석을 놓아
십자가의 그림자가 위쪽으로 휜 경우

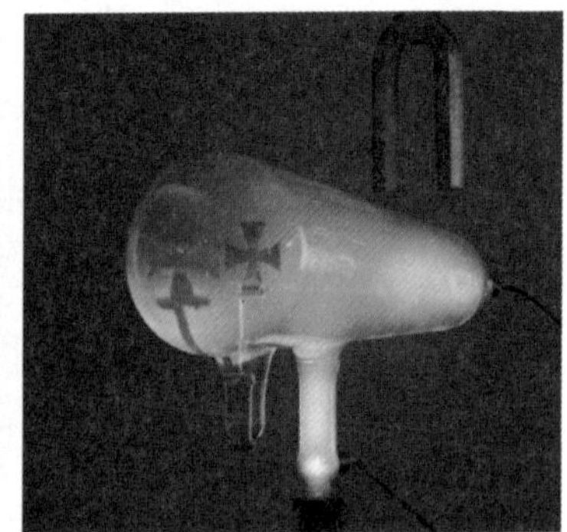

오른쪽 위에 말굽 자석을 반대로 놓아
십자가의 그림자가 아래쪽으로 휜 경우

수 있는 입자라는 발견은 원자가 물질의 가장 작은 단위라는 돌턴의 원자설에 정면으로 도전한 것이었다. 톰슨조차 처음에는 "원자를 더 쪼갤 수 있다는 개념은 사실 많이 당황스럽다"고 했을 정도다. 톰슨은 이 업적으로 1906년에 노벨 물리학상을 수상했다. 그럼에도 당시 많은 사람들이 이 발견의 중요성을 제대로 인식하지 못하고 있었다. 톰슨이 이끌던 캐번디시 연구소 연례 모임의 축배사가 '아무짝에도 쓸모없는 전자를 위하여!'였을 정도니 말이다.

독일에 조머펠트가 있었다면, 영국에는 톰슨이 있었다. 톰슨의 지도를 받은 사람들 중에 7명의 노벨상 수상자가 나왔다. 핵물리학의 초석을 놓은 어니스트 러더퍼드(1908년 노벨 화학상), 프랜시스 애스턴(1922년 노벨 화학상), 그의 아들 조지 패짓 톰슨(1937년 노벨 물리학상), 찰스 바클라(1917년 노벨 물리학상), 찰스 윌슨(1927년 노벨 물리학상), 오언 리처드슨(1928년 노벨 물리학상)과 윌리엄 브래그(1915년 노벨 물리학상)가 바로 그들이다.

또한 크룩스관을 이용한 실험에서는 공기에 흡수되어 사라지거나 유리관을 통과하지 못하는 보통의 음극선과 달리, 유리관을 통과하는 강력한 광선도 관찰되었다. 눈에 보이지 않는 이 미지의 광선에는 엑스선이라는 이름이 붙었고, 1895년 이를 처음 발견한 뮌헨 대학 출신의 빌헬름 뢴트겐은 1901년 첫 번째 노벨 물리학상 수상자가 되었다.

지금까지 데이비, 가이슬러, 크룩스, 톰슨 등을 통해 우리가 알아낸 것은 유리관 내부의 기체에 고전압을 걸면 방전이 일어나 기체가 무언가 다른 상태가 되면서 빛이 발생한다는 것이었다. 이 상태에서 원자로부터 전자가 떨어져 나와 전자의 흐름, 즉 전류가 생겼다. 그렇다면 높은 전압을 가하면 왜 이런 현상이 발생하는 걸까?

답은 역시 톰슨의 제자로부터 나왔다. 존 타운센드는 '전자사태(electron avalanche)'로 플라즈마 방전을 명쾌하게 설명했다. 유리관에 전압을 걸어 주면 두 전극 사이에 전기장이 걸리고, 유리관 안에 있던 전자가 가속된다. 가속된 전자는 기체 분자와 충돌하여 이를 원자로 쪼개고, 전자는 다시 쪼개진 원자와 충돌하여 원자를 원자핵과 전자로 분리한다. 이렇게 전자가 원자에서 분리되어 물질이 전하를 띠게 되는 현상을 '이온화'라고 한다. 전자가 기체 분자를 이온화시키는 과정에서 새로운 전자가 튀어나오는데, 이 전자도 역시 전기장에 의해 가속되어 기체 분자와 충돌해 이온화가 계속 일어난다. 이런 '이온화 연쇄 반응'으로 관 안쪽의 기체 분자 대부분이 이온화된다. 전자는 양극을 향해 달려가고, 원자핵 즉 양이온은 음극을 향해 달려가게 되어 유리관 안에 전류가 흐르게 된다.

예를 들어, 가이슬러관에 수증기가 들어 있다고 하자. 여기에 높은 전압을 걸어 주면 음극선, 즉 전자들은 에너지를 얻어 가속되면서 물 분자와 충돌해 물 분자를 두 개의 수소 원자와 한 개의 산소 원자로 쪼갠다. 전자는 물 분자에서 분리된 수소 원자나 산소 원자와도 충돌해 이들을 원자핵과 전자로 쪼개게 된다. 결국 수증기는 수소 원자핵과 산소 원자핵 그리고 전자로 분리된 이온화된 기체 상태가 되고, 이렇게 전하를 띤 입자가 전극 방향으로 움직이면서 전류가 흐르게 된다. 이온화가 진행되어 전자의 수가 점점 늘어나다 결국 기체 전체가 이온화되는 것이, 마치 조그만 눈덩이가 산에 수소 기체가 전자사태를 거치며 이온화되고 있다.
수소 원자가 수소 이온과 전자로 서로 떨어진 이온화 상태,
즉 플라즈마 상태가 만들어졌다.

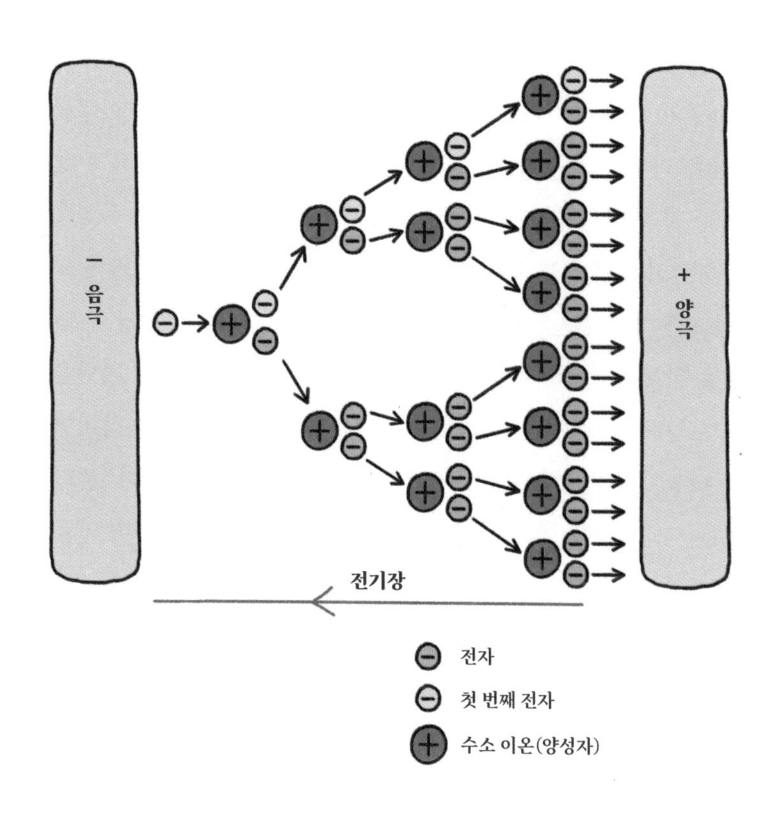

서 굴러 내려오며 덩치가 점점 커지다 결국에는 산사태를 일으키는 것과 유사하다고 하여, 이 현상을 '전자사태'라고 부른다. 크룩스관 내부의 "물질의 네 번째 상태인 빛을 내는 물질"은 전자 사태로 만들어진 '이온화된 기체'였던 것이다.

1928년에 미국의 어빙 랭뮤어는 전압을 걸어준 크룩스관 내부처럼 기체가 이온화된 상태를 '플라즈마(plasma)'라고 불렀다. 랭뮤어는 에디슨이 설립한 전기조명 회사인 제너럴 일렉트릭의 연구소에서 전구의 수명을 늘리기 위한 연구를 수행했는데, 전구에 아르곤과 같은 기체를 넣으면 텅스텐 필라멘트의 수명이 획기적으로 늘어나는 것을 발견하였다. 이처럼 그는 기체 방전의 다양한 특성을 연구하면서 이온화된 기체가 담는 그릇의 모양, 즉 튜브 모양에 따라 형태가 바뀐다는 사실에 주목했다. 랭뮤어는 혈액의 '혈장'이 단백질을 비롯한 다양한 유기물이나 무기물이 녹아있는 용매 역할을 하며 모양이 변할 수 있다는 점에 착안하여 '물질의 네 번째 상태인 빛을 내는 물질'을 혈장의 영문 이름인 '플라즈마'로 지었다. 플라즈마는 고대 그리스어의 'πλάσμα'에서 유래했는데, '틀에 부어 만들어지는 상태' 또는 '모습이 잘 변하는' 이라는 뜻이다.

랭뮤어는 플라즈마라는 이름을 지었을 뿐 아니라 전자의 온도와 밀도를 측정하는 '랭뮤어 탐침'도 개발하였고, 플라즈마 내에서 이온과 전자가 움직이며 생겨나는 '플라즈마 진동'과 이 진동이 플라즈마 내부에서 전파되며 발생하는 '랭뮤어 파동' 현상도 발견하였다. 랭뮤어는 플라즈마에 대한 연구도 많이 했지만, 정작 노벨상은 1932년에 표면 화학에 대한 업적으로 받았다.

현대 물리학에서는 플라즈마를 '하전입자들이 상호작용하여 집단적인 거동을 보이는 준중성(quasi-neutral) 기체'라고 정의한다. 준중성이라는 말은 플라즈마가 겉으로는 전기적으로 중성인 듯하지만, 플라즈마 내부에 일시적으로 양이온이 한쪽에 쏠리게 되면 국부적으로 전기장이 형성될 수 있다는 것도 의미한다. 그리고 이렇게 전기장이 만들어지면 전자들이 그쪽으로 쏠려 전기장을 가로막게 된다. 마치 유명한 아이돌 그룹이 나타나면 팬들이 몰려 조금만 떨어져도 아이돌 가수들의 얼굴조차 볼 수 없게 되는 것과 마찬가지다. 이를 '디바이 차폐(Debye shielding)'라고 한다. 조머펠트의 제자로, 이 분야에 뛰어난 업적을 남긴 피터 디바이의 이름을 딴 것이다. 결국 플라즈마란 이온과 전자들이 움직여 생겨나는 전기장에 의해 상호작용하며 집단적으로 움직이고 있는 상태를 말하며, 거시적으로 볼 때는 양전하와 음전하가 서로 상쇄되어 전기적으로 중성을 띤 것처럼 보인다는 것이다.

플라즈마는 물질의 첫 번째 상태라고도 불리는데, 빅뱅 이후 우주의 초기 상태가 플라즈마 상태였기 때문이다. 20세기 초반 인도의 천체물리학자 메그나드 사하가 우주의 99퍼센트가 플라즈마로 이루어져 있다는 것을 이론적으로 보였다. 플라즈마는 지구에서도 쉽게 관찰할 수 있는데, 번개와 오로라가 대표적이다. 우리 생활에서도 플라즈마는 매우 유용하게 이용된다. 플라즈마는 형광등과 네온사인을 비롯해, 살균, 자동차 배기가스 처리, 수질 정화, 피부미용과 치아미백, 그리고 반도체 공정 등 다양한 분야에 이용되고 있다.

결론적으로 물질은 고체, 액체, 기체 그리고 플라즈마의 네 가지 상태로 존재하는데, 태양은 기체가 이온화되어 원자에서 전자와 원자핵이 분리된 플라즈마 상태였던 것이다.

태양이 우주 공간에 뭉쳐 있는 이유

우리는 태양을 비롯한 모든 별은 이와 같은 플라즈마 상태로 존재한다는 사실을 알게 되었다. 그럼 이제 원래 문제로 돌아가 보자. 태양은 어떻게 46억 년 동안 이 상태를 유지하고 있는 것일까?

사우나에 갔을 때를 한번 떠올려 보자. 안에 들어가려고 닫힌 문을 열자마자 안쪽에 갇혀 있던 수증기가 문 밖으로 빠져나간다. 확산 현상이다. 입자들은 모아 놓으면 퍼져 나가기 마련이다. 그런데 태양의 플라즈마는 왜 우주 공간으로 확산하지 않고 한 곳에 뭉쳐 있는 걸까? 특히 태양 내부에서는 초당 약 2000억 개의 수소폭탄이 끊임없이 터지고 있다. 우리가 살펴본 것처럼 수소 핵융합이 일어나고 있는 것이다. 폭탄이 터지면 엄청난 운동 에너지로 입자들이 주위로 퍼져나가야 할 것이다. 실제로 태양을 구성하는 물질이 바깥으로 퍼지려는 힘은 지구 대기압의 약 4000억 배 정도나 된다. 그런데 왜 태양의 플라즈마는 우주로 흩어지지 않고 뭉쳐 있는 걸까?

우리는 먼저 태양의 질량을 살펴보았다. 태양은 질량이 지구보다 무려 33만 배나 크다. 이처럼 질량이 크면 당연히 중력도 커질 것이다. 계산해 보면, 태양의 표면 중력은 지구보다 28배나 크다.

역대 최고의 높이뛰기 선수라는 쿠바의 하비에르 소토마요르가 1993년에 2.45미터를 뛰고 세계 기록을 세웠다. 하지만 소토마요르가 태양에 간다면 기껏해야 10센티미터도 못 뛸 것이다. 반대로 혹시 태양처럼 높은 중력에서 생활하는 외계인이 지구를 방문하면 상대적으로 낮은 지구의 중력에 슈퍼맨처럼 훨훨 날아다닐 수 있을 것이다.

이처럼 태양의 중력이 강하다면 가벼운 플라즈마 입자라도 중력에서 자유롭지 못하다. 우주 공간으로 달아나려고 해도 마치 줄에 묶여 있는 것처럼 다시 태양으로 빨려 들어갈 것이다. 지구의 중력이 공기 분자들을 잡아당겨서 지구에 대기층이 유지되고 있는 것과 마찬가지다. 결국 비밀은 바로 태양의 중력에 있었다. 태양의 플라즈마가 밖으로 팽창하려는 힘이 태양의 무지막지한 중력과 평형을 이루어 태양이 유지되고 있었던 것이다.

플라즈마 입자를 길들이는 몇 가지 방법

이제 우리는 태양이 우주의 한 공간 가두어져 있는 비밀이 중력 때문이라는 것을 알아냈다. 이 원리를 응용하면 지구 위에 태양을 가두는 방법을 찾을 수 있을 것이었다. 그런데 문제는 지구 위에 만들 태양은 실제 태양만큼 큰 중력을 가질 수 없다는 점이었다. 아무리 크게 만들고 밀도를 높인다 해도, 지구에서는 태양만큼 질량을 크게 만들 수가 없다. 그럼 태양의 원리를 어떻게 본뜰 수 있을까?

우리는 태양이 플라즈마 상태로 이루어져 있다는 사실로 다시 돌아가 보기로 했다. 플라즈마 입자들은 양전하를 띤 이온과 음전하를 띤 전자로 이루어져 있다. 중력 이외의 힘으로 이온과 전자를 통제할 수 있는 방법은 없을까?

전하를 띤 물질은 전기장과 자기장에서 독특한 거동을 보인다. 우리는 스웨덴의 물리학자 한네스 알벤이 곧잘 했던 것처럼, 우리 자신이 이온이나 전자라고 생각해 보았다. 내가 양이온이고 내 친구가 전자라고 가정해 보자. 그럼 이제 전기장과 자기장을 만나면 우리는 어떻게 반응하게 될까? 먼저 우리 주위에 전기장이 걸려 있다면, 양이온인 나는 양극에서 음극 방향으로 가속해 달려갈 것이고, 친구는 반대 방향으로 달릴 것이다. 친구와 나는 서로 멀어져 다시는 만나지 못할 것이다.

이제 전기장을 끄고 자기장을 걸어 보자. 나와 내 친구가 자기력선 위에 올라타 그 방향 그대로 움직이면, 즉 N극에서 S극 방향으로 움직이면 자기장에 의한 힘을 하나도 느끼지 못한다. 그런데 이 방향과 조금이라도 어긋나게 움직이면 특이한 힘을 받기 시작한다. 이 힘은 내가 처음 움직이던 방향과 수직인 방향으로 그리고 동시에 자기장이 걸린 방향과도 수직인 방향으로 작용했다. 그리고 나와 내 친구는 서로 반대 방향으로 힘을 받아 움직이는 속도가 점점 빨라졌다.

이처럼 전하를 띤 입자가 움직일 때 전기장과 자기장에 의해 받는 힘을 로런츠 힘이라고 한다. 맥스웰의 전자기론을 발전시켜 고전물리학을 완성했다고 칭송받는 네덜란드의 물리학자 헨드릭 로

전기장에 의해 가속되는 양이온과 전자

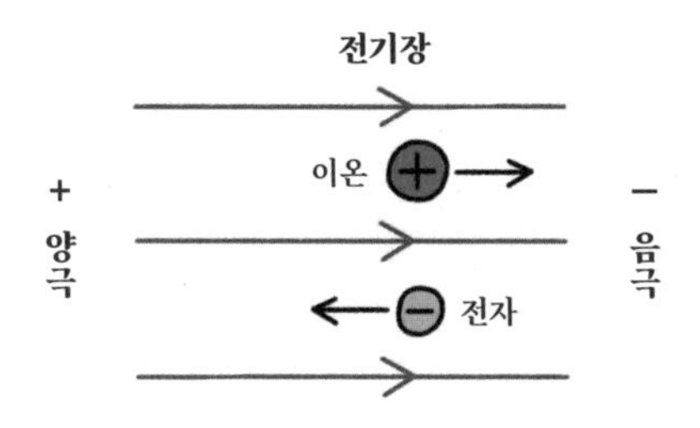

자기장에 의해 힘을 받는 양이온과 전자
전하를 띤 입자는 움직이는 방향과 자기장의 방향 둘다에 수직인 방향으로 힘을 받는다. 전하가 서로 반대인 양이온과 전자는 서로 반대 방향으로 힘을 받아, 양이온은 아래쪽으로 전자는 위쪽으로 움직인다.

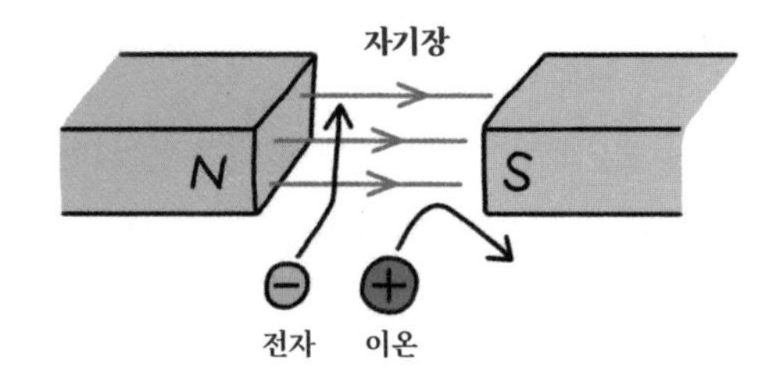

런츠의 이름을 딴 것이다. 로런츠 힘은 우리 일상생활에도 자주 볼 수 있는데 대표적인 예가 바로 스피커다. 스피커 내부에는 영구 자석이 있고 이를 코일이 감고 있는데 코일에 전류를 흘리면 전류가 흐르는 방향과 자기장 방향에 모두 수직인 방향으로 로런츠 힘이 발생한다. 이 힘이 코일을 움직이고, 이렇게 움직인 코일이 떨림판을 두드려 소리를 만들어 낸다.

우리는 태양의 플라즈마 입자가 전기장과 자기장에서 로런츠 힘을 받는다는 것을 알게 되었다. 그럼 이제 이 힘으로 태양의 플라즈마 입자를 통제해 볼 차례다.

최초의 핵융합

우리는 먼저 다른 나라에서 로런츠 힘을 사용한 핵융합 실험이 있었는지 알아보았다. 최초의 시도는 1932년 영국 케임브리지의 존 콕크로프트와 어니스트 월튼에 의해 이루어졌다. 그들은 그 아전에 콕크로프트-월튼 발전기를 제작해 고전압을 걸 수 있는 입자 가속기를 개발해서 실험을 하고 있었다. 그들은 이 가속기를 이용해 양성자에 강한 전기장을 걸어 주고 표적으로 리튬을 설치했다. 계획대로라면 양성자는 전기장에 의해 속도가 빨라지다가 마지막 순간에 표적과 강하게 충돌할 것이었다. 양성자가 충분히 가속되어 리튬 원자핵과 부딪친다면 핵융합 반응이 일어날 것이다. 당구공을 때려 다른 당구공을 맞추는 것처럼, 양성자를 리튬과 충돌시켜 수소-리튬 핵융합을 일으키는 것이다. 수소 빔을 쏘아 리튬 표적에 맞추는 빔-표적 핵융합 방식이었다.

충돌이 일어나자 리튬이 파괴된 것으로 보였다. 그들은 이 현상을 '원자핵 분해(nuclear disintegration)'*라고 불렀다. 이 반응으로 알파입자 두 개가 발생했다. 콕크로프트와 월튼은 이 업적으로 1951년에 노벨 물리학상을 받았다. 그들은 이 실험 결과를 실은 논문에서 케임브리지 대학과 캐번디시 연구소의 러더퍼드에게 감사를 표했다. 러더퍼드는 그들의 지도교수로서 실험을 독려하고 조언을 아끼지 않았다. 뉴질랜드 태생인 러더퍼드는 전자를 발견한 톰슨의 제자로, '건포도 푸딩' 형태의 원자 모형을 제안했던 스승의 이론을 뒤집고 새로운 원자 모형을 제시했다. 그는 '핵물리학의 아버지'라고 불리며, 패러데이 이후 가장 위대한 실험물리학자로 일컬어진다. 1908년에는 원자의 붕괴 현상에 관한 연구 성과로 노벨 화학상을 수상하였고, 나치 정권 수립 후 망명한 1000명 이상의 지식인을 도운 것으로도 유명하다.

톰슨의 뒤를 이어 러더퍼드가 소장으로 있었던 캐번디시 연구소는 수소를 처음 발견한 헨리 캐번디시의 이름을 딴 연구소로, 1874년 개소 이래 30여 명이 노벨상을 수상하였다. 전자(1897년 조지프 존 톰슨), 중성자(1932년 제임스 채드윅), DNA 구조(1953년 제임스 왓슨, 프랜시스 크릭)가 바로 이곳에서 발견되었다. 지금도 케임브리지의 캐번디시 연구소 건물 바깥 벽면에는 이 위대한 발견이 자랑스럽

* nuclear disintegration은 원자핵 붕괴로, 일반적으로는 방사성 붕괴를 일컫는다.

게 표시되어 있다.

콕크로프트와 월튼의 실험을 유심히 지켜보고 있던 러더퍼드는 이듬해인 1933년 제자 마크 올리펀트와 함께 양성자를 가속하여 붕소에 충돌시켜 보았다. 이 실험에서 알파입자 3개가 생성되면서, 에너지가 발생하는 것이 확인되었다. 골로빈이 언급했던 수소-붕소 핵융합 반응이었다.

러더퍼드는 한 발 더 나아갔다. 1934년에는 오스트리아의 파울 하르텍과 획기적으로 개선한 가속기를 사용하여 중수소를 중수소가 포함된 금속박에 쏘아 보았다. 우리가 아르치모비치에게 제안했던 2단계 중수소-중수소 핵융합 반응이었다. 실험은 성공적이었다. 그들은 중수소-중수소 핵융합 반응의 부산물인 삼중수소와 헬륨-3을 확인했다. 그리고 이 현상을 핵융합으로 명쾌하게 설명했다. 이 실험은 인간에 의해 지구상에서 최초로 이루어진 중수소-중수소 핵융합 반응이다.

가속기는 매력적이었다. 핵융합 반응을 일으킬 수 있었고, 공학적으로 구현하기도 용이했다. 그런데 이 방식에는 치명적인 문제가 있었다. 입자 빔을 표적에 충돌시키면 핵융합을 일으키기보다는 입자 대부분이 서로 산란해 버렸다. 어찌 보면 메추리알(중수소)을 모아 놓고 젓가락(중수소 빔)으로 찌르려고 할 때 메추리알이 찔리기(핵융합 반응)보다 젓가락이 미끄러지는 것(산란)과 비슷했다. 보다 엄밀히 말하자면 원자핵의 크기가 너무 작아 원자핵끼리 서로 충돌할 확률이 너무 작았다. 결과적으로 이 방식으로는 핵융합 반응을 충분히 얻을 수 없었다. 이는 러더퍼드가 1933년 9월 12일

영국 케임브리지에 가면 캠강에서 바닥이 평평한 배를 타는 펀팅(punting)을 하고, 캐번디시 연구소의 외벽을 구경하고 '이글(THE EAGLE)'펍에 가서 피쉬앤칩스에 DNA 맥주 한 잔을 곁들이기를 추천한다. 특히 1958년 2월 28일 크릭과 왓슨이 앉아 '생명의 비밀을 밝혔다!'고 유레카를 외친 자리에 운 좋게 앉을 수 있다면 더할 나위 없는 행운이다. 관광객들의 끊임없는 카메라 세례만 개의치 않는다면.

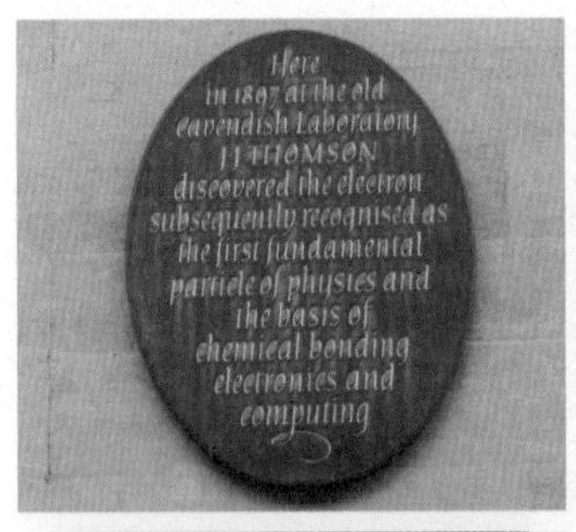

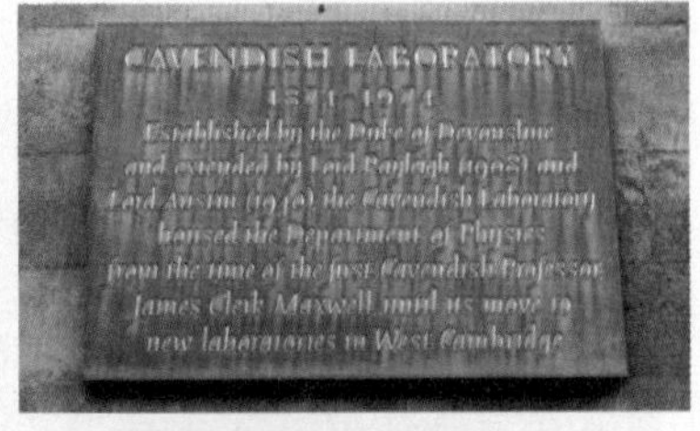

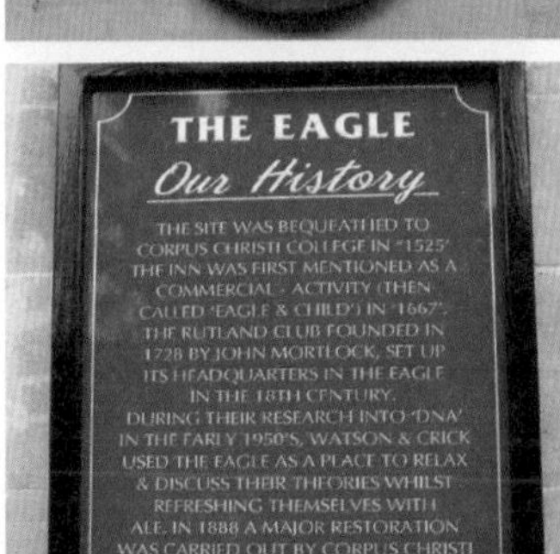

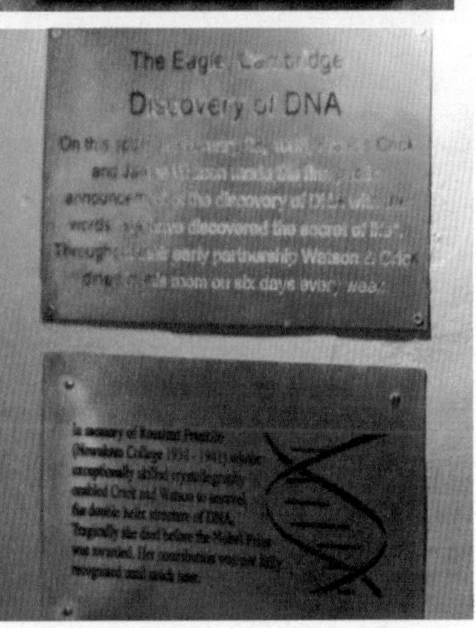

위는 저자가 직접 찍은 사진으로, 왼쪽 위부터 시계 방향으로, 캐번디시 연구소 외벽에 있는 톰슨의 전자 발견 기념 명패와 연구소 이전 표지, 이글 펍에 있는 DNA 구조 발견 관련 패널, 이글 펍의 유래를 적은 명패다.

《뉴욕 타임스》에 이야기한 것이 틀리지 않음을 시사하는 것이었다.

"이 과정에서 우리는 양성자를 가속할 때 공급했던 에너지보다 훨씬 큰 에너지를 얻을 수 있지만, 평균적으로 봤을 때 이런 방식으로 에너지를 얻기는 어려울 것입니다. 이 방식은 에너지를 생산하는 측면에서 매우 비효율적이라, 현재 우리가 알고 있는 지식과 사용할 수 있는 기술로 원자를 변환시켜 전력을 얻으려는 것은 '허튼소리나 망상'에 불과합니다. 그러나 이 연구 주제는 원자에 대한 통찰을 제공했기 때문에 과학적으로 흥미로운 것은 사실입니다."

이 실험은 이제 막 피어난 핵물리학에 두 가지 큰 공헌을 했다. 첫 번째는 가속기를 이용해 중수소 원자핵의 에너지를 변화시키며 진행한 일련의 실험이 훗날 핵융합 연구에 중요한 데이터를 제공한 것이다. 예를 들면 우리가 핵융합 연료에 대한 첫 번째 미션을 수행할 때 골로빈이 그렸던 그래프다(94쪽 참조). 우리는 그 실험 데이터를 통해 다양한 원소의 핵융합 반응이 에너지, 즉 온도에 따라 어떤 확률로 일어나는지 파악할 수 있었다.

두 번째로 레오 실라르드가 러더퍼드의 이 기사를 읽고 '원자핵 연쇄 반응'을 최초로 제안했다. 원자핵 연쇄 반응이란 하나의 핵반응이 둘 이상의 다른 핵반응을 유발하는 것으로, 일단 핵반응이 시작되면 이후에 일어나는 핵반응 수가 기하급수적으로 늘어나는 현상을 말한다. 마치 플라즈마 방전에서 전자사태가 일어나는 것과 비슷하다. 그는 화학에서 한 분자가 반응하여 생성되는 에너지나 생성 물질이 다른 분자에 작용하여 다음 반응이 연달아 일어나는 '연쇄 반응'에서 이름을 따와 '원자핵 연쇄 반응'이라고 불렀다. 그의 생각은 1939년 프레데리크 졸리오퀴리 팀이 수행한 '핵분열 연쇄 반응'을 통해 증명되었고, 아인슈타인이 1939년 루스벨트 대통령에게 보내는 편지에도 언급되어 있다.

가둬 놓을 수만 있다면

빔-표적 방식이 안된다면 어떻게 해야 할 것인가? 핵융합을 일으킬 수 있는 원자핵을 수억 도의 온도로 가속시켜 서로 충돌시킨다 하더라도 핵융합이 일어나는 확률은 산란할 확률에 비해 비교할 수 없을 정도로 낮았다.

사하로프 박사가 우리에게 말했다.

"가속기처럼 태양 입자들에게 충돌할 수 있는 기회를 딱 한 번만 주고 지나가는 것이 아니라 수천 번, 수만 번, 수억 번 다시 만날 기회를 주면 어떨까요? 그러다 보면 언젠가는 핵융합 반응을 일으킬 수 있을 것 같은데, 어떨까요?"

열-운동 에너지에 의한 입자들 간의 자발적이고 무작위적인 충돌로 핵융합을 일으키자는 말이었다. 예를 들어 방 안에 가두어진 공기 입자는 서로 끊임없이 충돌해 특정한 방향성 없이 골고루 에너지를 나누어 갖는다. 이를 '열화 과정(thermalization)'이라 하고, 이때 입자들의 열-운동 에너지 평균값을 '온도'라고 한다.

사하로프의 말은 가속기와 같이 방향성이 있는 운동 에너지가 아닌 무방향성 열-운동 에너지를 이용한 '열핵융합 반응

(thermonuclear reaction)'을 일으키자는 것이었다. 즉, 가속기 방식처럼 핵융합 반응을 한 번에 일으키지 못하면 기회를 아예 잃어버리는 것이 아니라, 입자를 가두어 놓고 열 운동에 의해 서로 충돌하도록 만들어 핵융합 반응을 일으킬 기회를 계속해서 주자는 것이었다. 이렇게 하면 입자를 여러 번 활용할 수 있었다. 중수소와 삼중수소를 일정한 공간에 충분한 시간 동안 가두어 둘 수만 있다면, 이들이 서로 만나 핵융합을 일으킬 확률은 분명 높아질 것이었다. 물론 그 과정에서 이들 입자들은 핵융합을 일으킬 만큼 높은 에너지를 계속 유지하고 있어야 할 것이었다.

사하로프의 말이 옳았다. 빔-표적 방식이 안된다면, 중수소와 삼중수소의 원자핵이 충돌할 기회를 높이기 위해, 중수소와 삼중수소의 원자핵이 섞여 있는 플라즈마를 고온의 상태로 상당 시간 동안 가둘 수 있는 방법이 필요했다. 그런데 이 뜨거운 입자를 도대체 어떻게 가둘 수 있단 말인가?

레이저로 만든 태양

아이디어는 수소폭탄에서 나왔다. 니콜라이 바소프가 손을 들었다.

"빔-표적이 어렵다면, 빔-빔-빔-빔-빔-빔 …… - 표적은 어떨까요? 표적 하나를 중심에 놓고 여러 개의 빔을 동시에 쏘는 것이지요. 젓가락 여러 개로 메추리알 하나를 일시에 찌르는 겁니다. 그러면 핵융합이 일어날 수 있을 겁니다. 가속 입자나 레이저, 또는 엑스선을 빔으로 사용할 수 있을 겁니다."

옆에 있던 올레크 크로힌이 이어서 말했다.

"그러면 빔에 의해 가상의 중력이 만들어져 인공 태양이 일정 공간에 가둬지는 효과도 있을 겁니다. 고에너지 빔을 쏘아 핵융합 연료를 매우 빠르게 압축시키는 것이지요. 마치 중력에 의해 태양에서 수소 원자들이 압축되어 있는 것처럼 말이지요. 압축과 동시에 빔의 에너지로 핵융합 연료를 가열해서 연료가 흩어지기 전에 핵융합을 일으키는 것입니다."

아르치모비치는 말했다.

"이 방식에 대해 좀 더 자세히 설명해 줄 수 있을까요?"

"핵융합 연료로 이루어진 표적을 중심에 두고 사방에서 수십 개의 빔을 쏘는 겁니다. 표적에 빔의 에너지가 가해지면 핵융합 연료는 플라즈마 상태가 되고 이 플라즈마 입자들을 빔으로 압축시켜 밖으로 튀어 나가지 못하게 가두는 것입니다. 아주 작은 표적을 만들고 가는 빔을 사용한다면 강력한 에너지를 높은 밀도로 표적에 집중시킬 수 있을 겁니다. 또한 우리는 이 방식에 어느 정도 익숙합니다. 사하로프 박사가 제안한 수소폭탄의 원리와 비슷하니까요. 다만 수소폭탄과 달리 핵융합을 통해 발생하는 에너지를 우리가 제어할 수 있다는 것이 가장 큰 차이겠죠."

바소프 박사는 칠판에 그림을 그리기 시작했다.

1. 표적 캡슐을 중앙에 놓고 사방에서 빔을 쏜다. 캡슐 표면이 가열되어 플라즈마가 발생한다.
2. 캡슐의 표면에서 가벼운 폭발이 일어나 밖으로 분출하는 힘이 생겨난다. 바깥으로 퍼지는 힘의 반작용으로 내부로 압축하는 힘이 생겨난다. 압축하는 힘은 캡슐에서 태양의 중력과 유사한 역할을 한다. 캡슐은 강하게 압축된다.
3. 캡슐의 중심부는 납 밀도의 20~100배 정도까지 강하게 압축된다. 심지어 밀도가 별의 중심부보다 높아지기도 한다. 캡슐 안쪽으로 빔의 에너지가 전달되어 캡슐이 가열되고, 섭씨 약 1억 도에서 발화가 일어난다.
4. 연료가 팽창해 퍼지기 전에 핵융합 반응이 일어나며 에너지가 발생한다. 이 과정은 소수점 아래 0이 8개나 붙은 1나노초라는 매우 짧은 시간에 일어난다.

"아주 흥미로운 아이디어입니다. 사실 저는 정보원을 통해 다른 나라에서 진행되고 있는 핵융합 연구에 대한 정보를 수집하고 있습니다. 최근 정보에 따르면 미국과 독일에서도 이와 비슷한 방식이 제안되었다고 합니다. 이 방식을 현실화하기 위해서는 강력하고 가는 빔이 필요할 것으로 생각됩니다. 또한 핵융합이 발생하면 사용했던 캡슐을 새로운 캡슐로 바로 대체해야 에너지가 끊이지 않고 발생할 수 있을 겁니다. 캡슐을 새 캡슐로 빠르게 교체하는 기술도 중요할 겁니다."

이 방법은 관성을 이용하고 있어, 관성 핵융합이라고 불린다. 영

빔-표적 방식 핵융합

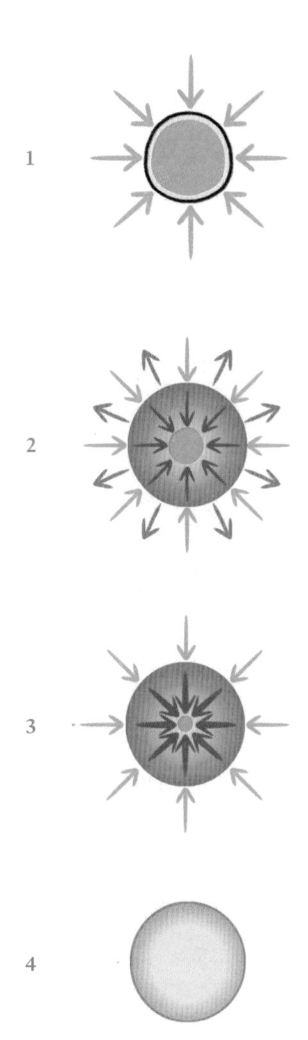

화 〈스파이더맨 2〉에서 닥터 옥토퍼스가 시도하는 핵융합 실험이 바로 관성 핵융합이다. 관성 핵융합은 강력한 빔으로 레이저를 주로 사용하는데 이 방식은 1963년에 바소프와 크로힌이 제3회 양자전자공학 국제학회에서 제안하였다. 모스크바 레베데프 연구소 소속인 니콜라이 바소프는 알렉산드르 프로호로프, 미국의 찰스 타운스와 함께 레이저 발명을 이끈 양자전기공학에 대한 공로로 1964년 노벨 물리학상을 수상했다. 바소프는 그후로도 오랫동안 소련의 관성 핵융합 프로그램을 이끌었는데, 초기에는 레이저의 에너지가 낮아 어려움을 겪었지만, 레이저 기술의 급격한 발전으로 1968년에는 핵융합을 통한 중성자 관측을 보고하였다.

관성 핵융합은 1950년대 말 미국 로런스 리버모어 연구소의 존 넉콜스도 독자적으로 제안하였다. 그는 원자폭탄을 평화적인 목적으로 사용하고자 했던 플라우셰어 프로젝트(Plowshare Project)에 참여하게 되면서 초소형 수소폭탄을 만드는 아이디어를 내게 된다. 그러면서 대규모 설비를 소형화하는 프로젝트를 제안했는데, 무엇보다 수소폭탄에서 핵융합 반응을 일으킬 때 엑스선 대신 레이저를 사용하는 방법을 도입하여 '레이저를 이용한 관성 핵융합' 개념을 확립하였다. 그는 박사 학위가 없었지만 이런 혁신적인 아이디어로 수많은 상을 수상했고, 1988년부터 1994년까지 로런스 리버모어 연구소장을 역임했다.

독일에서는 1956년 프리드바르트 빈터베르크가 카를 바이츠제커가 주도한 막스플랑크 연구소의 한 회의에서 관성 핵융합 방식을 제안했다. 빈터베르크는 이 회의에서 핵융합 연료에 충격파를 집중시켜 마이크로 폭발을 일으키는 방법을 발표했다. 그 후로 충격파 대신 강력한 전자빔이나 이온빔을 사용하는 방법을 제안하기도 하였다. 텔러는 빈터베르크가 관성 핵융합과 플라즈마 물리학에 남긴 수많은 업적에 비해 그 이름이 알려지지 않은 것을 아쉬워하며, 그를 '마땅히 받아야 할 주목을 받지 못한 비운의 학자'라고 언급했다.

관성 가둠 장치는 미국과 프랑스를 중심으로 연구가 이루어지고 있으며, 대표적인 장치로는 미국 로런스 리버모어 연구소의 국립점화 시설(NIF · National Ignition Facility)과 프랑스 보르도의 레이저메가줄(Laser Mégajoule)이 있다. 특히 NIF는 세계 최대의 관성 가둠 장치로, 축구장 3배 면적의 10층 건물에 미국의 순간 총 전력의 1000배 이상의 고출력을 내는 192개의 막강한 레이저빔 시스템을 갖추고 있다. BB탄 크기의 작은 알갱이에 수십억 분의 일초 동안 막강한 레이저 출력을 집중시켜 핵융합 반응을 일으킨다.

2022년 12월 NIF는 2.05메가줄의 에너지를 투입하여 입사 에너지의 약 1.5배에 해당하는 3.15메가줄의 핵융합 에너지를 얻는 데 성공했다. 이례적으로 미국 에너지부 장관이 직접 연구 결과를 발표했고, 이는 관성 핵융합을 넘어 핵융합을 상용화하는 데 매우 중요한 분기점으로 평가된다.

관성 가둠 장치는 무기 연구와 많은 부분이 겹쳐 극비리에 진행되고 있다.

우리 'Laboratory No. 2'에는 아직 이 정도로 강력한 빔을 만들어 낼 기술이 없었다. 그래서 우리는 관성 가둠 방식 대신 다른 방법을 찾기로 했다. 태양이 플라즈마 상태라는 것을 이용해 가둘 수 있는 방법은 없을까? 플라즈마 입자는 전기장과 자기장에 반응한다. 이 원리를 이용할 수는 없을까? 올리펀트와 하르텍 그리고 러더퍼드가 시도했던 빔-표적 방식은 전기장으로 이온을 가속시켜 표적에 충돌시키는 방법이었다. 전기장을 이용한 다른 방법은 없을까?

"저에게 아이디어가 있습니다!"

우리는 일제히 호탕한 목소리의 주인공을 돌아보았다. 군복을 입은 이제 갓 20대 중반의 청년이었다. 어디로 보나 과학자처럼 보이진 않았다. 사람들이 의아해하는 와중에 사하로프 박사가 자리에서 일어났다.

"소개가 늦었습니다. 이 젊은이는 올레크 라브렌티예프 병장입니다. 보시다시피 1926년 생의 아주 젊은 친구지요."

우리는 웅성거리기 시작했다.

"여러분이 당황해 하시는 게 당연합니다. 사실 우리가 여기 모여 있는 데는 이 친구 역할도 아주 큽니다. 라브렌티예프는 15살에 핵물리 개론 책을 읽고 핵물리학에 빠져들었지요. 책을 찾고 혼자 공부해서 핵물리학을 깊이 이해하게 됐습니다. 내가 이 친구를 알게 된 것은 라브렌티예프가 1950년 7월에 모스크바로 보낸 비밀 논문 때문입니다. 나는 이 논문을 심사했는데, 그는 논문에서 다음 세 가지를 제안했습니다. 첫 번째로 수소와 리튬 핵융합 반응을 이용한 전기 생산, 두 번째로 우라늄과 초우라늄의 핵반응 에너지를 전기 에너지로 직접 변환하는 방법, 그리고 마지막으로 중수소화리튬을 사용한 수소폭탄이었습니다. 정말 신선하고 대담한 아이디어였지요. 저뿐 아니라 정부에서도 라브렌티예프의 논문에 관심이 아주 많았습니다. 이 논문에서 이야기하는 핵융합 발전에 정부가 관심을 보이면서, 이렇게 핵융합 연구팀이 결성될 수 있었습니다. 정부는 그의 능력을 매우 높게 평가해 모스크바 대학 물리학과에 장학금을 받고 진학하게 해 주었습니다. 그럼 어디 그의 아이디어를 한번 직접 들어볼까요?"

"사하로프 박사님, 감사합니다! 말씀하신 대로 저는 어려서부터 핵융합에 관심이 많았습니다. 그래서 제 나름으로 정리한 수소와 리튬을 이용한 핵융합 반응에 대한 생각을 제안한 적이 있습니다. 바로 여러 선생님들이 핵융합의 연료를 선정할 때 처음에 고려했던 반응입니다. 제 아이디어의 핵심은 전기장을 이용해 이 인공 태양을 가두는 것입니다. 핵융합을 일으키는 고온의 이온이 빠져나가지 못하게 전기장을 거는 것입니다. 예를 들어 다음 〔그림〕과 같이 구형의 장치를 만듭니다. 구의 껍질에 양의 전극을 걸어 중심부를 향하는 전기장을 만들어 주면 이온은 전기장을 따라 구의 중심부를 향하게 될 것입니다. 반대로 전자는 구의 껍질 쪽으로 가속되겠지요. 혹시 이온이 가속되어 중심부를 지나쳐 버려 구의 껍질 쪽으로 이동하더라도 전기장에 의해 감속되고 반사되어 구의 중심으로 다시 돌아가게 됩니다. 이렇게 되면 구의 중심부에 이온을 가둘

전기장으로 이온을 구의 중심부에 가둠

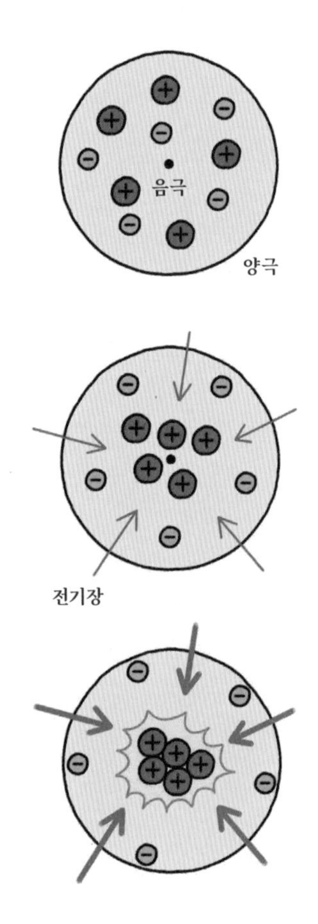

수 있게 되고, 중심에 모인 이온이 충돌해 핵융합 반응을 일으킬 수 있을 겁니다."

단순하면서도 기발한 아이디어였다. 중심부로 향하는 전기장을 만들어주면 이온들이 중심부에 모여 가두어질 것이기 때문이었다. 확실하면서도 장치로 구현하기도 쉬운 방법으로 보였다. 고개를 끄덕이고 있던 우리에게 사하로프 박사가 말했다.

"참 흥미로운 아이디어죠. 그런데 이 아이디어를 구현하려면 몇 가지 난점이 있습니다. 먼저 핵융합을 일으킬 정도로 큰 에너지를 가진 이온들을 구의 내부로 돌려보내려면 정말 강력한 전극이 필요합니다. 중수소-삼중수소 반응의 경우 이온들은 10킬로전자볼트 이상의 에너지를 가지고 있을테니까요. 그리고 구의 중심부로 돌아가지 않고 구 껍질에 충돌하는 이온들도 있을 텐데, 이 경우도 생각해 보면 구를 구성하는 재료가 견딜 수 있을지도 의문입니다. 저는 라브렌티예프와 함께 이 문제에 대해 계속 고민하고 있지만 아직 해결책을 찾지 못했습니다."

우리는 사하로프의 말에 동의했다. 이 문제를 푸는 것이 당장은 쉽지 않아 보였다. 우리는 이 아이디어도 관성 가둠 방식과 함께 리스트에 올려놓고 다른 방법을 고민해 보기로 했다.

라브렌티예프는 전기장을 이용해 플라즈마 이온을 가두려고 했다. 그런데 전기장을 걸면 전자와 이온이 이동해 전류가 발생한다. 전류가 있으면 그 주위로 자기장이 만들어진다. 혹시 이 전류와 자기장을 이용해서 태양을 가둘 수는 없을까?

번개가 준 선물

1905년 호주 시드니 대학의 한 실험실. 제임스 폴락 교수는 클라크 씨가 가져온 피뢰침을 이리저리 살펴보고 있었다. 구리로 만든 이 피뢰침은 속이 빈 원통 모양으로 굴뚝 위에 설치되어 있었는데, 벼락에 맞아 안쪽으로 찌그러져 있었다.

벼락을 맞아 안쪽으로 쭈그러든 피뢰침

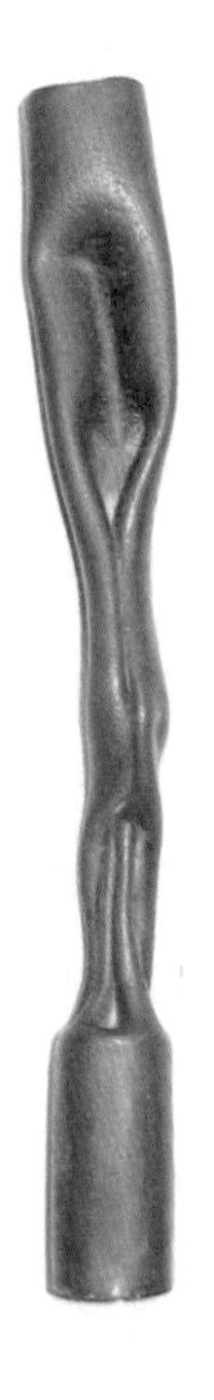

사실 이와 유사한 현상은 1790년 네덜란드에서 라이덴 병을 코일로 연결한 실험에서 이미 발견된 적이 있었다. 하지만 아직 그 원인은 밝히지 못하고 있었다. 분명 피뢰침의 바깥에서 안쪽으로 어떤 힘이 가해진 것이 분명했다. 그런데 도대체 어떤 힘이 이 피뢰침을 쭈그러트린 것일까? 폴락은 같은 대학 기계공학과의 새무얼 바라클로우와 이 현상을 살펴보았다. 그들은 이 현상을 아래와 같이 해석했다.

1. 금속으로 된 피뢰침이 벼락을 맞으면 피뢰침을 타고 전류가 흐른다.
2. 전류는 피뢰침을 감싸는 고리 방향으로 자기장을 만든다.
3. 전류와 자기장의 방향이 다르면 로런츠 힘이 발생한다. 로런츠 힘은 전류와 자기장의 방향 모두에 수직인 방향으로 나타난다. 번개를 맞아 원통의 축 방향으로 들어온 전류는 원통의 둘레 방향으로 자기장을 발생시킨다. 로런츠 힘은 원통의 반경 방향, 즉 원통의 바깥에서 한가운데 방향으로 작용한다.

결론적으로 원통 형태의 피뢰침이 벼락을 맞게 되면 내부로 압축하는 힘이 작용해 찌그러지게 되는 것이었다. 이를 '조임 효과(pinch effect)'라고 한다. 이들은 피뢰침이 찌그러지는 현상을 조임 효과를 도입해 명쾌하게 설명했지만, 학계의 큰 주목을 받지는 못했다.

1922년 미국의 존 존슨은 낮은 전압의 음극선 실험에서 전자빔이 표적에 집중되는 현상을 살펴보고 있었다. 전자들은 서로 같은

전류가 만드는 자기장의 방향과 전류, 자기장,
로런츠 힘에 대한 플레밍의 왼손 법칙을 함께 나타냈다.
전류가 원통 모양 피뢰침의 축 방향(Z 방향)으로 흐르면
자기장은 원통 둘레 방향(θ 방향, 그리스 문자로, '세타'라고 읽는다)으로 발생하고
이에 따라 중심축을 향하는 반경 방향(r 방향)으로 로런츠 힘이 발생하여
원통을 중심축으로 압축하게 된다.

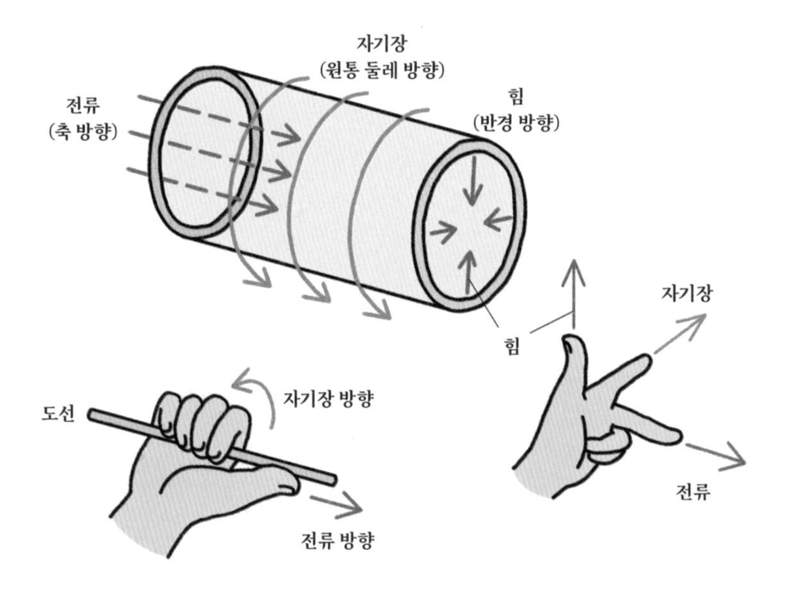

전하를 띠고 있으니 서로 밀어내는 힘이 작용하여 전자빔은 표적에 집중되기보다 퍼져버리는 것이 자연스러워 보였다. 그런데 전자들은 퍼지는 것이 아니라 서로 모여 가는 빔을 형성했다. 존슨은 이온과 전자 간의 전기장 효과로 이 초점 효과(focusing effect)를 설명하고자 시도했지만, 한계가 있었다. 이후 1934년에 미국의 윌러드 베닛은 이 현상을 설명하기 위해 조임 효과를 도입하여 전자빔의 초점 효과를 성공적으로 설명할 수 있었다. 이렇게 베닛의 연구를 통해 조임 효과를 이용하면 전자나 플라즈마를 퍼지지 않고 모여 있게 만들 수 있다는 것이 학계에 알려지기 시작했다.

우리는 조임 효과에 매료되었다. 이 방식은 핵융합에도 쉽게 적용할 수 있었기 때문이었다. 피뢰침과 형태는 비슷하지만 크기는 훨씬 큰 원통형 장치를 만들고 내부에 플라즈마를 만든 다음 플라즈마에 전류를 흘리면 가능했다. 피뢰침에 전류가 흐르면 안쪽 방향으로 찌그러지듯이, 원통 내부 플라즈마에 전류가 흐르면 플라즈마도 내부로 압축될 것이었다. 전자들이 공간으로 퍼지지 않고 서로 모여 전자빔이 되었던 것처럼, 플라즈마도 퍼져나가지 않고 원통형 장치 중심부에 모여 원통의 벽을 손상시키지 않으면서 내부에 안전하게 가두어 질 수 있을 것이다. 과학적인 원리도 단순했을 뿐 아니라 공학적으로 구현하기도 쉬웠다.

게다가 한 가지 장점이 더 있었다. 플라즈마 내부에 전류를 흘려주면 조임 효과에 의해 플라즈마를 가둘 수도 있지만, 부가적으로 플라즈마의 온도도 높일 수 있었다. 구리보다 훨씬 작긴 하지만 플라즈마에도 전기 저항이 있다. 따라서 플라즈마에 전류를 흘리면 열이 발생해서 온도가 올라간다. 일석이조였다. 이처럼 저항이 있는 물질에 전류를 흘리면 가열되는 원리는 1840년 영국의 물리학자 제임스 줄이 처음 발견해서, 그의 이름을 따 '줄 가열(joule heating)'이라고 부른다. 또는 저항으로 전압과 전류의 관계를 나타내는 옴의 법칙을 발견한 독일의 물리학자 게오르크 옴의 이름을 따서 '옴 가열(ohmic heating)'이라고도 부른다.

우리는 장치를 제작해보기로 했다. 먼저 장치 내부를 훤히 들여다 볼 수 있도록 투명한 석영으로 원통형의 장치를 제작했다. 그리고 원통 장치 내부가 진공 상태가 되도록 진공펌프를 연결했다. 불순물이 핵융합 연료를 오염시켜 핵융합 반응을 방해하지 못하도록 하기 위해서였다. 다음으로 원통 장치 내부에 중수소 플라즈마를 발생시키고 플라즈마 내부에 전류를 흘릴 설비가 필요했다. 우리는 번개에서 아이디어를 얻어 그 원리를 이용하기로 했다.

그럼 번개는 어떻게 만들어질까? 구름에는 물방울과 작은 얼음 알갱이가 섞여 있다. 이들이 움직이다 서로 부딪치면 얼음 알갱이에서 물방울로 전자가 이동하면서 얼음 알갱이는 양전하를, 물방울은 음전하를 띠게 된다. 물이 얼기 시작하면 물 위에 얼음이 둥둥 뜨듯이, 얼음 입자는 구름 위쪽으로 이동하고 물방울은 구름 아래쪽으로 내려간다. 이에 따라 구름의 윗부분은 양전하를 띠고, 구름 아래쪽은 음전하를 띤다. 그리고 구름 저 밑에 있는 대지는 구름 아래쪽 음전하의 전기력에 의해 양의 전기가 나타난다. 그리고 구름이 점점 커지다 어느 순간 구름과 대지 사이에 강한 전압이 걸려 대기에 전류가 흐르는 방전 현상이 일어난다. 구름 아래쪽에 모여 있

조임 장치의 원리

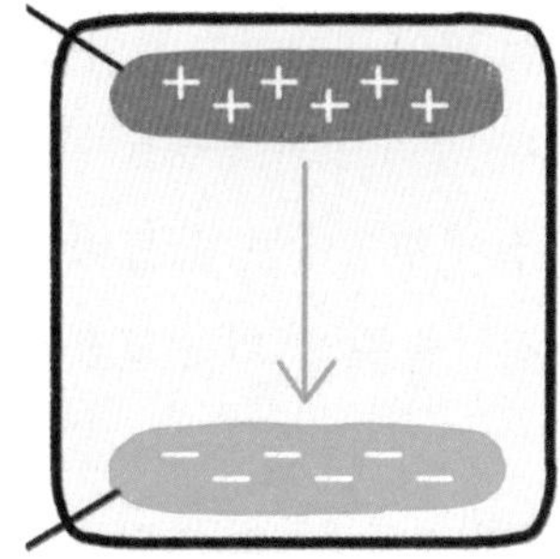

1. 핵융합 연료가 기체 상태로 존재하는 원통의 양 끝에 전압과 전기장(주황색))을 가해 방전을 일으키고 플라즈마를 발생시킨다.

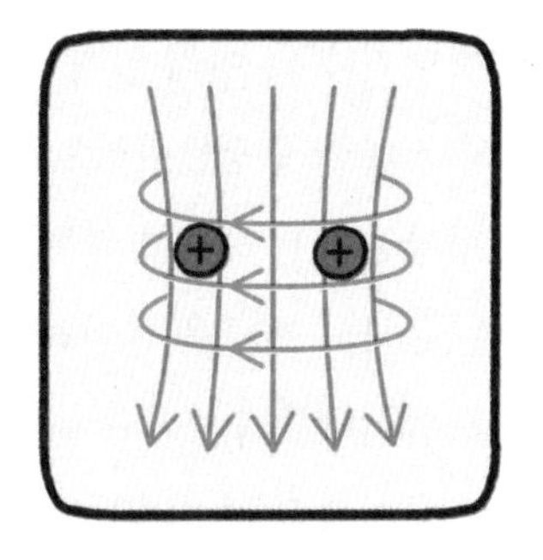

2. 플라즈마 내에 전류(빨간색)가 흐른다. 전류는 자기장(파란색)을 발생시킨다.

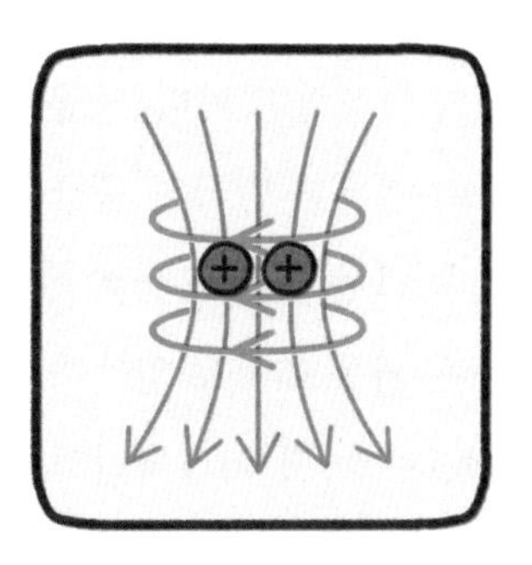

3. 로런츠 힘에 의해 플라즈마가 중심부 방향으로 압축되어 가두어진다.

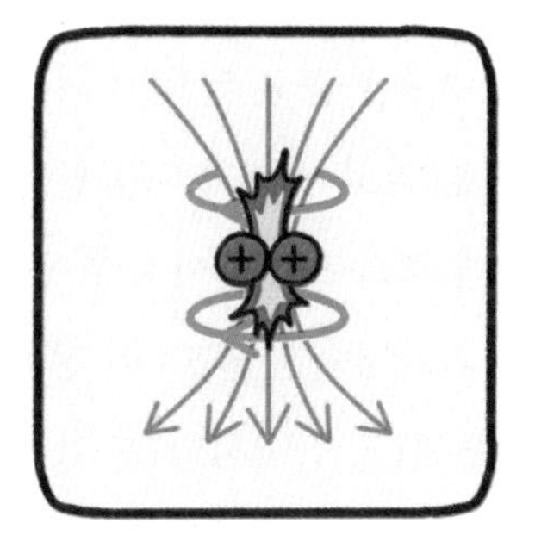

4. 이온들이 서로 가까워지고 핵융합 반응이 일어난다.

던 전자가 땅으로 쏟아져 내려오는 것이다. 마치 데이비의 아크등이나 가이슬러관, 크룩스관 내부에서 일어나는 현상과 비슷하다. 방전이 되면서 빛이 발생하는데 이것이 바로 번개다. 전자가 이동하며 대기 중의 여러 입자와 충돌하면서 빛이 발생하는 것이다. 일종의 거대한 형광등이라고 할 수도 있다. 우리는 이 원리를 이용하여 형광등과 비슷하게 원통형 장치 양 끝에 한쪽에는 양극, 다른 쪽에는 음극의 전극을 설치하고 강력한 전압을 걸 수 있는 고전압 전원을 연결하였다.

이제 실험을 해 볼 차례다. 우리는 먼저 진공펌프의 전원을 켜서 원통 내부를 진공 상태로 만들었다. 그리고 원통 내부에 핵융합을 일으킬 중수소 기체를 주입하였다. 삼중수소는 방사성 물질이라 취급하기도 어려웠고 가격도 비싸 실험은 중수소-중수소 반응으로 시작하기로 했다. 이제 마지막 단계다. 원통 끝에 설치된 전극과 고전압 전원이 연결된 스위치만 누르면 된다. 스위치를 누르면 장치 내부에 곧 밝은 빛이 나며 플라즈마가 형성될 것이다. 인공 번개다. 그리고 번개가 피뢰침을 통과하듯이 전류가 양극과 음극을 연결한 플라즈마 사이로 흐를 것이다. 이 전류는 원통의 둘레 방향으로 자기장을 만들고, 이 전류와 자기장은 원통 내부로 압축하는 로런츠 힘을 발생시킨다. 이 힘에 의해 플라즈마가 퍼져나가지 않고 원통의 내부로 압축되어 가두어지게 될 것이다.

우리는 자신감에 넘쳐 있었다. 피뢰침에서 발견된 현상은 물리적으로 완벽하게 설명할 수 있었고, 이제 이 이론은 핵융합 장치에 정확하게 적용될 것이었다. 우리는 조심스레 스위치를 눌렀다. 플

원통형 장치에서 플라즈마를 생성하자, 시간이 흐르면서 플라즈마가 중간중간 부풀어 올랐다.

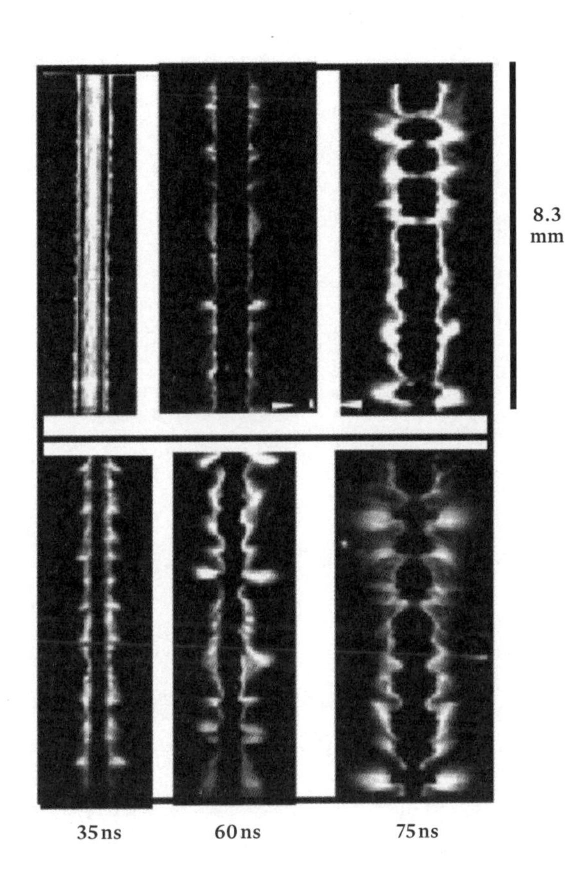

라즈마가 바로 발생하여 실험은 성공하는 듯했다. 하지만 정말 눈 깜짝할 정도도 안 되는 순간에 플라즈마는 원통의 양쪽 끝으로 사라졌다. 그리고 느린 화면으로 살펴보니, 플라즈마는 길다란 소시지를 중간 중간 묶어 놓은 것처럼 가운데가 움푹해지며 부풀어 올랐다 사그라들었다. 실험은 실패였다.

그러나 실패는 우리를 오히려 흥분시켰다. 너무 쉽게 성공했다면 오히려 싱거웠을 것이다.

시작도 끝도 없는 도넛

"휴스턴, 문제가 생겼다."

— 영화 〈아폴로 13호〉에서

1970년에 발사된 아폴로 13호는 달로 날아가던 중 지구에서 32만 1860킬로미터 떨어진 지점에서 산소통이 폭발했다. 진 크랜츠를 비롯한 항공우주국(NASA · National Aeronautics and Space Administration) 지상 본부의 과학자와 공학자들에게 그들을 무사귀환시키라는 임무가 떨어졌다. 아폴로 13호는 첫 사고 이후에도 갖가지 문제가 발생했지만, 우주 비행사와 지상 요원이 어떻게든 대처 방안을 찾아 간신히 버티며 지구로 돌아오고 있었다. 그런데 다시금 치명적인 문제가 발생했다. 선실의 이산화탄소 농도가 계속 높아지고 있었다. 이산화탄소 필터가 제대로 작동하지 않았던 것이었다. 이 상태라면 얼마 지나지 않아 비행사들은 질식하고 말 것이었다. 항공우주국의 수많은 과학자와 공학자가 밤을 꼬박 새워 우주선 안에 있는 재료만으로 해결 방안을 찾아냈다. 양말과 덕트 테이프, 그리고 비행 매뉴얼 폴더의 두꺼운 표지를 이용하여 이산화탄소 필터를 임시로 연결하는 방법을 고안해 낸 것이었다. 비행사들은 이 방법으로 선내의 이산화탄소 농도를 가까스로 정상으로 돌릴 수 있었고, 결국 무사 귀환했다. 공학의 힘이다.

우리도 우리에게 닥친 문제를 유심히 살펴보았다. 먼저 플라즈마가 생성되자마자 원통 장치의 양 끝으로 사라져 버리는 현상을 어떻게 막을지 해결해야 했다. 생각보다 플라즈마는 너무 빨리 빠져나갔다. 마치 번개가 한 번 치고 사라져 버리는 것과 같았다. 처음에 우리는 인공 번개가 사라져 버리기 전에, 즉 플라즈마가 원통 장치의 끝으로 빠져나가기 전에 충분히 핵융합 반응을 일으킬 것이라 생각했다. 그러나 실험 결과는 우리의 예상을 크게 벗어났다.

그렇다면 장치를 길게 만들면 어떨까? 플라즈마가 1억 도라고 가정하면 플라즈마 입자들은 매우 빠른 속도로 움직이게 될 것이다. 계산 결과 길이 100미터의 장치라 하더라도 대략 1만분의 1초 정도면 빠져나가 버렸다.

“티타임입니다.”

우리는 잠시 생각을 내려놓고 휴게실로 향했다. 러시아의 전통 찻주전자인 사모바르로 끓인 홍차와 달콤한 간식이 준비되어 있었다. 문득 우리 눈에 도넛이 들어왔다. 우리는 서로를 바라보며 말없이 미소 지었다. 그렇다. 정답은 도넛에 있었다. 우리 머리 속을 스치고 지나간 것은 터널을 돌아 제 자리로 돌아오는 순환 열차였다. 바로 플라즈마 순환 열차를 만드는 것이었다. 방법은 간단했다. 우리가 만든 원통형 장치의 양쪽 끝을 서로 연결하여 도넛 모양으로 만들고, 도넛 내부에 플라즈마를 가두는 것이었다. 그렇게 되면 플라즈마는 도넛 내부를 빙빙 돌며 가두어질 것이었다. 이렇게 하면 플라즈마가 원통형 장치의 양 끝에서 손실되는 것을 막을 수 있었다.

그런데 이 경우 문제가 있었다. 원통 장치의 양 끝에는 형광등처럼 음극과 양극을 설치하여 높은 전압을 걸 수 있었지만, 양 끝을 도넛 모양으로 연결한다면 어떻게 전극을 설치하여 전압을 걸 수 있단 말인가? 우리는 문제를 해결한 듯 싶었지만, 또 다른 문제에 봉착하게 되었다. 우리는 골똘히 생각에 잠긴 채 홍차를 마셨다.

문득 사하로프 박사가 적막을 깨고 도넛 두 개를 접시 위에 나란히 놓았다.

"왼쪽 도넛에 교류 전원을 연결하여 시간에 따라 전류의 방향을 바꾸어 주면, 오른쪽 도넛에 전류가 유도될 것 같은데 어떤가요?"

우리는 문득 영국의 마이클 패러데이를 떠올렸다. 그는 '전자기 유도 현상(electromagnetic induction)'을 발견하여 발전기와 변압기를 만들었고, 전기 모터를 발명했다. 또한 아크등을 개발한 험프리 데이비의 제자로, 그의 뒤를 이어 플라즈마를 연구하기도 했다. '전자기 유도'란 전류가 흐르지 않는 코일 주위에서 자석을 움직여 시간에 따라 자기장을 변화시키면, 코일에 전류가 흐르는 현상을 말한다. 전원이 없어도 처리되는 교통카드나, 핸드폰에 플러그를 꽂지 않고도 충전시키는 무선 충전기가 바로 이 전자기 유도 방식을 이용한 것이다.

그럼 먼저 이 전자기 유도 현상이 어떻게 작동하는지 간단하게 살펴보자. 〔그림〕과 같이 사각형 철심(iron core)의 왼쪽 기둥에 코일을 감아 주고, 코일에 시간에 따라 전류의 크기와 방향이 주기적으로 변하는 교류 전원을 연결한다. 철심의 오른쪽 기둥에도 코일을 감고 전원을 연결하지 않은 채 전구 하나를 매달아 보자. 이제 왼쪽 코일에 교류를 흘리면 전류의 양과 방향이 시간에 따라 바뀌면서 전류에 의한 자기장이 시간에 따라 변한다. 그러면 오른쪽 코일에는 이 자기장을 상쇄하는 방향으로 전류가 유도되어 전구에 불이 들어온다. 자기장이 시간에 따라 바뀌면서 전류가 흐르게 되는 것이다.

이제 이 원리를 도넛 모양의 핵융합 장치에 그대로 적용해 보자. 앞에서와 같이 철심의 왼쪽 기둥에 교류 전원이 연결된 코일을 감고, 오른쪽에는 전원이 연결되지 않은 도넛 모양 플라즈마를 감는다고 해보자. 도넛 모양의 플라즈마가 한 번 감은 코일이 되는 것이다. 왼쪽 코일에 교류가 흐르면, 이 전류에 의한 자기장도 시간에 따라 변하고, 이에 따라 오른쪽 철심의 도넛 모양 플라즈마에 전류가 유도된다.

그런데 교류 전원이 연결된 코일이 한쪽에만 감겨 있으면 자기장을 절반만 이용하는 셈이다. 유도 자기장을 온전히 이용하기 위해, 이제 전선이 감긴 왼쪽 코일을 구멍이 뚫린 도넛의 중심부로 옮겨 보자. 도넛 모양의 장치 중심부에 코일이 감긴 기둥이 있고, 이 원형으로 감긴 코일, 즉 솔레노이드에 시간에 따라 변하는 전류가 흐르면 도넛 모양 플라즈마에 전류가 유도된다.

철심의 왼쪽에 교류 전원이 연결된 코일을 감고, 오른쪽에 전원이 연결되지 않은 코일을 감았다. 왼쪽 코일에 연결된 전원의 스위치를 올리면 오른쪽 전구에 불이 들어온다. 이를 전자기 유도 현상이라고 한다.

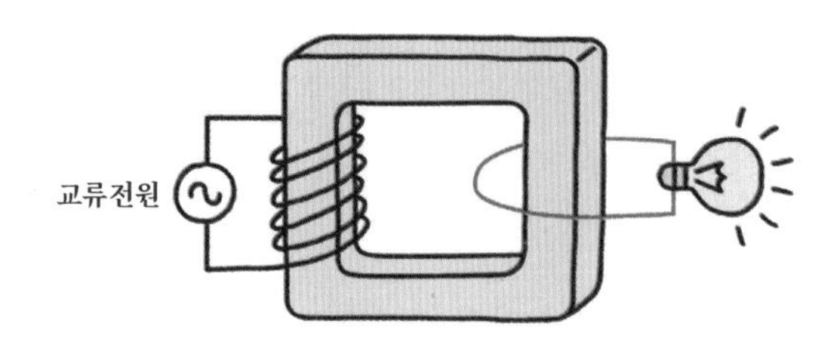

오른쪽에 코일 대신 플라즈마를 감으면 플라즈마에 전류가 유도된다.

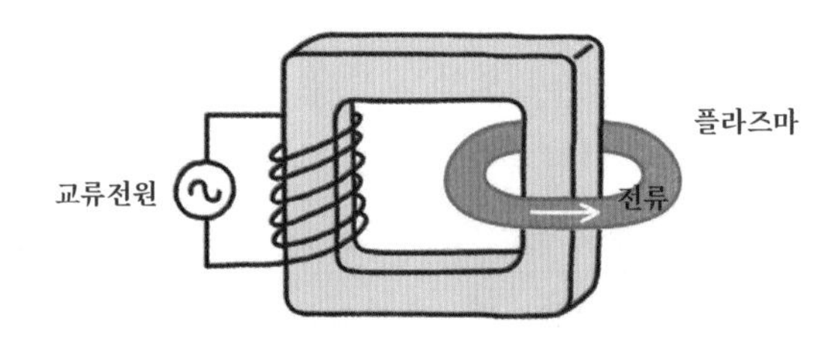

왼쪽 코일을 토러스 중심부로 이동시켜도 마찬가지로 전류가 유도된다. 이 코일을 중심부 솔레노이드라고 한다.

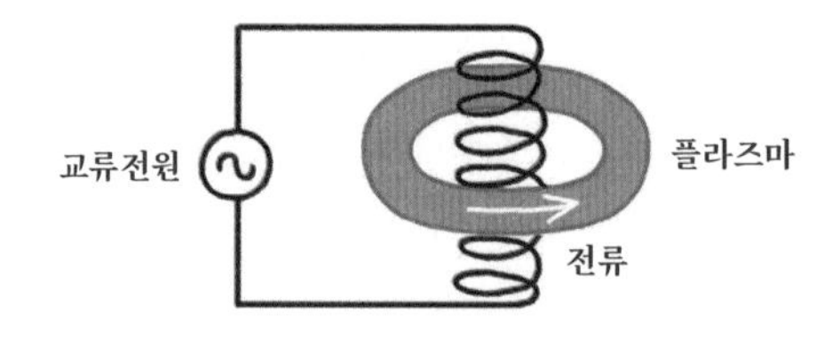

우리는 사하로프 박사의 말대로 원통형 장치를 도넛 모양의 '토러스' 장치로 바꾸었다. 토러스는 수학자들의 말로 표현하면 '원을 원 밖의 일직선을 축으로 회전시켰을 때 생기는 바퀴 모양의 입체'다. 상상하기가 좀 어려운데, 그냥 일상에서 흔히 보는 도넛이나 타이어 같은 게 딱 토러스다. 우리는 이 토러스 중심부에 강력한 교류 전원이 연결된 솔레노이드를 설치해 보았다.

이제 새롭게 만든 토러스 장치로 실험을 재개할 시간이다. 교류 전원의 스위치를 누르자 토러스 내부에 강력한 전압이 걸리고 방전 현상에 의해 플라즈마가 형성되었다. 그리고 솔레노이드의 전류가 시간에 따라 변하면서 토러스 장치 내부에 형성된 플라즈마에 전류가 유도되기 시작했다. 플라즈마 전류는 자기장을 발생시켰다. 플라즈마 입자들은 로런츠 힘에 의해 도넛 내부에 가두어졌다. 플라즈마에 흐르는 전류에 의해 플라즈마의 온도도 올라가기 시작했다.

결과는 성공인 듯 보였다. 그러나 플라즈마는 만들어지고 얼마 되지 않아 바로 사라졌다. 원통형 장치에서는 플라즈마 가운데가 오목해지며 소시지 모양으로 변해 사라졌는데, 이번에는 뱀처럼 구불거리더니 벽에 부딪혀 사라져 버렸다. 실험은 또다시 실패였다.

우리는 토러스 장치의 도면과 실험 결과를 아르치모비치 부장에게 보고했다.

"음, Z-조임 장치를 만들었군요. 이 장치는 원통의 축 방향으로 전류를 흘려주어 조임 효과를 만들어주기 때문에 Z-조임 장치라고 하죠. 여러분은 원통 양쪽 끝에서 나타나는 플라즈마 손실을 막기 토러스 장치에서 플라즈마가 뱀처럼 구불거리다 사라졌다.

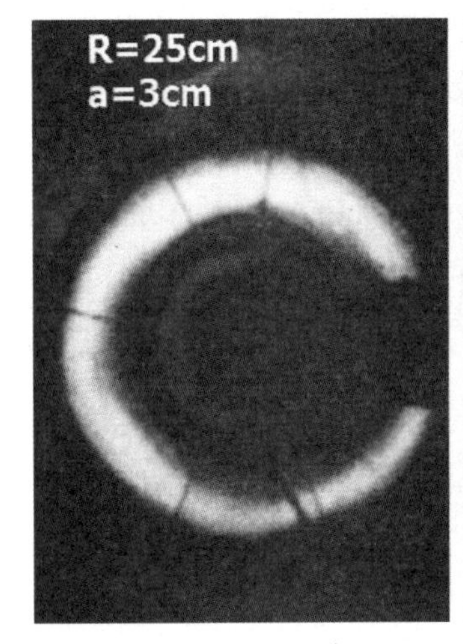

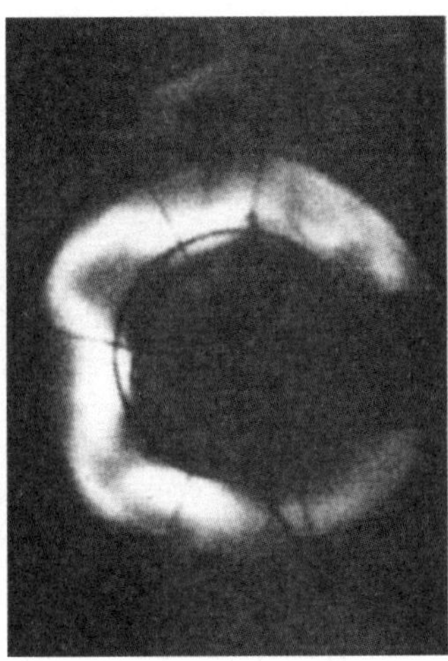

위해 토러스 형태로 만들었네요. 역시 여러분은 짧은 시간 내에 벌써 이 단계까지 도달했군요!"

아르치모비치는 이미 이 장치에 대해 알고 있었다.

"실은 최근 영국 하웰의 원자력 에너지 연구기관(AERE · Atomic Energy Research Establishment)에서 활동 중인 우리 스파이가 중요한 정보를 건네주었습니다. 조지 톰슨과 모지스 블랙맨이 임페리얼 칼리지에서 이와 비슷한 장치를 연구하고 있다고 합니다. 1946년에는 특허도 냈다고 합니다. 핵융합 장치에 대한 세계 최초의 특허죠. 중수소-중수소 반응을 이용하는 토러스 장치에 마이크로파로 전류를 유도하는 방식입니다.

옥스퍼드 대학의 클래런던 연구소(Clarendon Laboratory)에서도 비슷한 연구가 진행되고 있다고 합니다. 놀랍게도 여러분의 결과와 상당히 비슷합니다. 한 발 늦고 있긴 하지만 어쩌면 우리가 방향을 잘 잡았다는 의미일 수도 있겠네요.

참고로 토러스 장치를 이용한 핵융합 연구는 1938년에 이미 미국에서 시작했습니다. 미국 항공우주국(NASA)의 전신인 항공자문위원회(NACA · National Advisory Committee for Aeronautics)에서 텔러의 제자였던 아서 칸트로위츠가 그의 사수였던 이스트먼 제이콥스와 함께 '확산 억제 장치(Diffusion Inhibitor)'라는 이름으로 연구를 시작했지요. 핵융합이 NACA의 연구 주제가 아니었기 때문에 이 장치가 핵융합 연구를 위한 장치라는 것도 숨겼고, 상부에는 보고하지 않고 밤에만 실험을 진행했다고 합니다. 그들은 토러스 축 방향으로 자기장을 가하고 마이크로파로 플라즈마를 가열했습니다. 중수소-삼중수소 반응이 필요하다는 것도 인지하고 있었지만, 연료를 구할 수 없어 수소로 실험을 진행했습니다. 그러던 어느 날 상급자가 알게 되어 실험을 중단했다고 합니다. 핵융합 연구가 연구소의 목표와 다르고 잠재적 위험이 컸기 때문이었죠. 그들은 1941년에 특허를 출원했다고 합니다. 연구가 중단된 것은 안타까운 일이긴 하지만 어쩌면 우리에게는 다행이라고 할 수 있겠네요."

실험이 실패로 돌아가 실망하고 있던 참에 다른 나라의 경쟁자들이 앞서가고 있다는 소식까지 듣자 우리는 주눅이 들었다. 조지 패짓 톰슨은 전자의 파동성을 증명하여 1937년 노벨 물리학상을 수상했을 정도로 뛰어난 역량이 있는 데다, 전자를 발견한 조지프 존 톰슨의 아들이라 과학계에 영향력도 상당했다. 모지스 블랙맨도 막스 보른 밑에서 수학했으며 박사 학위를 세 개나 가지고 있을 정도로 다양한 능력을 갖춘 학자였다. 조지 톰슨은 핵융합 장치에 대한 특허를 낸 이후, 그의 두 제자 스탠 커진스, 앨런 웨어와 함께 토러스 장치에서 본격적으로 조임 실험을 시작했다. 톰슨과 블랙맨의 본거지인 임페리얼 칼리지는 바로 크룩스관을 개발한 윌리엄 크룩스가 있던 곳이다. 뜻밖의 인물도 있는데, 영화《보헤미안 랩소디》의 록그룹 '퀸'의 기타리스트 브라이언 메이가 이곳에서 천체물리학으로 박사 학위를 받기도 했다.

그리고 옥스퍼드 대학의 클래런던 연구소에는 피터 소너맨(Peter Clive Thonemann)이 있었다. 그는 호주 출신으로 시드니 대학을 다니면서 폴락 교수가 연구했던 조임 효과에 대해 알게 되었다. 하지만 당시 호주의 대학에는 박사 학위 제도가 없어서 그는 석사 학위를 마치고 1944년 영국의 옥스퍼드 대학으로 향했다. 그곳에는 맨해튼 프로젝트에서 활동하다 막 귀국한 제임스 터크가 있었다. 전기 방전에 대한 경험이 많았던 소너맨은 터크의 눈에 띄어 두 사람은 함께 조임 효과를 이용한 핵융합 연구에 착수했다. 터크는 얼마 되지 않아 미국으로 돌아갔지만, 소너맨은 클래런던 연구소에 남아 원통형 조임 장치에서 시작해 토러스 형태의 조임 장치까지 다양한 조임 장치를 만들고 연구했다. 그는 빔-표적 핵융합 실험을 최초로 진행했던 콕크로프트에게 실험 결과를 보여 주었고, 이를 계기로 콕크로프트가 소장으로 있던 하웰의 원자력 에너지 연구 기관에서 핵융합 실험을 총괄하게 된다.

아래 그림은 저자가 영국 런던 임페리얼 칼리지의 블래킷 연구소를 방문했을 때 직접 찍은 조지 톰슨의 사진이다. 조지 톰슨은 임페리얼 칼리지 물리학과를 1932년부터 20년간 이끌었다. 그 후 안개 상자와 우주선에 대한 연구로 1948년에 노벨 물리학상을 수상한 패트릭 블래킷이 새로운 건물을 지으며 그의 이름을 따 블래킷 연구소라 불리게 되었다. 블래킷은 오펜하이머와의 일화로도 곧잘 언급된다. 블래킷은 오펜하이머의 몇 년 선배로 그를 튜터로 지도한 적이 있었다. 이론 연구를 좋아했던 오펜하이머는 실험물리학 수업에 참석하라는 블래킷의 강요가 너무 싫었다고 한다. 그러던 어느 날 오펜하이머는 독극물이 묻은 사과를 블래킷의 책상에 올려놓았다. 다행히 불행한 일은 일어나지 않았지만, 오펜하이머는 퇴학은커녕 정학과 심리치료 처분만 받았을 뿐이었다. 이 일은 맨해튼 프로젝트를 성공적으로 이끈 오펜하이머가 훌륭한 과학자일 뿐 아니라, 사실은 목표를 위해서는 무엇이든 할 수 있는 수완가라는 것을 보여주는 사례로 자주 나오곤 한다.

"아르치모비치 부장님, 우리는 토러스 형태로 장치를 만들어서 양쪽 끝으로 새는 입자를 막을 수 있었습니다. 그러데 이렇게 만들어진 플라즈마는 생성되자마자 구불거리는 뱀과 같은 형태로 변형되더니 바로 사라져 버리고 말았습니다. 우리는 이 문제를 해결하려고 여러 방법을 시도해 봤지만 모두 실패로 돌아갔습니다. 도무지 이 현상을 이해할 수가 없습니다. 혹시 영국의 장치들은 이 문제를 해결했나요? 영국의 소식통들은 이 문제의 해결책을 알고 있나요?"

"사실 저는 그동안 제가 낸 문제에 대해 어느 정도 답을 알고 있었지만, 여러분들이 단계를 밟아 문제를 하나씩 풀어 나가길 바랐습니다. 그리고 여러분은 역시 아주 훌륭하게 미션을 완성했습니다. 그런데 여기까지입니다. 저도 이 이상 알지 못합니다. 사실 저

영국 옥스퍼드 클래런던 연구소에서 1946년에 제작한 소너맨의 조임 실험 장치.
토러스 형태의 진공 용기는 유리에 금속을 둘러 만들었다.

도 여러분이 말한 그 문제를 고민하고 있지만, 아직 답을 찾지 못했습니다.

안타깝게도 우리에게 많은 소식을 은밀하게 전해주던 클라우스 푹스는 1950년 1월 스파이였다는 것이 탄로나 14년 형을 선고받고 복역 중에 있습니다. 푹스는 맨해튼 프로젝트에 참여하여 베테 밑에서 연구하다 영국의 하웰 연구소로 옮겨 그곳에서 이론물리 부장을 맡으면서 소련에 많은 정보를 제공해 주었습니다. 그의 마지막 정보에 따르면 영국에서도 아직 이 문제를 완전히 해결하지 못한 것으로 보입니다. 미국 로스앨러모스 연구소로 돌아간 제임스 터크도 퍼햅사트론(Perhapsatron)이라는 조임 장치 프로젝트를 시작했지만, 우리와 동일한 문제에 봉착한 것으로 전해 들었습니다.

또한 푹스가 스파이라는 사실이 밝혀지면서 영국 정부는 핵융합 연구를 더욱 비밀리에 추진하기 위해 톰슨의 제자 커진스와 웨어 그룹은 올더마스턴의 원자력 무기 연구기관(AWE · Atomic Weapons Establishment)으로, 소너맨은 하웰의 원자력 에너지 연구기관으로 옮겼다고 합니다."

우리는 막막했다. 이제는 외부의 도움을 받을 수 없었다. 그렇다고 이 문제를 피해 갈 수도 없었다. 어떻게든 우리 손으로 해결해야 했다. 우리는 문제를 처음부터 다시 짚어보기 시작했다.

가장 먼저 우리는 원통형 장치의 양쪽 끝으로 손실되는 플라즈마를 막기 위해 토러스 장치를 만들었다. 그리고 토러스 장치에 중심부 솔레노이드를 설치하고 고전압을 가했다. 전자기유도 현상으로 토러스 장치 내부에 인공 번개, 즉 플라즈마가 만들어졌고 전류가 유도되었다. 유도된 플라즈마 전류는 자기장을 발생시켰다. 전류와 자기장에 의해 발생한 로런츠 힘으로 인공 태양을 장치 내부에 압축시켜 가둘 수 있었다. 그러나 플라즈마는 뱀처럼 구불거리다 사라졌다. 우리는 전류와 자기장의 방향에 주목했다. 현재 Z-조임 장치에서는 전류가 축 방향으로, 자기장은 원통의 둘레 방향으로 걸려 있다. 그렇다면 혹시 전류와 자기장 방향을 바꾸면 어떻게 될까?

원통형 장치와 토러스 장치에서 축 방향, 둘레 방향, 반경 방향.
토러스의 축 방향은 토로이달(toroidal) 방향,
토러스의 둘레 방향은 폴로이달(poloidal) 방향이라고 한다.

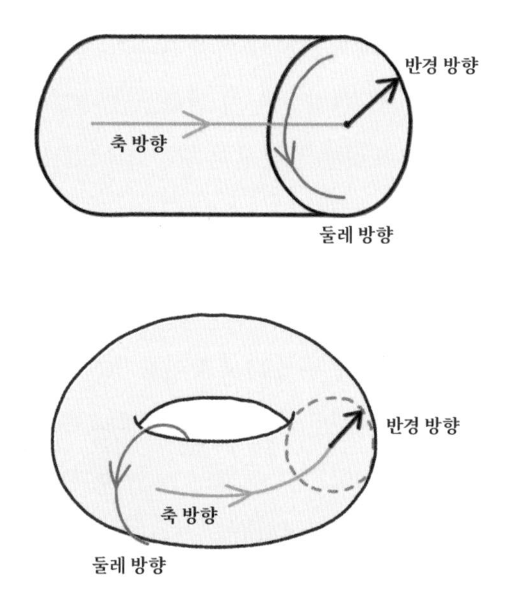

마치 칸트로위츠와 제이콥스가 만들었던 '확산 억제 장치(diffusion inhibitor)'처럼 말이다.

오로라를 만들어 보자

우리는 그동안 Z-조임 장치를 연구하면서 인공 번개에 흐르는 전류에 주목해 왔다. 자기장은 전류에 의해 부가적으로 발생하는 것으로 로런츠 힘을 만드는데 필요한 조연일 뿐이었다. 이제 우리는 자기장을 좀더 자세히 살펴보기로 했다. 자기장이 걸리면 플라즈마 입자들은 어떻게 반응할까?

레프 란다우 박사가 갑자기 손을 들더니 앞으로 나왔다. 그는 우리 'Laboratory No. 2' 소속은 아니었지만, 카피차 물리문제연구소의 이론 분과를 맡고 있는 저명한 물리학자였다. 그는 이론물리학의 불모지였던 소련에 플라즈마 물리학을 비롯하여 저온물리학, 핵물리학, 고체물리학 등 광범위한 분야에 커다란 업적을 남겼다. 액체 헬륨이 관속을 흐를 때 저항이 적아지는 초유체의 특성을 이론적으로 규명하여 1962년에 노벨 물리학상을 받았다. 그의 제자인 예브게니 리프쉬츠와 함께 저술한 총 10권의 《이론 물리학 강의》는 물리학 전 분야를 다룬 수준 높은 교재로 연구자들의 필독서로 알려져 있다. 당시 소련 물리학의 높은 수준을 짐작할 수 있게 하는 명저다. 그는 양자 터널링 현상을 핵융합에 도입하여 태양의 핵융합을 설명했던 하우터만스와 가까운 사이이기도 했다. 우리 연구소를 잠시 방문하고 있던 란다우는 기꺼이 우리 토론에 참여했다.

란다우가 칠판 앞으로 걸어갔다. 분필을 하나 집더니, 플라즈마 입자가 자기장과 어긋나는 방향으로 움직일 때 받게 되는 힘을 수식으로 표현했다. 시간에 대한 미분 방정식이 얻어졌다. 란다우는 거침없이 방정식을 풀었고, 해가 얻어지자 그래프로 나타냈다. 자기장이 걸리면 플라즈마 입자는 마치 너트가 볼트의 나선을 따라 도는 것처럼 자기력선을 따라 빙글빙글 도는 것이었다.

자기장을 따라 회전하며 진행하는 전자와 이온.
회전하는 방향이 서로 반대다. 회전하며 그리는 반경은 입자의 질량이 클수록, 자기장의 세기가 작을수록 커진다. 수소 이온은 전자보다 질량이 훨씬 커서 회전 반경도 크다.

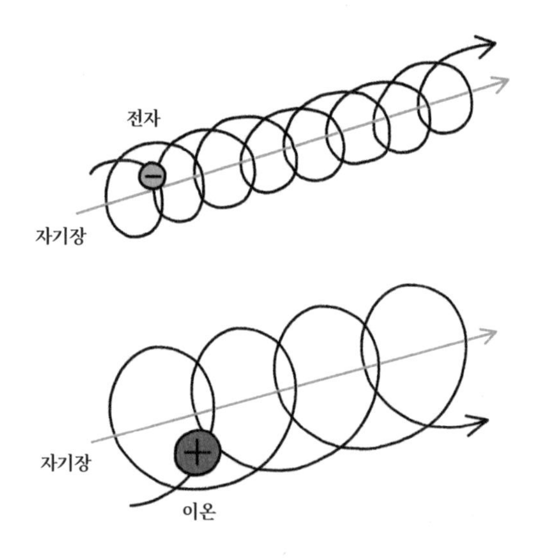

"보다시피 자기장이 걸리면 플라즈마 입자는 자기력선을 따라 회전 운동을 합니다. 자기장이 세면 셀수록 입자는 자기력선에 가까이 붙어 회전하고, 회전 속도도 빨라지지요. 다시 말해, 자기장이 세면 회전 반경이 작아지고 회전 주파수가 커집니다. 또 회전 반경과 회전 주파수는 질량에 따라서도 달라집니다. 이온이 돌 때와 전자가 돌 때가 다른 것이죠. 수소 이온이 전자보다 훨씬 무겁기 때문에 이온의 회전 반경이 전자보다 60배 정도 더 크고 초당 도는 횟수는 1830배 정도 작습니다."

"한 가지 말씀드리고 싶은 것은 이 계산은 플라즈마 입자 하나에 대해 수행한 것입니다. 입자 수가 많아지면 자기장 내에서 서로 충돌이 발생할 것이고 그럼 더 복잡한 계산을 필요합니다. 통계역학을 사용해서 이 계산도 보여드릴까 했는데, 오늘은 좀 어려울 것 같네요."

역시 란다우의 계산은 명쾌했다. 그의 통계역학 계산을 보지 못한 것이 아쉬울 뿐이다. 란다우는 통계역학으로 플라즈마 물리학에서 가장 유명하고 아름다운 이론을 전개하여 1946년에 '란다우 감쇠(Landau Damping)' 현상을 설명하였다. 파도가 서퍼에 부딪치면 서퍼에게 파도의 에너지가 전해져 서퍼가 앞으로 나갈 수 있듯이, 플라즈마 내의 파동이 플라즈마 입자에 부딪쳐 에너지를 전달하고 감쇄한다는 것을 수학적으로 보인 것이다. 이 이론은 1964년에 존 말름버그와 찰스 워튼이 실험으로 증명했다.

우리는 일단 어려운 통계역학은 제쳐두고 란다우가 칠판에 전개했던 이론이 자연에서 실제로 일어나는지 확인해 보기로 했다. 먼저 노르웨이의 물리학자 크리스티안 비르켈란의 연구를 살펴보았다. 그는 노벨상 후보로 7번이나 지명되었던 과학자로, 극지방의 플라즈마가 지구 자기장에 반응해서 생겨나는 현상이 오로라는 것을 밝혔다.

태양 표면에서는 '태양 폭발' 혹은 '태양 플레어(solar flare)'라는 현상이 나타난다. 태양은 대기층의 플라즈마 입자들을 강력한 자기장으로 태양 밖으로 내보내는데, 마치 활이 화살을 쏘듯 플라즈마 입자를 밀어 낸다. 밀려 나온 입자들이 마치 바람과 같다고 해서 '태양풍'이라고 부른다. 태양 플레어는 핵폭탄 100만 배의 위력에 맞먹을 정도로 강력해서, 자기장이 쏜 플라즈마 입자는 초속 400킬로미터의 엄청난 속도로 우주로 방출된다.

이처럼 강력한 에너지를 가진 태양풍은 태양의 여러 행성에 치명적인 영향을 미칠 수 있다. 지구도 예외는 아니다. 그런데 다행히도 지구에는 남극과 북극을 연결하는 지구 자기장이 있다. 태양풍 입자가 지구로 날아와 지구 자기장을 만나면 이를 따라 빙글빙글 돈다. 즉, 지구 자기장에 가두어져 북극과 남극 사이를 회전하며 왔다갔다하는 것이다. 결국 25~65마이크로테슬라 밖에 안 되는 지구 자기장이 태양풍 입자를 붙잡아 지표면에 도달하지 못하게 막아 우리를 지켜주고 있었던 것이다. 지구 자기장에 잡혀 극지방으로 끌려간 태양풍 플라즈마 입자는 지구 대기와 상호작용하면서 빛을 내게 되는데 이것이 바로 오로라다.

비르켈란의 이론은 그가 살아 생전에는 주류 학자들에게 인정받지 못했다. 그러나 그가 죽은 후 스웨덴의 물리학자 한네스 알벤이

(위)태양풍과 지구 자기장. (아래)지구 자기장에 가두어진 태양풍 입자들

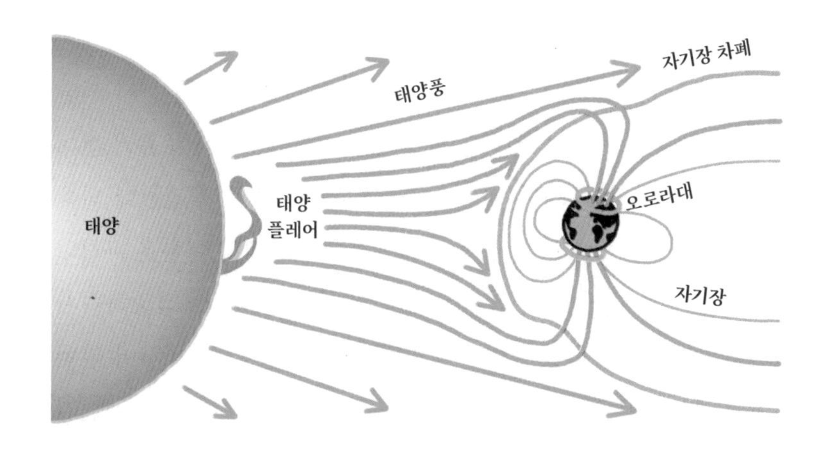

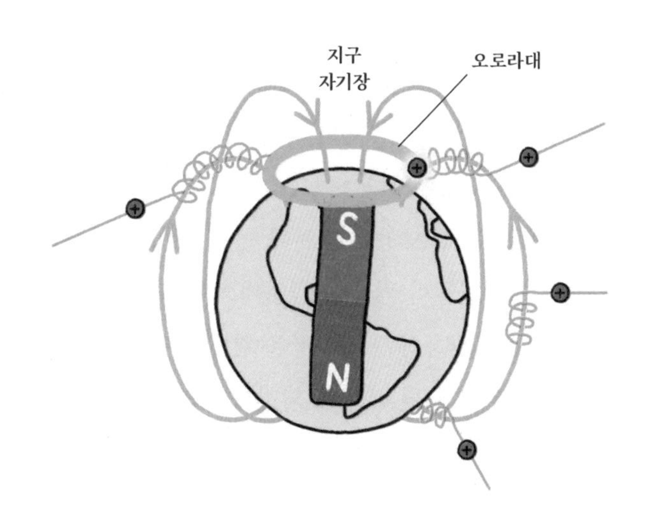

그의 이론을 주목하게 된다. 알벤은 플라즈마 물리학의 개척자였다. 그는 플라즈마 물리학에서 널리 쓰이는 여러 개념을 최초로 사용했는데, 그중 자기유체역학(Magnetohydrodynamics, MHD)과 자기장을 따라 도는 플라즈마 입자의 회전 중심을 가리키는 '안내 중심(guiding center)'이란 용어는 많이 알려져 있다.

알벤이 자기장 내부에서 이온과 전자의 운동을 정확하게 기술해 비르켈란의 이론이 맞다는 것을 밝히자, 그도 역시 주류의 반대에 부딪치게 되었다. 이론은 아무리 우아해도 실험과 관찰에 의해 확인되지 않으면 무용지물이다. 비르켈란과 알벤의 이론은 마침내 1967년 미국 해군의 인공위성 1963-38C가 관측으로 검증하면서 확고하게 자리잡을 수 있었다. 그런 우여곡절이 있고 나서야 알벤은 알벤파 발견과 플라즈마를 기술할 수 있는 자기유체역학을 개발한 공로로 1970년 노벨 물리학상을 수상할 수 있었다. 그는 노벨상을 받은 최초의 정통 플라즈마 물리학자였다.

우리는 이처럼 지구 자기장이 태양풍 입자를 잡아 가두는 원리를 인공 태양에 적용해 보기로 했다. 인공 태양에 자기장을 가하여 플라즈마를 가두는 방식이었다.

다음 〔그림〕처럼 원통 모양의 용기에 인공 태양을 만들게 되면 고온의 플라즈마 입자들이 벽에 충돌하여 벽이 손상된다. 그런데 원통에 용기 내부를 관통하는 자기장을 걸게 되면 플라즈마 입자들이 자기력선을 따라 일렬로 돌게 되면서 벽에 충돌하는 입자들이 확 줄어들고 입자들이 자기장에 가두어진다. 자기장을 걸면 인공 태양을 아주 간단하게 가둘 수 있었던 것이다.

자기장이 없을 때 원통 용기 내부의 플라즈마 입자들(그림에는 이온만 표시).

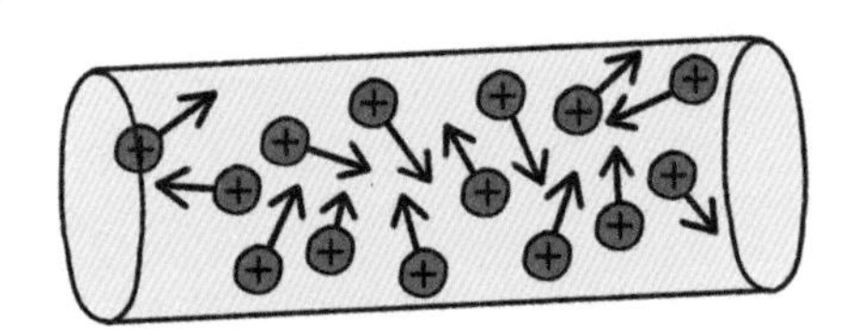

오른쪽에 N극, 왼쪽에 S극 자석을 놓아 자기장을 걸었을 때
원통 용기 내부의 플라즈마 입자들(그림에는 이온만 표시).
입자들이 자기력선을 따라 빙글빙글 돌아
원통 벽과 충돌이 최소화되면서 내부에 가두어질 수 있다.

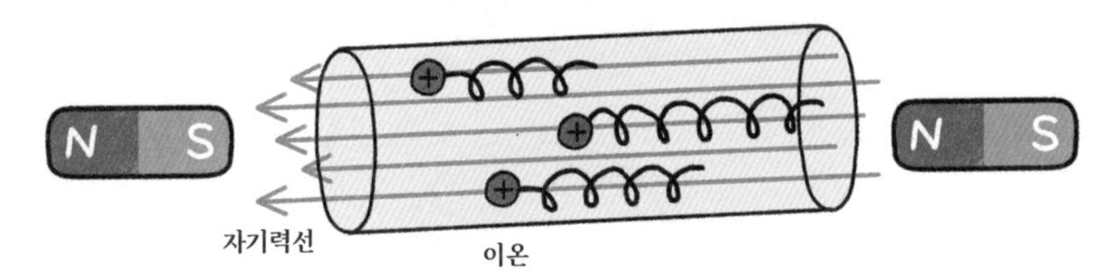

우리는 원통형 장치 내부에서 플라즈마 입자가 받게 되는 힘을 계산해 보았다. 이 장치에도 Z-조임 장치와 마찬가지로 로런츠 힘에 의해 조임 효과가 나타나고 있었다.

입자들은 원통 내부의 자기장을 중심으로 회전 운동을 한다. 그러면 아래 〔그림〕과 같이 원통 단면으로 볼 때 회전하는 이온 입자들이 원통의 둘레 방향으로 하나의 흐름, 즉 전류를 만들게 된다.

원통의 축 방향에 형성된 자기장을 중심으로 이온은 회전 운동을 하고, 이들 이온이 원통의 가장자리에 둘레 방향으로 전류를 만든다. 이 전류와 자기장에 의해 원통 중심부를 향하는 로런츠 힘이 발생하여 플라즈마를 압축한다. θ-조임 장치다.

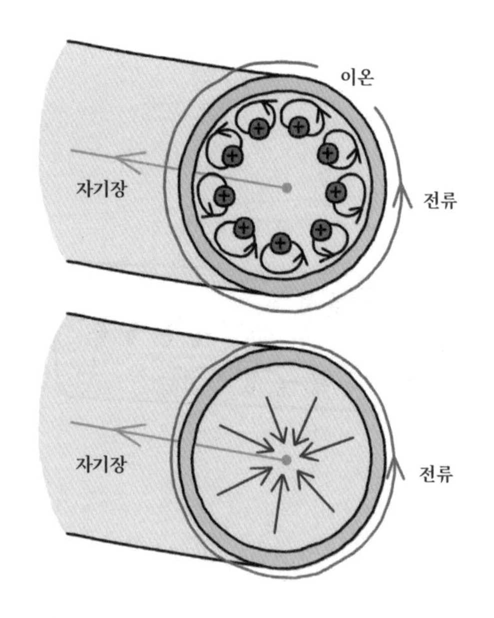

이 둘레 방향의 전류와 외부에서 걸어 준 원통 축 방향의 자기장은 원통 중심을 향하는 반지름 방향으로 로런츠 힘을 만든다. Z-조임 장치와 같이 플라즈마는 내부로 압축하는 힘을 받아 내부에 가두어 질 수 있게 되는 것이다.

Z-조임 장치와의 차이는 Z-조임 장치에서는 원통의 축 방향, 즉 Z 방향으로 플라즈마 내부에 전류가 흐르는 반면, θ-조임 장치에서는 원통의 둘레를 따라 움직이는 방향, 즉 θ(그리스 문자로, '세타'라고 읽는다) 방향으로 전류가 흘렀다. 따라서 이 장치는 θ-조임 장치라 불리게 되었다.

토러스 형태의 θ-조임 장치.
토러스 장치를 감고 있는 둘레 방향 코일에 흐르는 전류에 의해 축 방향 자기장이 유도되고, 이 자기장을 따라 이온과 전자가 빙글빙글 돌며 토러스 내부에 가두어진다.

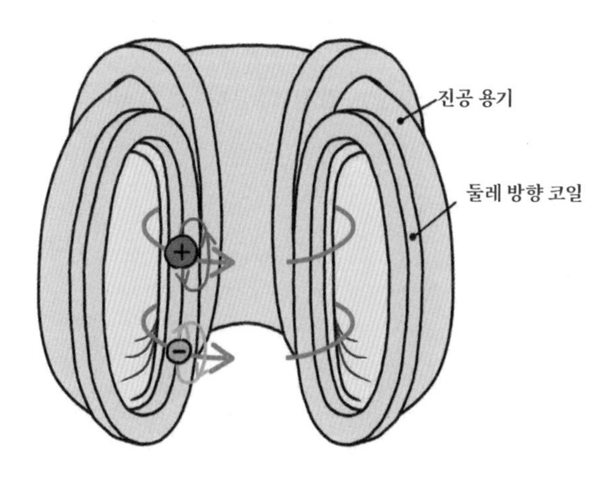

우리는 θ-조임 장치를 만들어 실험을 해보았다. 장치는 Z-조임 장치보다 훨씬 간단했다. 원통형 장치에 솔레노이드처럼 코일만 감으면 그만이었다. 이 코일에 전류를 걸면 장치의 축 방향으로 자기장이 발생하고, 이 자기장이 플라즈마를 가두게 될 것이다.

그런데 우리는 경험을 통해 이런 원통형 장치에서는 양쪽 끝에서 입자들이 빠져나가는 문제가 있음을 알고 있다. 그래서 우리는 원통형 장치의 양 끝을 연결하여 토러스 장치를 만들었다. 그리고 토러스에 코일을 감았다. 감은 코일에 전류를 흘리면 토러스 내부에 토러스를 따라 도는 자기장이 만들어질 것이다. 그럼 플라즈마 입자들은 이 자기장을 따라 토러스 내부를 빙빙 돌며 가두어지게 될 것이다.

우리는 톰슨과 블랙맨이 제안한 것처럼 라디오파를 이용해 플라즈마를 만들었다. 우리가 집이나 사무실에서 흔히 쓰는 원형 형광등을 전자레인지에 넣고 전원을 넣어주면, 형광등에서 플라즈마가 만들어져 밝게 빛이 난다. 이것과 똑같은 원리였다. 그런데 플라즈마는 생성되자마자 외벽으로 사라졌다. 심지어 플라즈마가 뱀같이 구불거리는 현상도 없이 사라져 버렸다. 우리의 예상은 완전히 빗나갔다. 실험은 또다시 실패였다.

페르미는 알고 있었다

"노병은 절대 죽지 않는다. 다만 사라질 뿐이다."
— 맥아더 장군

"노학자는 다만 죽을 뿐이다. 결코 사라지지 않는다."

우리는 θ-조임 장치를 원통형으로 만들면 양쪽 끝으로 입자들이 새 나간다는 것을 잘 알고 있었다. 따라서 장치를 토러스 형태로 만들어 플라즈마가 양 끝으로 새는 것은 막을 수 있었지만, 플라즈마는 생기자마자 외벽으로 사라져 버렸다. 문제 하나를 풀자, 또 다른 문제가 생긴 것이었다. 그런데 혹시 토러스 형태로 만들지 않고 양쪽 끝으로 새는 것을 막는 방법은 없을까?

1970년 알벤파로 노벨 물리학상을 수상한 알벤은 그다지 유명하지 않던 1948년에 미국 시카고를 방문하여 우주선(cosmic ray)에 대해 강연할 기회가 있었다. 강의를 들은 사람 중에는 페르미도 있었다. 그는 강연이 끝나고 알벤에게 다가와 알벤파에 대해 물었다. 알벤파는 플라즈마에서 자기장을 따라 발생하는 파동으로, 알벤이 1942년 태양에서 코로나가 가열되는 원리를 설명하기 위해 도입한 개념이었다.

두 사람이 각각 고무줄의 양 끝을 잡고 있다고 해 보자. 한 사람은 가만히 있고, 다른 한 사람이 손을 위아래로 흔들면 고무줄에 파동이 생겨난다. 자기력선도 이와 비슷했다. 자기력선은 마치 고무줄과 같아 한쪽을 건드리면 자기력선을 따라 파동이 발생한다. 그러나 전류가 잘 통하는 도체 내부는 전자의 움직임에 전자기파의 에너지가 모두 흡수돼 버려 파동이 전파되기 어려웠기 때문에 당시 학자들은 알벤파의 존재를 믿지 않았다. 태양의 플라즈마는 전기전도도가 거의 도체 수준으로 커서 내부에 파동이 전파된다는 것은 당시로는 이해하기 어려울 수밖에 없었다.

그러나 알벤은 플라즈마에 자기장이 걸리면 플라즈마 입자들이 자기장에 가두어지고 자기장의 움직임에 따라 플라즈마 입자들도 따라서 움직인다는 것을 알고 있었다. 플라즈마 내에 걸려 있는 자기장이 고무줄과 같이 위아래로 움직이면 그 자기장 근처의 플라즈마도 위아래로 움직여 플라즈마 내부에 파동이 전파되는 것이었다.

페르미는 알벤의 설명을 10분 정도 듣더니 "물론이네요. 그런 파동이 존재하겠군요!"라고 말했다고 한다. 당시 페르미가 "물론입니다!"라고 말했다는 것은 그 다음 날 물리학계 전체가 "물론입니다!"라고 말하는 것과 마찬가지였다고 알벤은 회고했다. 알벤의 강연을 듣고 페르미는 그의 연구에 매료되었다. 그리고 학자들이 잘 언급하지 않던 알벤의 논문을 인용하며 1949년《피지컬 리뷰》에 한 편의 논문을 발표했다. 제목은 "우주 방사선의 근원에 관하여"였다.

우주선은 우주에서 지구로 들어오는 방사선으로, 대기에 진입하여 산소, 질소 등 대기의 여러 분자와 충돌하여 중성자, 전자 등의 이차입자를 발생시킨다. 페르미는 우주선이 강한 에너지를 갖고 어떻게 지구까지 올 수 있는지 궁금했다. 그러다 자기장의 크기와 입자들의 에너지가 서로 연관되어 있다는 생각을 떠올렸다. 자기장이 강하게 걸리면 자기장 안에 있는 입자도 자기장과 수직한 방향으로 강한 에너지를 받는다. 이처럼 우주선은 우주에 존재하는 다양한 자기장에서 에너지를 얻을 수 있었던 것이었다.

Z-조임 장치와 θ-조임 장치의 실험에 모두 실패한 우리는 실의에 빠져 있었다. 여러 시도가 있었지만 결과는 마찬가지였다. 그렇게 진전이 없던 어느 날, 머리를 식히기 위해 러시아의 전통 자치기 놀이인 고로드키를 즐기고 있던 우리에게 누군가 허겁지겁 달려왔다. 게르쉬 부드케르 박사였다. 그는 한 손에 종이 움큼을 들고 있었는데 한 편의 학술논문이었다. 그 논문은 한 명이 쓴 단독 저자의 논문이었다. 저자는 엔리코 페르미였다.

"페르미는 알고 있었어요! 그에게 답이 있었어요!"

우리는 막대기를 내려놓고 부드케르가 건넨 논문을 자세히 살펴보았다. 부드케르는 우리에게 그의 아이디어에 대해 자세히 설명하기 시작했다.

"페르미의 원리를 이용해 보면 플라즈마 입자들은 자기장이 약한 곳에서 센 곳으로 갈 때 센 곳으로부터 밀어내는 힘을 받게 됩니다. 이 원리를 이용하면 굳이 어렵게 토러스 장치를 만들 필요가 없습니다. 원통형 장치에서도 양쪽 끝으로 입자들이 새는 것을 줄이고 플라즈마 입자들을 중심부에 가둘 수가 있게 됩니다."

"자, 우리가 시도했던 θ-조임 장치와 비슷하게 원통에 코일을 감습니다. 그런데 원통의 중심부에는 코일을 성기게 감고 원통의 양 끝 부분에는 코일을 촘촘히 감는 겁니다. 그렇게 되면 코일이 성기게 감긴 원통의 중심부에는 자기장이 약하고 코일이 촘촘히 감긴 원통의 끝 부분에서는 자기장이 강하게 됩니다. 원통의 중심부에 있던 플라즈마 입자들이 자기장이 더 강한 원통의 양 끝으로 이동하게 되면 강한 자기장으로부터 밀어내는 힘을 받게 되어 다시 중심부로 돌아가게 됩니다. 입자들이 양쪽 끝에서 반사되어, 새는 것을 막을 수 있게 되는 거죠. 마치 포장 비닐의 양쪽 끝을 묶어 사탕이 빠져 나가지 못하게 막는 것과 비슷합니다."

부드케르는 말을 마치고 들고 있던 사탕을 입에 넣었다. 기가 막힌 생각이었다. 마치 페르미의 넋이 우리 곁에 남아 핵융합 에너지

두 개의 코일로 만든 자기장 거울 장치인 '자기장 마개'.
장치의 양쪽 끝에 자기장을 강하게 걸어 주면
마치 사탕 껍질을 양 끝에서 꼬아준 것처럼, 플라즈마 입자가
장치의 양쪽 끝에서 반사되어 돌아오면서 장치 안에 가두어 진다.

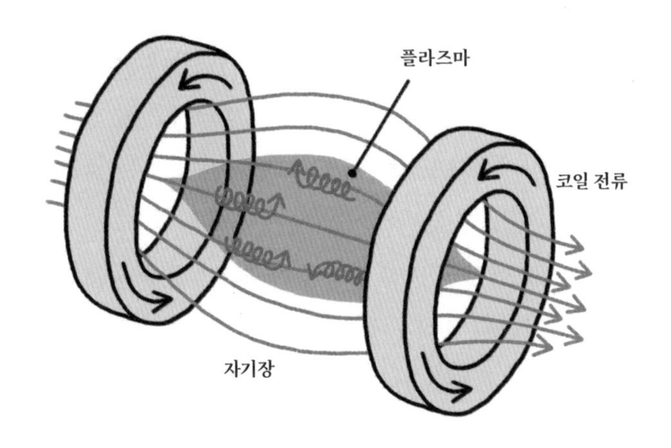

가 평화롭게 이용되기를 돕고 있는 듯 했다. 우리는 이 장치를 '자기장 마개(magnetic plug)'라고 불렀다. 자기장의 양쪽 끝으로 입자가 새는 것을 막는 것이 꼭 마개와 같다는 뜻이었다. 부드케르의 아이디어는 즉시 아르치모비치 부장에게 보고되었다.

"정부는 부드케르의 자기장 마개 장치를 별도의 연구소를 신설해서 연구하기로 결정했습니다. 부드케르 박사는 이 연구소의 소장으로 자기장 마개 장치 연구를 지휘하게 될 것입니다. 축하합니다, 부드케르 소장님!"

1959년 시베리아의 노보시비르시크에 부드케르 핵물리 연구소가 설립되고, 부드케르는 자기장 마개 장치인 프로브코트론(Probkotron)을 만들어 실험을 시작했다.

지구 반대편에도 이와 비슷한 생각을 한 사람이 있었다. 미국 로런스 리버모어 연구소의 리처드 포스트였다. 그는 1951년에 작은 자기장 마개 장치를 제작했고, 1952년에는 장치 양쪽 끝의 자기장을 높이면 플라즈마를 오랜 시간 가둘 수 있다는 것을 확인했다. 그는 이를 '자기장 거울(magnetic mirror)'이라고 불렀다. 플라즈마 입자가 강한 자기장에 반사되어 돌아오는 현상을 거울에 비유한 것이었다.

그러나 부드케르의 자기장 마개나 포스트의 자기장 거울 모두 플라즈마가 잠시 가두어지는 듯했지만, 얼마 안 있어 원통 둘레 방향으로 구불거리며 벽에 부딪치다 이내 사라져 버렸다. 실험은 이 또한 실패였다.

사각 지대에 빠지다

결국 우리는 Z-조임 장치, θ-조임 장치 그리고 자기장 마개 장치에 이르기까지 모두 실패를 맛봐야 했다. Z-조임 장치와 자기장 마개 장치에서는 플라즈마를 가둘 수는 있었지만, 플라즈마 형상이 변해 구불거리다가 바로 사라져 버렸다. θ-조임 장치는 아예 플라즈마가 형성되자마자 없어졌다.

우리는 이 문제를 해결하기 위해 다양한 시도를 해봤지만 대부분 실패로 돌아갔다. 한 가지 우리에게 희망을 줬던 실험은 Z-조임 장치에서 얻어졌다. 우리는 토러스 형태의 Z-조임 장치에 플라즈마 전류가 흐르는 축 방향으로 자기장을 새롭게 걸어보았다. 자기장은 θ-조임 장치에서 했던 것처럼 토러스에 솔레노이드 코일을 감아 전류를 흘려 발생시켰다. 그러자 구불구불거리는 현상이 완화되었다. 그러나 아무도 그 이유를 설명하지는 못했다.

미국에서 온 소식

미국에서 수소폭탄 개발을 이끌고 있던 텔러는 1954년 셔우드 학회(Sherwood conference)*에서 자기장 거울 장치는 '불안정'할 수밖에 없다고 발표했다. 플라즈마를 자기장으로 가두는 것은 마치 '부풀어 오르는 젤리를 고무 밴드로 묶어 두려는' 것과 같다는 것이었다. 말랑한 젤리가 부풀어 오르면, 젤리를 묶고 있던 고무 밴드는 젤리를 막지 못하고 결국 젤리를 튕겨내 버리고 말 것이었다. 부드케르의 자기장 마개 장치와 포스트의 자기장 거울 장치에서는 플라즈마가 원통 둘레 방향으로 구불거리며 사라져 버리는 현상이 나타났는데, 이것이 바로 텔러가 예측했던 '플라즈마 불안정성'이었던 것이다.

같은 해, 앞으로 펼쳐질 핵융합 연구의 판도를 바꿀 결과가 프린스턴 대학에서 발표되었다. 마틴 크러스컬과 마르틴 슈바르츠실트가 Z-조임 장치에서 플라즈마 불안정성이 생길 수 있음을 이론적으로 밝힌 것이다. 그들은 이 불안정성을 '측면 불안정성(lateral instability)'이라고 불렀다. 오늘날에는 '꼬임 불안정성(kink instability)'이라고 불린다. Z-조임 장치에서 나타난, 플라즈마가 뱀처럼 구불거렸던 현상이 바로 이 불안정성 때문이었다.

그들은 수브라마냔 찬드라세카르의 연구에서 영감을 얻어 이런 발견을 할 수 있었다. 찬드라세카르는 1951년부터 천체 플라즈마의 불안정성에 관심을 갖기 시작했고, 일반 유체에서 나타나는 불안정성을 다양한 천체 플라즈마 현상에 적용해 보고 있었다. 플라즈마도 이온과 전자로 이루어진 일종의 유체로 볼 수 있기 때문이

* 미국은 1951년에서 1958년까지 '셔우드 프로젝트'라는 코드명으로 비밀리에 핵융합 장치 개발을 진행했다. 개발은 플라즈마 가둠 방식에 따라 세 갈래로 진행되었다. 라이먼 스피처가 이끄는 프린스턴의 스텔라레이터, 제임스 터크가 이끄는 로스앨러모스의 퍼햅사트론 조임 장치, 그리고 리처드 포스트가 이끄는 리버모어 연구소의 자기 거울 장치였다. 이들 세 그룹 간에 정보 교환을 활성화하고, 핵융합 연구에 참여할 새로운 전문가를 확보하기 위한 모임이 셔우드 학회였다.

었다. 크러스컬과 슈바르츠실트는 이런 천체 플라즈마의 불안정성 현상을 Z-조임 장치의 핵융합 플라즈마에 적용해 보았던 것이다. 크러스컬은 당대 최고의 수학자 중 한 사람이던 리하르트 쿠란트의 제자로 플라즈마 물리학뿐 아니라 웜홀과 솔리톤 분야에도 큰 업적을 남겼다. 슈바르츠실트는 블랙홀 연구로 유명한 카를 슈바르츠실트의 아들로, 항성의 구조와 진화를 주로 연구했다. 그는 라이먼 스피처와 매우 친했는데, 프린스턴 천체물리학과에서 교수로 함께 재직하며 오십 년 가까운 세월을 같이 했다.

이후 1957년에는 로스앨러모스 연구소의 마셜 로젠블루스와 콘래드 롱마이어가 자기장 거울에서 나타나는 플라즈마의 불안정성을 이론적으로 밝혔다. 자기장 거울 장치에서 플라즈마가 원통의 둘레 방향으로 구불거리는 이유를 찾아낸 것이다. 그들은 이 불안정성을 '세로홈형 불안정성(flute instability)'이라고 불렀다. 에드워드 텔러와 엔리코 페르미의 지도로 박사 학위를 받고, 플라즈마의 불안정성과 난류 등 핵융합 플라즈마 물리학의 여러 분야에 기틀을 세워, '플라즈마 물리학의 교황'이라고 불리는 마셜 로젠블루스의 등장이었다.

로젠블루스는 로스앨러모스 연구소에서 수소폭탄 개발에 참여했는데, 과학자들의 계산 오류를 여럿 찾아내 실험을 성공적으로 수행하는데 큰 도움을 주었다. 그는 로런스상, 아인슈타인상, 맥스웰상, 페르미상, 알벤상 등 플라즈마 물리학자가 받을 수 있는 거의 모든 상을 받았다. 로젠블루스가 시카고 대학에 박사 과정으로 진학할 때 처음에는 페르미의 제자가 되고 싶었다고 한다. 페르미는 테니스를 좋아하고 승부욕이 아주 강했는데, 다른 학생들은 페르미와 경기할 때 가끔씩 져주기도 했는데, 로젠블루스는 눈치 없이 언제나 최선을 다했고 거의 모든 게임에서 페르미를 이겼다고 한다. 페르미는 그를 박사 과정 학생으로 받아들이기를 거부했고, 그는 텔러의 학생이 되었다고 한다.

로젠블루스가 시카고 대학에 있을 때 중간자(meson)에 대한 연구를 함께 수행했던 양전닝과 리정다오가 약한상호작용에 의한 홀짝성의 비보존 이론으로 1957년 노벨 물리학상을 나란히 수상했는데, 그 과정에서 그의 이름이 빠진 건 안타까운 일이다. 원자핵에서의 전자 산란 연구로 1961년 노벨 물리학상을 수상한 로버트 호프스태터는 당시 기념 강연에서 로젠블루스가 개발한 이론이 큰 공헌을 했다고 언급하기도 했다. 호프스태터가 노벨상을 수상한 후 로젠블루스의 집을 방문했는데, 저녁을 먹을 때 로젠블루스의 딸이 "이 사람이 아빠가 하던 거에 조금 보태서 노벨상 받은 그 사람이야?"라고 물었고 호프스태터가 "맞아"라고 했다는 농담 같은 일화도 전해 온다.

로젠블루스는 노트 없이 강의하기로 유명했다. 그는 어떤 어려운 문제도 막힘없이 칠판에 술술 풀곤 했다. 그러던 어느 날 수업 시간에 쪽지 한 장을 들고 나타났다고 한다. 학생들은 '교수님이 오늘 뭔가 들고 온 걸 보니 진짜 어려운 수식을 유도하겠구나'라며 잔뜩 긴장했는데, 로젠블루스는 쪽지를 한 번 쓱 보더니 탁자에 내려놓고는 평소와 다름 없이 수업을 진행했다. 그리고는 수업이 끝나자 깜박 잊은 듯 쪽지를 탁자에 두고 나가 버렸다. 학생들은 수업이 끝나자 탁자로 몰려가 쪽지를 살펴보았다. '틀림없이 어려운 수식이 적혀 있으리라!' 그런데 거기에 적힌 것은 '당근 3개, 양파 2개, 토마토 5개'였다. 저녁 식사 재료 사 가는 걸 깜빡 했으니, 집에서 한참 잔소리를 들었을지도 모르겠다.

그는 후학 양성에도 힘을 써 샌디에이고 캘리포니아 대학의 패트릭 다이아몬드 교수와 서울대의 함택수 교수, 대구대의 권오진 교수 그리고 KSTAR를 성공적으로 이끈 이경수 박사 등 핵융합 플라즈마 이론 분야에 큰 공헌을 한 학자들도 많이 배출했다.

원인은 불안정성

화창한 일요일 오후. 오늘은 보리스 카돔체프 박사에게 저녁 식사 초대를 받은 날이다. 우리는 성바실리 대성당에서 미사를 마치고 디저트를 준비해 그의 집으로 향했다. 전통의상을 입은 카돔체프 부인이 빵과 소금으로 우리를 맞이했다. 우리는 답례로 빵을 한 점 떼어 소금에 찍어 먹었다. 카돔체프 박사는 우리에게 이 방 저 방을 구경시켜 주었다.

코스 요리가 소련에서 기원한 만큼 오늘 음식도 코스 요리로 준비되어 있었다. 우리는 부엌에 모여 앉아 날씨 이야기에서 시작해 답답한 정치를 잠깐 화제로 삼다가 푸시킨의 소설과 스푸트니크 인공위성 계획까지 온갖 이야기를 나누었다. 그러다 최근 우리를 방문한 란다우가 화제에 올랐다. 그가 대학원생일 때 아인슈타인의 강연을 듣다가 수식의 오류를 지적했다든지, 그의 까칠한 성격은 파울리에 못지않다는 말까지 나왔다. 란다우가 파울리를 만났을 때 이렇게 물었다고 한다. "내 아이디어가 황당하다고 생각하세요?" 그러자 파울리는 이렇게 답했다. "아니, 전혀요. 당신 아이디어는 너무 혼란스러워서 황당한지조차 판단을 못하겠네요."

그러다 우리는 란다우가 내놓은 '천재 물리학자 평가법'에 대해 열띤 토론을 시작했다. 그는 20세기 위대한 물리학자들을 그 업적에 따라 가장 높은 등급인 0부터 가장 낮은 등급인 5까지 등급을 부여했다. 란다우를 비롯해 후세 사람들이 그의 방법을 이어 정리한 등급은 아래와 같다.

최고인 0등급은 아이작 뉴턴이고, 그 바로 뒤인 0.5등급이 알베르트 아인슈타인이다. 그리고 그 아래 1등급에 닐스 보어, 베르너 하이젠베르크, 폴 디랙, 에르빈 슈뢰딩거, 루이 드브로이, 엔리코 페르미, 볼프강 파울리, 리처드 파인먼, 유진 위그너, 막스 플랑크가 있다. 자신과 한스 베테가 동급으로 그 아래인 1.5등급이다.

란다우는 처음에 자신을 2.5등급이라 평가했는데 노벨상 수상 후에는 2등급으로 상향시켰다. 훗날 사람들은 그를 1.5등급으로 올려 한스 베테와 동일하게 평가하였다. 우리는 이와 마찬가지 방법으로 '사고의 용광로'에 모인 물리학자들도 평가를 해보자며 떠들어 댔다.

한창 이야기가 오갈 때 전화기가 요란하게 울렸다. 카돔체프의 아내가 전화를 받았다.

"당신 전화에요."

카돔체프 박사는 우리에게 양해를 구한 뒤 전화를 받았다. 그의 얼굴은 잠시 어두워지는 듯하더니 이내 밝아졌다. 우리는 연구에 관한 통화임을 직감할 수 있었다. 통화가 계속 이어지더니 카돔체프가 한참 후에 돌아왔다.

"연구소에서 온 전화였습니다. 미국의 크러스컬과 슈바르츠실트가 진행한 '불안정성 연구 관련 정보입니다." 카돔체프는 러시아의 전통 보드카 오소바야에 흥건하게 취해 있던 우리의 정신 상태가 정상으로 돌아오길 기다리며 말을 이었다.

"우리가 주로 다루고 있는 기체나 액체와 같은 유체에서 '불안정하다'라는 말은, '평형을 이루고 있는 상태에서 약간의 변화를 주었을 때 이 변화가 점점 커져 원래 상태로 돌아오지 못하는 현상'을 말하지요. 우리가 병에 걸렸을 때도 마찬가지입니다. 평형을 이루고 있던 우리 몸에 병균이나 바이러스가 들어오는 변화가 생기면 몸의 평형이 깨져 아플 수 있습니다. 이것도 일종의 '불안정성'이라고 볼 수 있을 겁니다. 그런데 우리가 충분히 건강한 상태라면 병균이나 바이러스가 우리 몸에 들어와도 잠시 불안정하다 곧 평형을 되찾을 수 있습니다."

말을 끊고 잠시 생각에 잠긴 카돔체프가 이야기를 이어갔다.

"제가 옛날 이야기 하나를 해 드리겠습니다. 벌써 몇십 년 전 일이네요."

오늘은 기다리고 기다리던 프로포즈의 날! 사랑하는 그녀가 잠깐 자리를 비운 사이, 나는 와인잔의 테두리에 반짝이는 반지를 조심스레 올려놓았다. 그녀가 반지를 발견하는 순간, 레스토랑에 음악이 울려 퍼지며 미리 준비해 놓은 꽃다발을 한 아름 안겨줄 계획이었다. 그런데 그녀가 화장실에서 돌아와 자리에 앉으려는 순간 테이블이 살짝 흔들리며 반지가 와인잔 속으로 빠져 버렸다!

말하는 순간 카돔체프 박사가 마시던 와인잔 테두리에 놓여 있던 체리가 잔 속으로 빠져 버렸다.

"참, 곤란한 상황이지요. 그동안 열심히 준비했던 계획이 수포로 돌아갈 수도 있으니까요. 아까 와인잔 위에 반지가 놓여 있던 상태를 우리는 '평형'이라고 부릅니다. 반지가 떨어지려는 힘과 지탱하는 힘이 균형을 이루고 있는 상태를 말하지요. 그런데 평형은 '안정성'을 보장해 주지 않습니다. 평형 상태에 무언가 변화를 주었을 때, 원래 상태로 돌아간다면 '안정하다', 그렇지 않다면 '불안정하다'라고 말합니다. 와인잔 위에 놓여있던 반지는 평형을 이루고 있었지만, 작은 흔들림에도 평형이 깨져 잔 속으로 빠져버렸으니 불안정했던 것이지요.

만약 이야기 속 청년이 반지를 와인잔 테두리 위가 아니라 와인잔 안에 넣어 두었다면 결과는 달라졌을 겁니다. 테이블이 아무리 흔들려도 반지는 와인잔 안에서 이리저리 왔다갔다할 뿐 여전히 와인잔 안에 있을 테니까요. 물론 와인잔이 넘어질 정도로 크게 기울이지는 않아야겠죠. 그래서 이 경우는 안정한 상태에 해당합니다."

카돔체프 박사가 와인잔을 이리저리 흔들자 잔 안에서 체리가 이쪽 저쪽으로 왔다갔다하다가 원래 자리로 돌아갔다. 그런데 그는 왜 갑자기 이 이야기를 꺼낸 걸까?

"여러분, 이와 동일한 현상이 우리 장치에도 나타나고 있었던 겁니다. 우리는 밖으로 팽창하려는 플라즈마의 팽창력을 조임 효과의 로런츠 힘으로 균형을 맞추고 있었습니다. 우리는 그렇게 평형을 이루는 데는 성공을 했습니다. 그런데 안정성은 어떻죠? 우리는 장치의 평형에만 신경을 썼지, 안정성은 신경 쓰지 않았던 겁니다!"

카돔체프 박사는 식탁 위에 놓여 있는 물잔에 올리브 오일을 부었다. 오일은 물과 섞이는 듯하더니 이내 물 위에 떠서 물과 층을 이루었다. 물잔을 몇 번이고 흔들어도 섞이는 듯하더니 얼마 지나면 두 층으로 나뉘었다. 이번에는 빈 잔에 오일을 먼저 부었다. 그리고 그 위에 물방울을 조심스레 떨어뜨렸다. 물방울은 오일 위에 뜨는 듯하더니 이내 아래로 가라앉았다.

"물이 아래에 있고 오일이 위에 있는 상태는 안정한 상태입니다. 반면 오일이 아래에 있고 물이 위에 있는 상태는 불안정한 상태죠. 오일의 밀도가 물의 밀도보다 작기 때문입니다. 오일과 물 사이의 경계면에 아주 작은 변화만 가해도 경계면에서 그 변화는 점점 커집니다. 그러다 결국 물과 오일은 서로 위치를 바꾸어 물은 아래로 오일은 위로 이동하게 됩니다. 이는 이미 오래전 영국의 레일리 경이 발견했던 유체의 불안정성 중 하나입니다.

부드케르의 자기장 마개 장치에서 플라즈마가 물이라면 자기장은 오일입니다. 평형 상태에서 조금만 변화를 주어도 플라즈마는 자기장을 뚫고 밖으로 나가버리죠. 바깥쪽으로 갈수록 자기장이 약해지기 때문에 플라즈마의 밀도(압력)가 자기장의 밀도(압력)보다 커져 자기장이 막을 수가 없었던 겁니다. 결국 레일리 경이 발견했던 것과 유사한 유체의 불안정성이 플라즈마에도 존재했던 겁니다."

이렇게 말하고 카돔체프는 고무관을 수도꼭지에 연결했다. 30센티미터 정도의 짧고 곧은 고무관이었다. 수도꼭지를 트니 고무관이 곧은 형태를 유지했고, 물이 잘 흘러나왔다. 다음에는 5미터 정도의 긴 고무관을 연결했다. 고무관이 수도꼭지와 연결된 부분은 곧았지만 바닥에 놓인 부분은 뱀처럼 구불구불 휘어 있었다. 카돔

레일리-테일러 유체 불안정성. 오일(노란색) 위에 물(파란색)이 있으면,
오일과 물의 경계면에 약간의 변화만 생겨도 그 변화가 점점 커져 원래 상태로
돌아가지 못하고, 물이 오일 아래로 내려가 서로 위치를 바꾸게 된다.
토러스 장치에서는 플라즈마는 물, 자기장은 오일에 해당한다.
플라즈마와 자기장의 경계에 작은 변화만 생겨도 플라즈마는 불안정해질 수 있다.

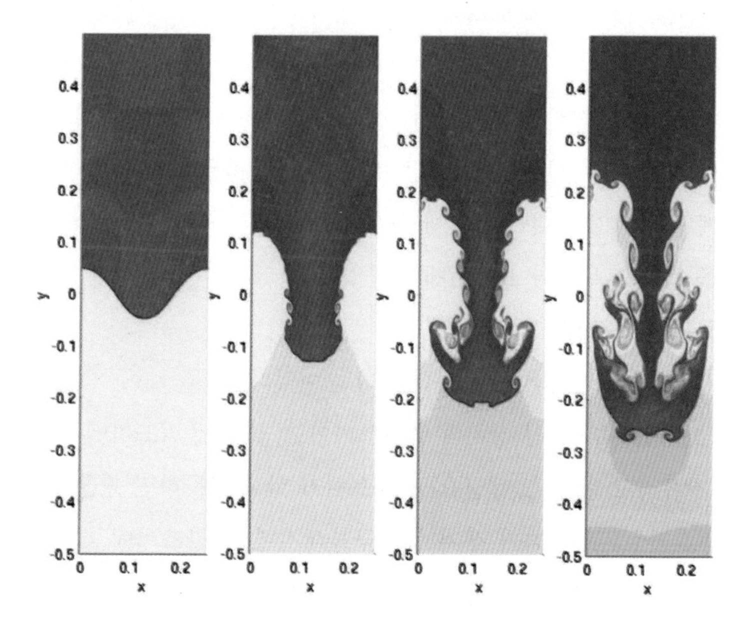

체프가 수도꼭지를 틀었다. 아주 천천히 트니 한참 후에 고무관의 끝에서 물이 조금씩 나오기 시작했다. 구불구불 휘어져 있는 고무관의 형태도 큰 변화가 없었다.

"제가 너무 조심스러웠네요. 조금 더 틀어보도록 하겠습니다."

카돔체프는 수도꼭지를 확 틀었다. 그러자 휘어진 채 바닥에 놓여 있던 고무관이 마치 살아있는 뱀처럼 마구 구불거리면서 물을 이리저리 뿌려댔다. 이 와중에 카돔체프의 옷도 그만 흠뻑 젖고 말았다. 이 모습을 본 카돔체프의 아내는 팔짱을 끼며 고개를 절레절레 흔들었다.

"불안정성이 이렇게 심할 줄 미처 몰랐네요."

흥미롭게 보고 있던 비탈리 샤프라노프가 박수를 쳤다. 그리고 옷이 젖은 채 어쩔 줄 모르고 있던 카돔체프에게 웃으면서 말했다.

"아주 성공적인 실험이었습니다! 긴 고무관이 짧은 고무관처럼 일자로 곧게 뻗어 있었더라면 이런 사고가 일어나지 않았겠죠. 그런데 고무관이 구부러져 있었던 게 문제네요. 많은 양의 물이 한꺼번에 급하게 흐르다가 고무관 내부의 구부러진 곳에 부딪히며 압력을 가해 고무관이 요동치게 만들었네요. 그러니 물이 이러 저리 튀었던 것이구요."

샤프라노프는 잠시 고민하더니 말을 이었다.

"고무관은 Z-조임 장치의 플라즈마이고, 물은 플라즈마에 흐르는 전류라고 할 수 있겠군요. 플라즈마가 항상 반듯하면 괜찮겠지만 조금이라도 변화가 생겨 구불구불해지면, 플라즈마에 흐르는 전류가 구부러진 곳을 더욱 구부러지게 만드는군요. 결국 플라즈마는 원래 상태를 유지하지 못하고 불안정해지구요. 결국 Z-조임 장치는 평형은 이루었지만 불안정한 상태였던 것이었네요."*

샤프라노프는 고무관에 가늘고 긴 막대 하나를 넣었다.

"이렇게 하면 고무관이 구부러지지 않겠죠? 아니, 조금 구부러지더라도 아까처럼 그 정도로 불안정해질 것 같지는 않네요"

우리는 흥분해서 식탁을 내리쳤다. 카돔체프처럼 와인잔에 올려놓았던 체리가 모두 잔 안쪽으로 떨어졌다. 소파 한쪽에서 졸고 있던 동료들도 무슨 일인가 싶어 눈을 떴다. 이제야 비밀이 풀린 것

원통형 플라즈마에 축 방향으로 자기장을 걸어주면(오른쪽), 자기장이 없을 때(왼쪽)보다 플라즈마가 훨씬 안정적이었다.

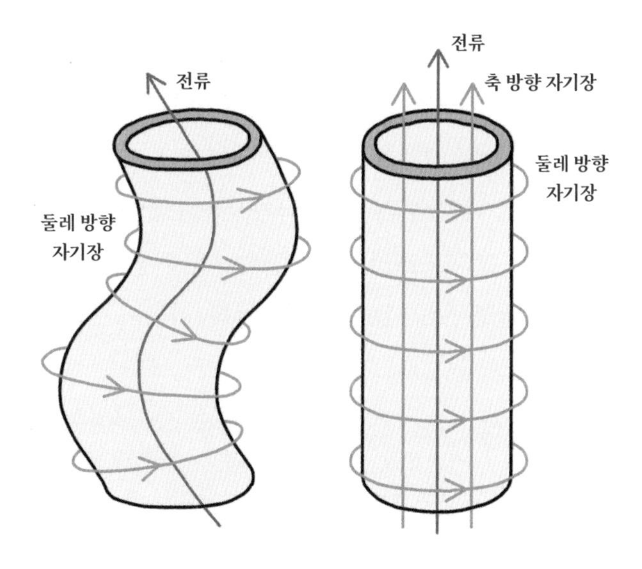

같았다. 샤프라노프 박사가 고무관에 넣은 막대기는 자기장이었던 것이다. 우리는 Z-조임 장치에 자기장을 축 방향으로 걸었을 때 플라즈마가 구불구불해지지 않고 안정적이었던 실험 결과를 기억해 냈다. 플라즈마를 관통하고 있던 자기장의 자기력선이 마치 보이지 않는 막대처럼 플라즈마가 구부러지는 것을 막아주고 있었던 것이었다.

"아무래도 란다우의 물리학자 평가표에서 카돔체프와 샤프라노프의 등급을 한 단계 올려야겠는데요."

우리는 디저트를 먹는 둥 마는 둥 서둘러 집으로 향했다. 내일부터 우리는 바빠질 것이었다.

이렇게 우리는 Z-조임 장치와 자기장 마개 장치에서 플라즈마 불안정성이 일어나는 이유를 알게 되면서 문제 해결에 한 걸음 더 다가서게 되었다. 카돔체프는 자기장이 걸린 고온의 플라즈마에서 나타나는 불안정성을 주로 연구했다. 그는 자기장 우물(magnetic well)을 이용한 플라즈마 안정화 방법을 개발하여 소련국가상을 수상했고, 레닌상과 맥스웰상을 수상했다. 샤프라노프는 플라즈마 평형과 불안정성에 대한 연구로 소련국가상을 수상했고, 카돔체프 등과 함께 레닌상, 그리고 2001년에는 알벤상을 수상했다.

카돔체프는 로젠블루스와 종종 비교되는데, 미국의 플라즈마 물

* 플라즈마는 실제로는 고무관처럼 요동치는 게 아니라, 구부러진 부분이 더욱 구부러지면서 장치 내부의 벽에 부딪쳐 사라져 버린다. 이를 '꼬임(kink) 불안정성'이라고 한다. 혹은 특정 부분의 플라즈마만 조여지면 그곳이 계속 조여져 플라즈마가 끊어지는 현상이 발생한다. 이를 '소시지 불안정성'이라고 한다.

리학자들은 보통 로젠블루스가 더 뛰어나다고 주장했다. 그러면서 카돔체프가 거울을 보며 "거울아, 거울아, 세상에서 가장 뛰어난 플라즈마 이론물리학자가 누구냐"고 물으면 거울에는 항상 로젠블루스가 보여서 실망할 것이라고 농담을 하곤 했다. 그러나 카돔체프가 로젠블루스에 못지 않게 플라즈마 물리학에 탁월한 업적을 남겼다는 점에는 이견이 없다.

자기장 마개 장치는 텔러의 말처럼 불안정성으로 고전하고 있었다. 물이 기름 위에 있는 상태와 유사한 세로홈형 불안정성이 주 원인이었다. 이런 상황에서 미하일 이오페가 획기적인 아이디어를 내놓았다. 플라즈마가 압력을 받아 자기장의 약한 부분을 뚫고 나오는 것을 막기 위해 추가 자기장을 바깥에 가해 주자는 것이었다. 자기장이 약해 플라즈마가 쉽게 뚫고 나올 수 있는 부위에 코일을 설치하고 전류를 흘려주면 그곳의 자기장이 강해진다. 그러면 뚫고 나오려던 플라즈마가 바깥쪽 코일의 강한 자기장에 의해 원래 있던 곳으로 밀려 들어갈 수 있었다.

우리와 달리 미국의 자기장 거울 장치는 이런 불안정성이 없는 듯했다. 하지만 나중에 밝혀지는데, 이는 측정의 오류였을 뿐 실제로는 미국의 자기장 장치도 불안정하기는 마찬가지였다. 그리고 이들도 세로홈형 불안정성을 제어하기 위해 이오페가 고안한 '이오페 막대 코일'을 도입했다.

자기장 거울 장치는 어느 정도 성공을 거뒀지만, 또 다른 플라즈마 불안정성과 원통의 축을 따라 빠르게 움직이는 입자들이 양쪽 끝으로 조금씩 새는 문제는 해결하지 못한 채 남아 있었다.

세로홈형 불안정성이 발생한 원통형 플라즈마.
플라즈마에 그리스 기둥 양식의 단면처럼 물결 모양의 세로홈이 나타난다.
플라즈마 내부는 자기장이 강하고(큰 알파벳 B로 표시), 플라즈마 외부는
자기장이 약해(작은 알파벳 B로 표시) 물결 모양이 계속 자라게 된다.

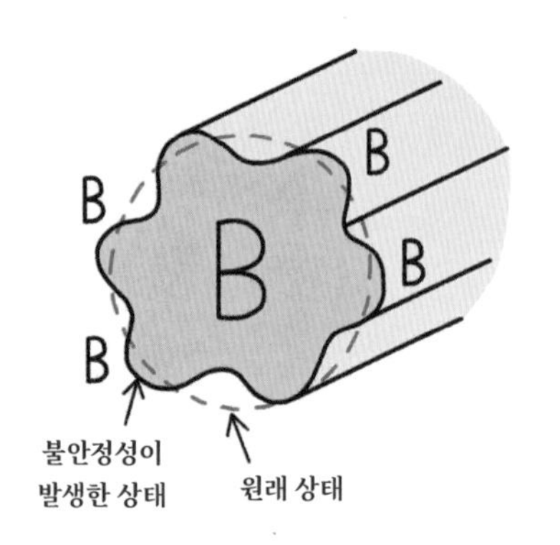

자기장 마개 장치를 만들기 위해 먼저 위 아래에 코일을 감았다(174쪽의 '자기장 마개 장치' 참조). 그리고 세로홈형 불안정성이 자라는 것을 막기 위해 수직 방향으로 이오페 막대 코일을 설치했다. 이오페 막대 코일은 플라즈마 바깥쪽에 자기장을 형성해 불쑥 튀어 나오는 물결 모양의 불안정성을 밀어 넣게 된다. 플라즈마 바깥쪽의 자기장을 크게 하는 것이다.

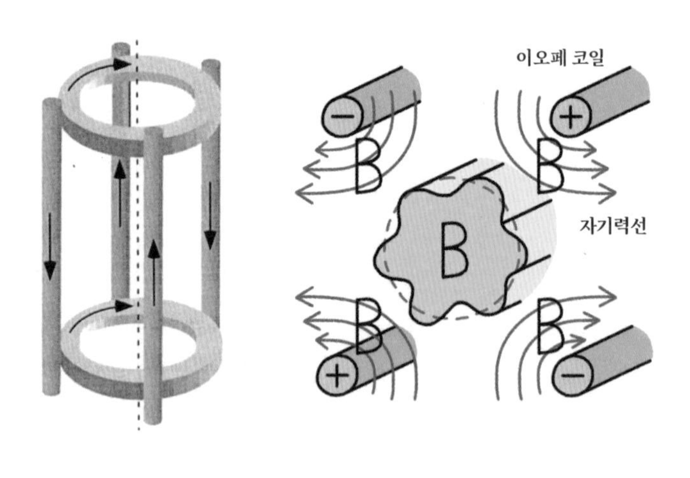

사라진 평형

"어제는 별이 졌다네
나의 가슴이 무너졌네
별은 그저 별일 뿐이야
모두들 내게 말하지만
오늘도 별이 진다네"
— 여행스케치 〈별이 진다네〉에서

이렇게 우리는 Z-조임 장치와 자기장 마개 장치가 실패한 주요 원인이 플라즈마의 불안정성 때문이라는 것을 알았다. 그런데 토러스 형태로 만든 θ-조임 장치는 불안정성과는 다른 문제를 안고 있었다. 우리 실험에서 θ-조임 장치의 플라즈마는 생성되자마자 사라져 버린 것이었다.

샤프라노프 박사는 우리에게 이 문제를 상기시켜주었다.

"오늘 제가 자전거 타이어를 하나 가져왔습니다. 바람이 빠져 있네요. 제가 공기를 넣어 보겠습니다."

타이어에 공기를 주입하자 타이어가 부풀어 오르면서 커졌다. 튜브가 굵어지면서 타이어 전체 크기도 커졌다. 다음 〔그림〕과 같이 토러스 모양인 타이어의 반경을 주반경, 튜브 단면의 반지름을 부반경이라고 하면, 주반경과 부반경이 모두 커진 것이다. 반지에 비유하면 반지가 두꺼워지면서 동시에 반지 구멍이 커져 들어가지 않던 손가락이 들어가게 된 것과 마찬가지였다.

"보통 타이어의 내부 압력이 올라가면 부반경만 커질 거라고 생각하지만 주반경도 함께 커집니다. 이와 마찬가지인데요, 토러스 장치에서 플라즈마 압력이 올라가면 도넛 모양의 플라즈마가 통통해질 뿐 아니라 주반경이 커지면서 바깥쪽으로 팽창도 하게 됩니다. 플라즈마가 통통해지면 조임 효과 장치에서는 이를 막아줄 수 있습니다. 그런데 θ-조임 장치에서는 주반경이 커지면서 바깥쪽으로 팽창하게 하는 힘은 상쇄시켜 줄 다른 힘이 없습니다. 플라즈마는 계속 밖으로 팽창하다가 결국 장치 내부의 벽에 부딪치고 마는 거지요."

토러스 내부 플라즈마의 주반경(R)과 부반경(r).
플라즈마의 압력이 높아지면 주반경과 부반경 모두 커진다.

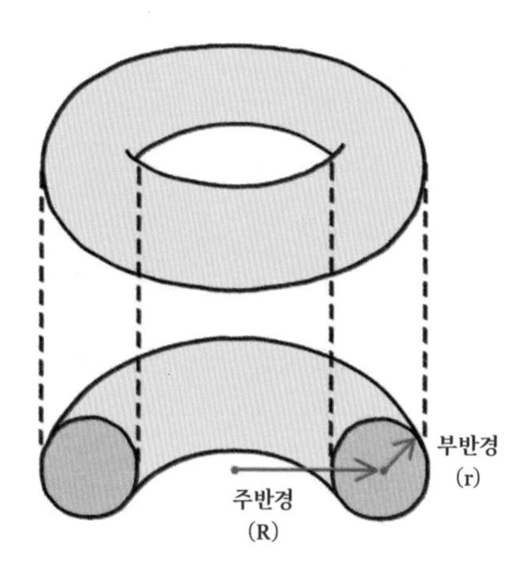

결국 평형의 문제였다. 플라즈마 온도나 밀도가 올라가게 되면, 다시 말해 압력이 높아지게 되면 플라즈마의 주반경이 커지면서 장치 내부 벽을 향해 팽창하는 힘이 작용하는데 이를 막아줄 힘이 없었던 것이었다.

어떻게 하면 이 문제를 해결할 수 있을까? 우리에게는 뭔가 혁신적인 아이디어가 필요했다.

휴가를 떠나자 꼬인 밧줄이 보였다

미국 뉴저지주의 프린스턴. 나치를 피해 미국에 온 아인슈타인은 오펜하이머의 초청으로 이곳에서 말년을 보냈다. 프린스턴에서는 아인슈타인의 생일인 3월 14일에 파이데이(π=3.14에서 유래)라는 큰 행사가 열린다. 프린스턴에 있는 고등연구소 1층에는 오펜하이머와 아인슈타인이 쓰던 방들이 남아 있다. 고등연구소는 아인슈타인 외에도 닐스 보어와 폴 디랙, 볼프강 파울리, 유카와 히데키 등 33명의 노벨상 수상자가 거쳐 간 유서 깊은 곳이다. 이곳 고등연구소에는 첫 교수진 6인 중의 한 사람이었던 존 폰 노이만과, 핵융합 이론에 커다란 업적을 남긴 로젠블루스를 비롯하여, 박정희 대통령 시절 한국의 핵무기 개발에 참여했다는 풍문으로 잘 알려져 있는 요절한 물리학자 이휘소 박사의 흔적이 여전하다.

프린스턴 시의 중심에 프린스턴 대학이 있다. 유진 위그너, 리처드 파인먼, 아서 콤프턴, 존 바딘 그리고 킵 손에 이르기까지 여러 노벨 물리학상 수상자들이 이곳을 거쳐 갔다. 게임 이론과 영화 〈뷰티풀 마인드〉의 실존 인물로 잘 알려진 존 내시도 바로 이곳 출신이다.

이 대학 천문학과에는 θ-조임 장치의 문제를 다른 관점에서 고민하던 천체물리학자가 있었다. 망원경을 지구가 아닌 우주 공간에 설치해 보자고 최초로 제안했던 라이먼 스피처였다. 그의 이런 제안은 1990년에 허블 망원경으로 실현되었고, 그의 이름을 딴 스피처 망원경도 2003년 미항공우주국 대형 망원경 프로그램의 네 번째 망원경으로 우주에 발사되었다. 스피처는 탁월한 물리학자였지만, 한편으로는 전문 산악인으로 미국 등반가 협회의 회원이기도 했다. 그는 캐나다 아유이툭 국립공원의 세계에서 가장 높은 절벽이 있는 토르산을 최초 등반할 정도로 실력 있는 등산가였다. 그의 이름을 딴 산악인 상도 있을 정도다.

프린스턴 대학은 1951년부터 수소폭탄의 이론적 토대를 마련할 '매터혼(Matterhorn) 프로젝트'를 시작했다. 우주 플라즈마를 연구하고 있던 스피처도 이 프로젝트에 참여했다. 매터혼(독일어로는 '마터호른'이라고 부른다)은 알프스 산맥에서 가장 유명한 산 중 하나로, 해발 4478미터의 높이에 스위스 쪽은 장벽처럼 경사가 심해 아이거, 그랑드 조라스와 함께 알프스 3대 북벽 중 하나로 알려져 있다. 산악인이었던 스피처가 이 프로젝트가 매우 어렵다는 의미에서 프로젝트 명을 이 산의 이름으로 하자고 제안했다고 한다.

그는 이 프로젝트에 참여하긴 했지만, 사실 수소폭탄보다는 핵융합 장치에 관심이 많았다. θ-조임 장치에서 플라즈마가 바깥 벽과 충돌해 버리는 문제에 대해 도무지 답을 찾을 수 없던 그는 모든 일을 팽개치고 콜로라도의 애스펀으로 휴가를 떠났다.* 스키 리조트로 유명한 애스펀에서 한창 스키를 즐기던 스피처가 리프트를 타고 산꼭대기로 올라가고 있을 때였다. 문득 아버지와의 통화가 떠올랐다. 그의 아버지가 1951년 6월 26일자《뉴욕 타임스》에서 아르헨티나의 핵융합 프로젝트 '우에플'에 대한 소식을 보고 전화를 한 것이었다. 발표된 연구 결과에는 미심쩍은 부분이 많았지만, 그래도 한편으로는 핵융합 장치를 하루라도 빨리 만들어야겠다는 자극은 충분히 받은 셈이었다. 머릿속은 한동안 그를 괴롭히던 문제로 옮아갔다. 그는 스키 리프트에 앉아서는 옆 사람은 아랑곳 않은 채 생각에 빠져들었다.

'원통형의 조임 장치에서 플라즈마 입자가 양쪽 끝으로 새는 문제를 해결하기 위해 원통의 양쪽 끝을 서로 연결해 토러스 형태의 장치를 만들었다. 여기에 코일을 감아 전류를 흘리면 토러스 축 방향으로 자기장이 발생한다. 토러스 용기 내부에 발생시킨 플라즈마 입자는 자기장을 따라 돌며 토러스 용기의 내부에 영원히 가두어지게 될 것이고 서로 충돌하며 핵융합 반응을 일으킬 것이다.'

그런데 문제는 이렇게 간단히 해결되지 않았다. 다음 〔그림〕과 같이 원통 장치는 솔레노이드 코일을 감으면 원통 내부에 자기장

* 한편에서는 독일 남부 바이에른의 가르미슈-파르텐키르헨으로 휴가를 떠났다는 설도 있다. 가르미슈-파르텐키르헨은 1936년 제4회 동계 올림픽이 열린 곳이자, 바그너 이후 독일 최고의 작곡가로 손꼽히는 리하르트 슈트라우스가 말년까지 머물면서 수많은 작품을 썼던 곳으로도 유명하다.

의 세기가 균일하다. 그런데 양 끝을 연결해 토러스 장치가 되면, 토러스 안지름 쪽에는 코일이 촘촘하게 감기고, 바깥지름 쪽에는 코일이 성기게 감긴다. 이렇게 되면 토러스 내부 자기장의 크기가 일정하지 않았다. 안지름 쪽으로 갈수록 자기장이 커진 것이다.

그런데 이렇게 토러스 장치 내부에 자기장이 균일하지 않으면, 당연히 자기장에 의해 입자가 받는 힘도 달라진다. 우리는 자기 마개 장치를 통해 플라즈마 입자가 자기장이 약한 곳에서 센 곳으로 이동할 때 자기장에 의해 밀어내는 힘을 받는다는 것을 알고 있다. 이와 비슷한 현상이 토러스 장치 안에서도 일어났다. 토러스 안지름 쪽의 자기장이 바깥지름 쪽보다 강하니 플라즈마 입자가 토러스 안지름 쪽에서 바깥지름 쪽으로 밀려 나가는 힘을 받은 것이다.

게다가 자기장이 토러스 내부를 고리 형태로 통과하고 있으니 입자들은 자기장을 따라 돌면서 바깥쪽, 즉 토러스 바깥지름 쪽으로 밀리는 원심력까지 추가로 받게 되었다. 원형 트랙을 도는 경주 자동차를 보면, 보통은 자기에게 주어진 트랙을 따라 도는데, 속도가 너무 빠르면 원심력에 의해 원 바깥쪽으로 밀려 다른 트랙으로 이동하기도 한다. 이와 마찬가지로. 자기장이라는 투명 트랙을 따라 달리던 플라즈마 입자들이 자기장이 큰 곳에서 작은 곳으로 작용하는 힘과 원심력을 받으면 자기장을 이탈하여 표류(drift)하는 현상이 발생한다. 이를 각각 자기장 기울기 표류(gradient drift)와 곡률 표류(curvature drift)라고 한다. 단, 이 경우 경주용 자동차들이 바깥으로 밀리는 것과 달리 양전하를 띤 이온은 자기장 트랙 위 공중으로 떠오르고 음전하를 띤 전자는 자기장 트랙 아래로 내려가는

원통형 장치와 토러스 장치에서 솔레노이드 코일을 감았을 때
자기장의 크기를 비교했다. 원통형 장치는 내부의 자기장이 일정하지만,
토러스 장치에서는 안지름 쪽이 더 강하다. 자기장을 뜻하는 알파벳 B의 크기로
자기장의 세기를 나타냈다. 원통형 장치는 가로로 놓고 수직으로 자른 단면이고,
토러스 장치는 도넛을 바닥에 놓았을 때 가로로 잘라 위에서 본 모습이다.

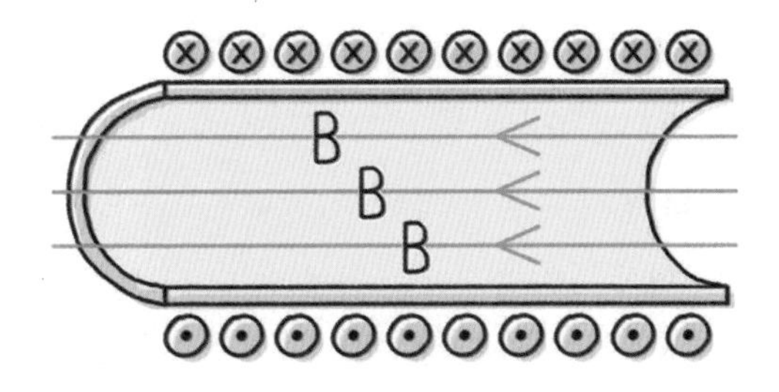

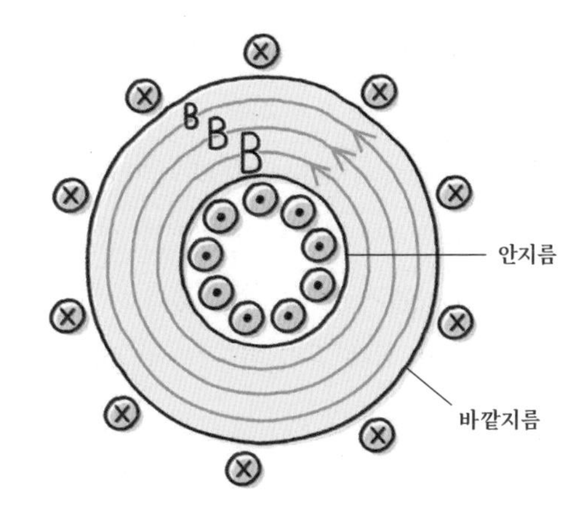

방향으로 표류하게 된다.

이처럼 이온이 도넛 용기의 위쪽으로 이동하고 전자가 아래로 이동하게 되는 표류 현상이 발생하면, 이온과 전자가 분리되면서 둘 사이에 전기장이 발생한다. 이 전기장은 이온과 전자에게 또 다른 표류를 가하게 되는데 이것을 $E \times B$ 표류라고 한다. E는 전기장, B는 자기장을 나타내고, $\times$는 벡터곱의 기호로, 'E 크로스 B'라고 읽는다. $E \times B$ 표류는 전기장과 자기장 둘 모두와 수직인 방향으로 입자를 이동시킨다. 결과적으로 그림처럼 이온과 전자는 자기장 트랙의 위쪽과 아래쪽으로 표류하다 $E \times B$ 표류에 의해 토러스의 바깥지름 쪽으로 이동하게 되고 결국 벽에 충돌하여 손실되고 만다!

'이온과 전자가 벽쪽으로 움직이는 것을 어떻게 하면 막을 수 있을까?'

스피처의 고민은 다시 문제의 원점으로 돌아갔다. 순간 리프트의 쇠줄이 눈에 들어왔다. 쇠밧줄은 단단하게 꼬여 리프트를 받치고 있었다. 문득 한 아이디어가 머리를 스치고 지나갔다.*

'혹시 장치를 이 쇠밧줄처럼 꼬아 보면 어떨까?'

만약 토러스를 꼬아 8자 형태로 만든다면? 표류 현상으로 위와 아래로 떨어져 있던 이온과 전자가 자기장을 따라 돌다가 8자 장치의 반대편에 오게 되면, 위에 있던 이온은 아래로 내려가고, 아래에 있던 전자는 위로 올라가지 않을까? 그렇게 되면 위와 아래의 위치

* 스피처가 리프트를 타다가 스텔라레이터 개념을 떠올린 것은 사실이지만, 꼬인 줄을 보고 이 생각을 떠올렸다는 것은 저자의 상상이다.

(위) 토러스 내부를 고리 형태로 통과하는 형태의 자기장에서는
토러스 안지름 쪽이 바깥지름 쪽 보다 자기장이 더 세다.
자기장의 세기는 알파벳 B의 크기로 나타냈다.
(아래) 이러한 자기장을 따라 도는 이온과 전자는 위, 아래로 분리되고 이에 따라
전기장이 발생한다. 발생한 전기장 *E*와 *B*는 표류를 야기하여 이온과 전자는
토러스 바깥지름 쪽 벽으로 이동하여 사라지게 된다.

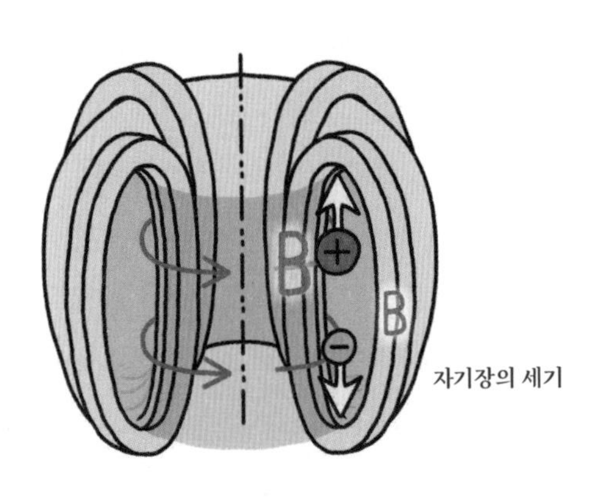

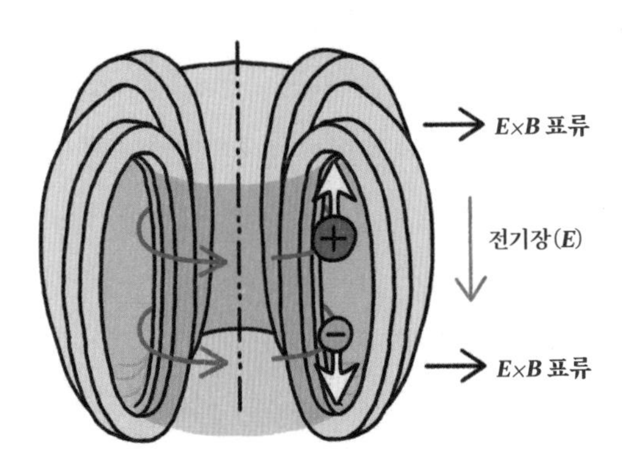

가 서로 뒤바뀔 것이다. 결과적으로 이온도 토러스의 위쪽과 아래쪽에 모두 존재하고, 전자도 아래와 위 모두 존재하게 될 것이다. 이렇게 위쪽과 아래쪽이 서로 섞이게 되면 이온과 전자가 서로 다른 쪽으로 분리되어 발생했던 전기장은 상쇄되어 없어질 것이다. 전기장이 없으면 이온과 전자를 벽으로 모는 $E \times B$ 표류도 사라질 것이다!

스피처는 플라즈마 입자의 운동이라는 관점에서 θ-조임 장치의 문제점을 봤지만, 동일한 문제를 플라즈마 평형이라는 측면에서는 다르게 바라볼 수 있다. 장치를 꼬게 되면 축 방향으로만 걸려있던 자기장이 토러스 둘레 방향의 자기장 성분도 갖게 된다.

우선 두 가닥으로 꼰 밧줄을 한 번 생각해 보자. 두 줄이 서로 꼬였다는 말은 서로 둘레 방향으로 줄을 돌려서 감았다는 의미다. 다시 말해, 축 방향에 둘레 방향이 섞인 형태가 된 것이다. 이렇게 둘레 방향으로 자기장이 생기게 되면 반경 방향으로 팽창하려는 플라즈마의 압력을 둘레 방향의 자기장이 균형을 맞추어 플라즈마 평형을 이룰 수가 있게 된다.

이렇게 스피처는 번뜩이는 아이디어로 토러스형 θ-조임 장치의 문제를 해결했고, 이제 숫자 8을 눕혀 놓은 꽈배기 도넛 모양의 스텔라레이터가 등장했다. 스피처는 모든 것을 내려 놓고 떠난 휴가에서 세상을 바꿀 새로운 추진력을 얻었다.

'학자'라는 의미의 영어 단어 '스콜라(scholar)'는 '여가'를 뜻하는 그리스어 '스콜레(σχολή)'에서 유래했다고 한다. 그에게 휴가는 한가로움이 아니라 도약을 위한 재충전이었다.

토러스를 '숫자 8' 모양으로 꼰 스텔라레이터

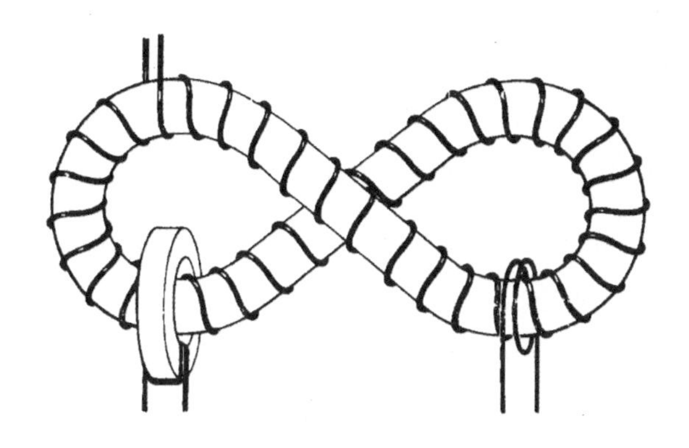

꼬여 있는 밧줄. 밧줄을 자기력선이라고 하면,
꼬인 밧줄에는 축 방향 성분과 둘레 방향 성분이 모두 들어가게 된다.

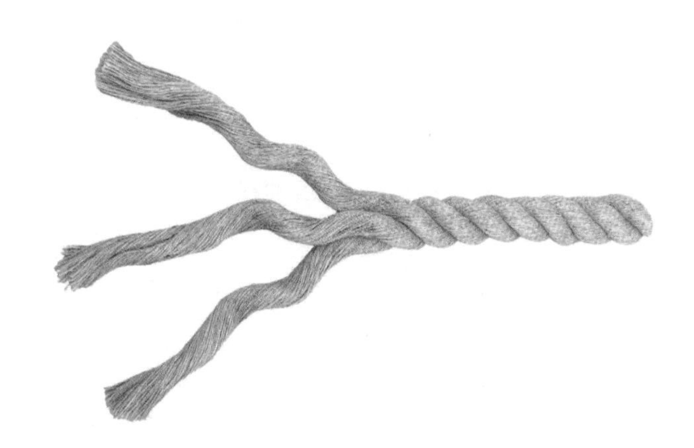

스피처는 이 아이디어로 미국 원자력 위원회(AEC · Atomic Energy Commission)를 설득해 제임스 터크의 조임 장치를 제치고 5만 달러를 지원받을 수 있었다. 이후 매터혼 프로젝트는 존 휠러가 이끄는 수소폭탄 연구를 위한 '매터혼-B(Bomb)'와 스피처가 이끄는 스텔라레이터 연구를 위한 '매터혼-S(Stellarator)'로 분리되어 추진되었다. 매터혼이라는 프로젝트명은 스피처가 지었지만, 정작 '스텔라레이터'라는 이름은 스피처가 아닌 휠러가 지었다고 한다.

존 휠러는 맨해튼 프로젝트에 참여했던 핵분열 이론의 선구자로, 원자핵 분열을 설명하는 액체방울 모델을 발전시키는 등 이론물리학에 많은 업적을 남겼다. 블랙홀을 대중에게 널리 알렸고, '웜홀(wormhole)'이라는 말을 처음 사용하기도 했다. 프린스턴 대학에 삼십년 가까이 있으면서, 수많은 물리학자를 키워냈고, 그중에는 노벨상을 받은 리처드 파인먼과 킵 손도 있다.

매터혼-S 프로젝트는 프린스턴 대학 포레스탈 캠퍼스의 한구석에 있는 실험용 토끼를 키우던 작은 건물(rabbit hutch)에서 시작했다. 이곳이 바로 현재의 프린스턴 플라즈마 물리 연구소(PPPL · Princeton Plasma Physics Laboratory)의 모태다. 노먼 매더와 로버트 밀스가 이끄는 프린스턴의 공학 그룹은 이곳에서 다양한 스텔라레이터 장치를 제작했다. 가장 먼저 만들어진 Model A 스텔라레이터는 토러스의 반경이 5센티미터, 토러스의 축 길이는 350센티미터 정도였고, 장치에 걸린 자기장은 1000가우스(0.1테슬라)였다.

스피처는 스텔라레이터의 개념을 만들어 내기도 했지만, 핵융합 장치의 플라즈마 불안정성 문제도 깊이 연구하여, Z-조임 장치에 플라즈마 불안정성이 존재할 것이라고 예측하기도 했다. 프린스턴 대학의 크로스컬과 슈바르츠실트가 불안정성에 대한 연구를 시작한 것도 그의 영향이 컸다. 이외에도 스피처는 플라즈마 가열과 플라즈마에 불순물이 유입되는 문제에 대해서도 선구적으로 연구를 진행했다. 그는 프린스턴 플라즈마 물리 연구소의 초대 소장을 지냈으며 맥스웰상의 첫 번째 수상자의 영예를 안았다.

그러나 스텔라레이터는 초기의 기대와 달리 장치 구조가 3차원적으로 복잡해 이후 주목할 만한 진전을 이루지 못했다. 그러다 1998년과 2015년에 각각 운전을 시작한 일본의 LHD(Large Helical Device)와 독일의 벤델슈타인 7-X에 이르러 큰 발전을 이루게 된다.

영국을 방문한 소련 원자폭탄의 아버지

아르치모비치가 다시 회의를 소집했다. 미국의 스텔라레이터 소식에 초조해 있던 우리는 또 어떤 소식이 전해질지 궁금했다.

"여러분도 들으셨겠지만, 1956년에 니키타 흐루쇼프(예전, 흐루시초프) 서기장과 니콜라이 불가닌 총리가 영국을 방문했습니다. 수행원 중에는 여러분이 잘 아는 턱수염 과학자도 있었죠. '소련 원자폭탄의 아버지', 이고리 쿠르차토프입니다. 그는 원자폭탄을 개발하기 전에는 수염을 깎지 않겠다고 했지만 1949년 8월 29일 '첫 번째 섬광(First Lightning)'이라 불린 원자탄 실험에 성공한 후에도 계속 턱수염을 길렀죠. 쿠르차토프는 그후에도 세계 최초의 원자력 일본의 LHD(위)와 독일의 벤델슈타인 7-X(아래)의 외부(왼쪽)와 내부(오른쪽) 모습. 두 장치 모두 내부가 심하게 꼬여 있다.

발전소 APS-1 오브닌스크의 건설도 주도했습니다. 모스크바 인근에 있던 이 발전소에서는 1954년 6월 27일에 원자력 발전소로는 세계 최초로 전력망에 전기를 공급했습니다.

중요한 점은 쿠르차토프가 영국 방문 중에 소련의 지도자들과 함께 콕크로프트가 소장으로 있는 하웰의 원자력 에너지 연구기관을 방문했다는 것입니다. 핵융합 연구가 여러 국가에서 극비리에 진행되고 있지만, 쿠르차토프는 핵융합의 성공을 위해서는 국가들이 힘을 합쳐야 한다고 늘 말해 왔습니다. 이를 위해 먼저 소련의 연구 결

냉전 중에 영국을 방문한 쿠르차토프. 가운데 검은 머리에 턱수염을 기르고 있는 사람이 쿠르차토프다.

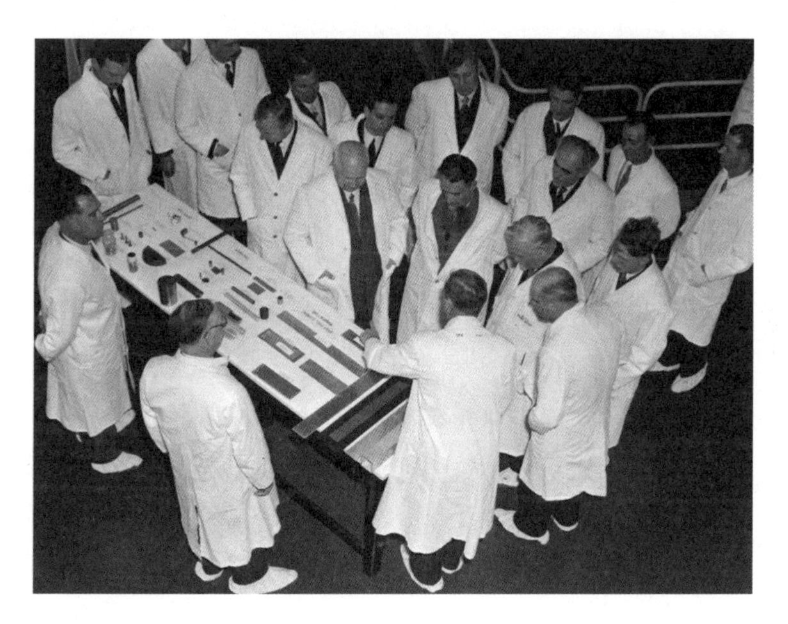

과부터 공개해야겠다고 마음먹고 영국의 하웰을 방문해서 그동안 우리가 진행해 왔던 핵융합 연구를 소개했습니다. "기체 방전에서 핵융합 반응의 발생 가능성"이란 제목으로 발표를 한 것입니다."

우리는 쿠르차토프가 우리의 연구 결과를 공개적으로 발표했다는 데 놀랐고, 핵융합의 성공을 위해 국제 협력이 필요하다는 것을 강조한 그의 대담함에 다시 한 번 놀랐다.

"쿠르차토프의 발표를 들은 영국의 과학자들은 자신들의 연구와 비슷한 활동이 소련에서 이미 진행되고 있다는 점에 굉장히 놀랐다고 합니다. 쿠르차토프 또한 하웰에서 깊은 인상을 받았습니다."

마법의 튜브

영국의 하웰에서는 소너맨이 불안정성 문제에 직면해 있었다. 그는 작은 Z-조임 장치로 여러 실험을 하고 있었는데, 정확한 원인은 몰랐지만, 자기장을 축 방향으로 걸게 되면 플라즈마가 안정해지는 것을 경험적으로 파악하고 있었다. 그는 하웰의 원자력 에너지 연구기관에서 핵융합 실험을 총괄하면서 이 문제를 계속 살펴보고 있었다. 그 와중에 미국에서 날아 온 크러스컬과 슈바르츠실트의 불안정성 연구에 대한 소식은 마치 단비와 같았다. 그동안 풀지 못했던 수수께끼에 대한 답이 마침내 얻어진 것이었다.

한편 임페리얼 칼리지의 조지 톰슨은 핵융합로 특허를 출원하고 대형 핵융합 장치를 건설해야 한다고 정부에 계속해서 제안을 하고 있었다. 그의 노력은 마침내 결실을 얻어 드디어 1954년에 20만 파운드를 지원받을 수 있었다. 프로젝트의 이름은 Zero Energy Thermonuclear Assembly, 줄여서 ZETA라고 불렸다. 'Zero Energy'라는 말은 당시 원자력 산업계에서 실제 에너지는 생산하지 않고 반응만 일으켜 연구에 활용하는 작은 반응로를 가르키는 용어였다. 1945년 시작된 캐나다 초크리버 연구소의 세계 첫 중수 원자력 발전소 중 하나인 ZEEP(Zero Energy Experimental Pile)와 같은 역할을 기대하고 지은 이름이었다. ZETA는 핵분열 물질에 중성자를 제공할 수 있는 중성자원 역할도 할 수 있을 것이라는 고려도 있었다.

장치의 건설은 콕크로프트의 지휘로 하웰의 원자력 에너지 연구기관이 맡았다. ZETA의 설계는 쿠르차토프가 하웰을 방문한 1956년에 완성되었다. ZETA는 기본적으로 Z-조임 장치였는데, 여기에 플라즈마 안정성을 높이기 위해 토러스 축 방향으로 자기장을 추가해서 결과적으로는 Z-조임 장치와 θ-조임 장치를 결합한 형태로 설계되었다. 알루미늄으로 제작된 토러스는 전체 지름이 3미터, 구멍 지름이 1미터로 당시 세계 최대 규모의 핵융합 장치였다. 콕크로프트는 "(몇 달 전 소련이 쏘아 올린 인공위성) 스푸트니크보다 대단한 성취"라며 자랑했고, 엘리자베스 2세가 하웰을 직접 방문해서 이 장치를 보고 갔을 정도로 ZETA에 대한 영국인의 기대는 엄청났다. 프랑스의 일간지《르 몽드》는 ZETA를 '마법의 튜브'라고 부르며, "핵융합 에너지를 이용할 첫 발걸음"을 내디뎠다고 놀라워했다.

아르치모비치는 말을 이었다.

"영국에는 ZETA가 있고, 미국에는 스텔라레이터가 있습니다. 여러분은 짧은 시간에 많은 성과를 이뤄냈지만, 이제는 조금 더 분발할 때가 된 것 같습니다."

사하로프 박사가 손을 들고 자리에서 일어났다.

"이고리 탐 교수와 저에게는 1950년 라브렌티예프의 논문을 본 이후로 계속 고민해 온 장치가 있었습니다. 그동안 여러분들과 함께 연구하면서 많은 아이디어를 얻게 되어 머릿속에 있던 이 장치의 개념을 거의 완성하게 되었습니다. 이제 여러분과 그 결과를 공유하고자 합니다.

우리는 토러스 장치를 선택했습니다. 그리고 불안정성을 막기 위해 토러스 축 방향으로 자기장을 걸기로 했습니다. θ-조임 장치와 비슷하죠. 그런데 θ-조임 장치는 토러스 형태로 만들면 문제가 발생했습니다.

스피처의 스텔라레이터는 장치를 꼬아서 이 문제를 해결했습니다. 그런데 저는 스피처와 달리 장치를 꼬지 않고도 이 문제를 해결해보고자 했습니다. 바로 토러스 둘레 방향으로 새로운 자기장을 거는 것입니다. 이렇게 되면 토러스 내부에는 축 방향과 둘레 방향 자기장이 함께 걸리게 되면서 자기장은 마치 밧줄 또는 이발소의 간판 기둥처럼 꼬인 형태가 됩니다.

이온과 전자는 자기장을 따라 도는 특성이 있으므로 꼬인 자기

축 방향과 둘레 방향 자기장이 합쳐져 생긴 꼬인 형태의 자기장

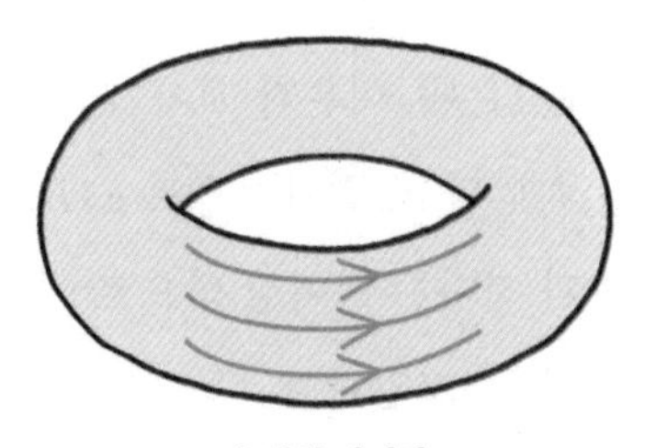

축 방향 자기장

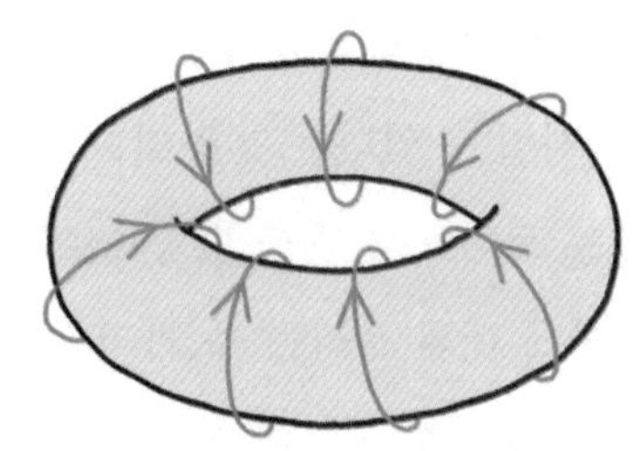

둘레 방향 자기장

꼬인 형태의 자기장

장을 따라서 이동할 것입니다. 결국, 위로 움직이던 이온과 아래로 움직이던 전자가 꼬인 자기장을 따라 돌면서 서로 섞이게 됩니다. 토러스 둘레 방향 자기장이 없을 경우에는 이온과 전자가 위아래로 서로 분리되어 생긴 전기장이 $E \times B$ 표류를 만들어 이온과 전자를 장치 벽으로 이동시켰는데, 이온과 전자가 섞이게 되니 전기장이 더이상 발생하지 않게 되고, 결과적으로 $E \times B$ 표류가 발생하지 않게 되겠죠. 즉, 이온과 전자는 더이상 벽으로 이동하지 않고 도넛 용기 내부에 가두어지게 될 것입니다.

그런데 어떻게 토러스 둘레 방향으로 자기장을 만드냐구요?

우리는 이미 토러스 축 방향으로 전류를 흘리면 토러스 둘레 방향으로 자기장을 발생시킬 수 있다는 것을 알고 있습니다."

"그렇다면 두 번째로 토러스 내부 축 방향으로 전류는 어떻게 흘릴 수 있을까? 이 질문에 대해 우리는 두 가지 방법을 생각했습니다. 1951년이었죠. 첫 번째는 토러스 내부에 축 방향으로 코일을 넣는 것이고, 두 번째는 토러스 내부 플라즈마에 축 방향으로 전류를 유도하는 것이었습니다. 첫 번째 방법은 코일을 플라즈마 내부에 넣게 되니 코일이 손상될 수 있고 플라즈마가 오염된다는 문제가 있습니다. 두 번째 방법은 토러스 Z-조임 장치에서 전자기 유도를 통해 이미 여러분과 함께 성공시켰습니다. 접시 위에 나란히 두었던 도넛 두 개가 생각나시죠? 시간에 따라 변화하는 전류를 중심부 솔레노이드에 걸면 플라즈마 내부에 전류가 유도되어 토러스 둘레 방향의 자기장이 만들어질 것입니다."

"우리는 중수소-중수소 반응을 이용하는 주반경 12미터, 부반경

1. 토러스 내부에 고리 모양으로 휘어 있는 자기장이 걸리면
   자기장이 내부로 갈수록 커진다. 이온은 위로, 전자는 아래로 이동하여
   서로 분리된다.
2. 이온과 전자의 분리되어 전기장이 발생하고 이 전기장이 이온과 전자를
   토러스 바깥지름 쪽으로 밀어내는 *E*×*B* 표류를 야기한다.
3. 중심부 솔레노이드에 시간에 따라 변화하는 전류를 흘려주면 플라즈마 내부에
   전류가 유도되고 토러스 둘레 방향 자기장을 발생시킨다.
   그러면 원래 있던 축 방향 자기장에
   둘레 방향 자기장이 합쳐지면서 꼬인 형태의 자기장이 된다(오른쪽 그림).
   이온과 전자가 이 자기장을 따라 돌면 위아래가 서로 섞이게 되어
   전기장이 사라지고 결과적으로 *E*×*B* 표류가 발생하지 않는다.

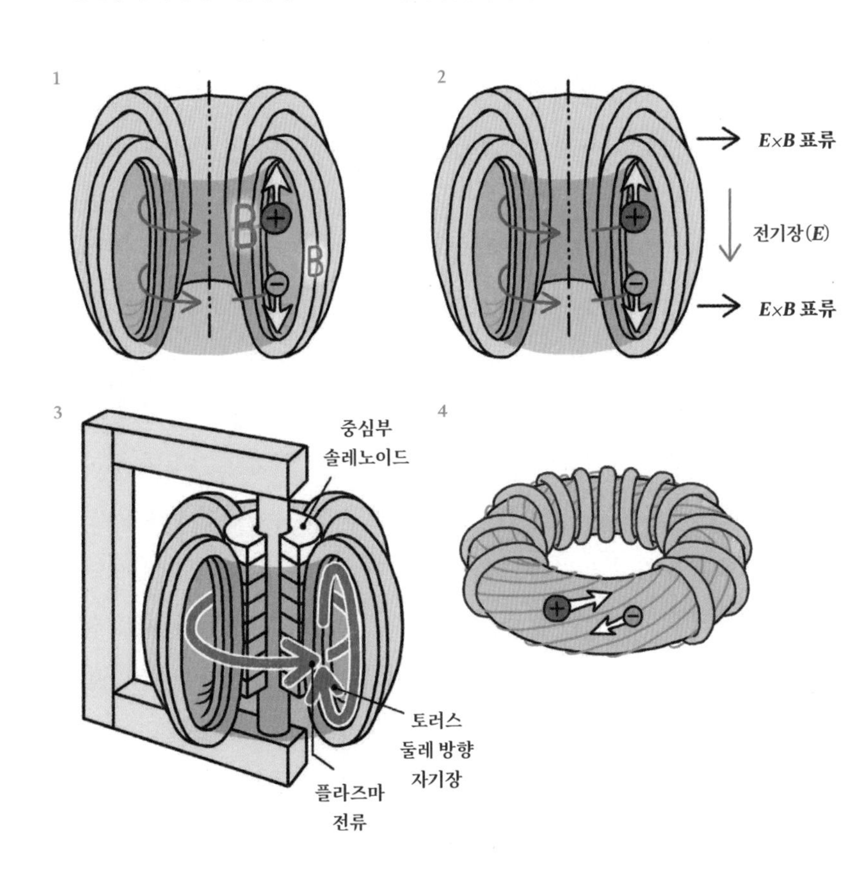

2미터, 자기장 5테슬라의 900메가와트급 장치를 생각해 보았습니다. 이름도 MTR(Magnetic Thermonuclear Reactor)이라고 지었죠. 장치를 만들게 되면 플라즈마 밀도는 $3\times10^{20}\ m^{-3}$, 이온 온도는 100킬로전자볼트에 달할 것입니다."

아르치모비치의 질문이 이어졌다.

"정말 흥미로운 생각입니다. 그런데 사하로프와 탐 박사님이 제안한 장치는 우리가 그동안 실험을 진행해 온 토러스 조임 장치와 어떤 점이 다른 걸까요? 우리는 이미 토러스 형태의 Z-조임 장치에 축 방향으로 자기장을 걸어 좀 더 안정한 플라즈마를 얻을 수 있었습니다. Z-조임 장치에는 원래 축 방향으로 흐르는 플라즈마 전류가 둘레 방향으로 자기장을 만들어 줍니다. 여기에 플라즈마 불안정성을 막고자 축 방향 자기장을 추가했습니다. 따라서 박사님이 말씀한 장치처럼 토러스 축 방향과 둘레 방향 모두 자기장이 존재합니다. 생각의 출발점은 서로 달랐지만, 결과적으로는 둘이 동일한 장치가 아닌가요?"

맞는 말이었다.

"정확하게 보셨습니다. 맞습니다. 말씀하신 대로 그동안 우리가 머리를 맞대고 함께 연구한 토러스 조임 장치는 축 방향과 둘레 방향 모두 자기장을 가지고 있다는 측면에서 제가 탐 교수와 제안한 장치와 동일합니다. 장치 내부에서는 축 방향 자기장과 둘레 방향 자기장이 따로 존재하지 않고 서로 합쳐져 꽈배기처럼 꼬인 형태가 될테니 Z-조임 장치 보다는 '꼬임 조임 장치(screw pinch)'라고 부를 수도 있겠네요.

그런데 저희가 제안하는 장치는 기존 장치와 몇 가지 다른 점이 있습니다. 여러분은 샤프라노프 박사가 보여 주었던 타이어 실험을 기억할 겁니다. 타이어에 공기를 주입하는 경우와 마찬가지로 토러스 내부의 플라즈마의 압력이 올라가게 되면 플라즈마가 바깥지름 쪽으로 팽창하게 됩니다. 우리는 둘레 방향 자기장을 만들어 이 힘을 상쇄시켜 주려고 했습니다. 하지만 엄밀하게 따져보면 이 자기장 만으로는 플라즈마의 팽창력을 막기가 쉽지 않음을 알게 되었죠. 따라서 저희는 플라즈마의 위치 그리고 심지어 모양도 조절할 수 있는 코일을 추가하였습니다."

사하로프는 칠판에 그림을 그리기 시작했다.

"자, 그럼 제가 생각한 장치를 이 칠판에 그려 보겠습니다.

1. 우선 토러스 모양의 진공 용기를 만듭니다.
2. 토러스 둘레 방향으로 코일을 감습니다. 그러면 토러스 축 방향으로 자기장이 만들어 집니다.
3. 토러스 가운데에 중심부 솔레노이드를 넣습니다. 이 솔레노이드에 교류를 흘려주면 전자기 유도 현상에 의해 플라즈마에 전류가 유도됩니다. 유도된 플라즈마 전류는 토러스 둘레 방향으로 자기장을 형성합니다.
4. 토러스 주위에 추가로 코일을 감습니다.

우리는 두 개의 도선이 나란히 있을 때 같은 방향으로 전류가 흘리면 서로 잡아당기는 힘이 작용하고, 서로 다른 방향으로 전류를

토카막의 개념도

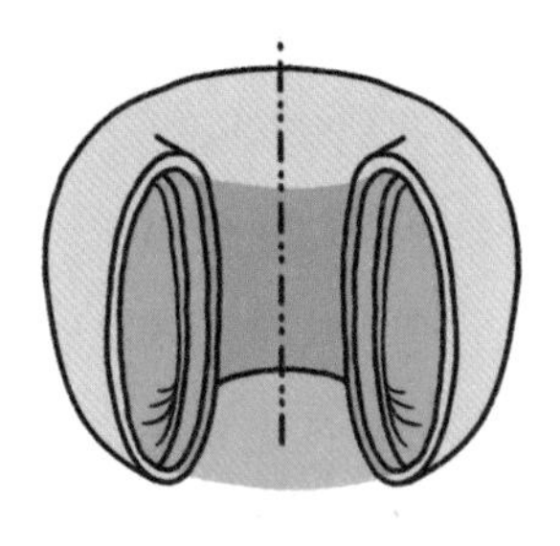

1. 토러스 모양의 진공 용기를 만든다.

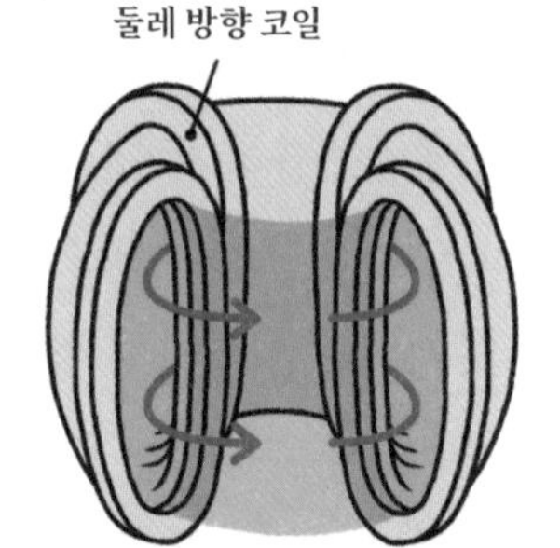

2. 토러스 둘레 방향으로 코일을 감으면 토러스 축 방향으로 자기장이 형성된다.

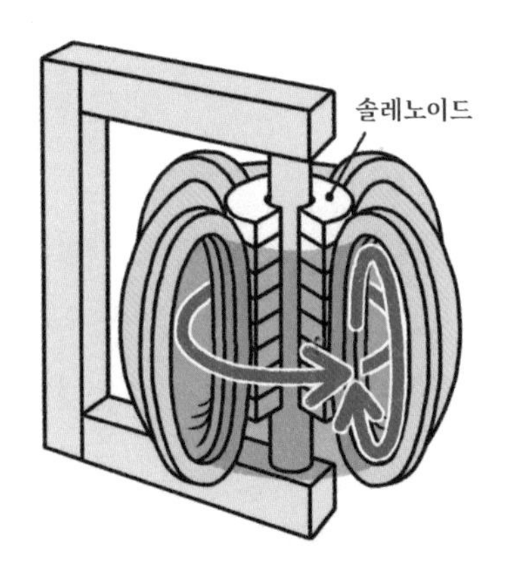

3. 토러스 중심부에 코일을 감아 전자기 유도로 플라즈마에 전류를 발생시킨다. 플라즈마 전류에 의해 토러스 둘레 방향으로 자기장이 형성된다.

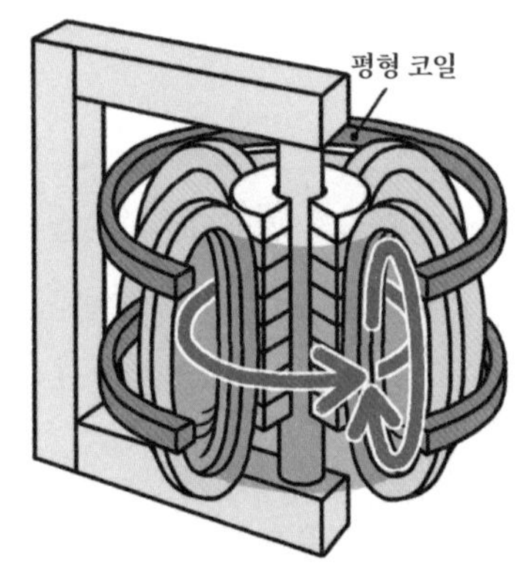

4. 토러스 바깥에 평형 코일을 감는다. 평형 코일에 의해 플라즈마가 팽창하거나 수축하는 힘을 막아 평형을 만들어 준다. 평형 코일에 플라즈마 전류 방향와 반대 방향으 전류를 흘려주면 플라즈마를 안쪽으로 밀어 넣을 수 있다.

흘리면 서로 밀어내는 힘이 작용한다는 것을 알고 있습니다. 샤프라노프 박사의 타이어 실험처럼, 플라즈마의 압력이 높아지면 플라즈마가 밖으로 팽창하려고 할 겁니다. 이때 우리는 토러스 바깥쪽에 추가로 감은 코일에 플라즈마와 반대 방향의 전류를 걸게 되면 플라즈마를 안쪽으로 밀어 넣을 수 있을 겁니다. 플라즈마가 팽창하거나 수축하는 힘을 막아 플라즈마 평형을 유지시켜 줄 수 있다는 의미에서 추가로 설치한 이 코일을 '평형 코일'이라고 부르겠습니다."

참 놀라운 아이디어였다. 그때 누군가 손을 들었다. 아르치모비치가 첫 번째로 제시했던 핵융합 연료를 고르는 문제를 풀 때 큰 활약을 했던 골로빈이었다.

"역시 사하로프와 탐 박사님입니다. 그런데 혹시 토러스 축 방향 자기장과 둘레 방향 자기장의 상대적 크기에 차이를 두는 것은 어떨까요? 보통 토러스 꼬임 조임 장치에서는 토러스 둘레 방향 자기장이 축 방향 자기장 보다 크기가 큽니다. 그런데 이 장치에서는 반대로 축 방향 자기장을 둘레 방향 자기장 보다 크게 만들어 보는 것은 어떨까요?"

탐 박사가 대답했다.

"참 좋은 제안입니다. 골로빈 박사님은 장치의 안정성을 더 크게 확보하자는 말씀이시지요? 우리는 카돔체프의 고무관 실험에서 고무관에 막대를 넣어 불안정성을 막았던 것을 기억합니다. 이처럼 축 방향 자기장을 둘레 방향 자기장보다 크게 만든다면 플라즈마를 더욱 안정하게 할 수 있을 겁니다. 골로빈 박사님 말씀대로 하면 이 새로운 장치는 토러스 꼬임 조임 장치보다 큰 안정성을 갖게 될 것입니다."*

미국과 영국이 앞서 나가고 있어 낙담해 있던 우리에게 사하로프와 탐의 장치는 새로운 돌파구를 마련해 주었다. 그리고 '사고의 용광로'에서 토론을 통해 서로 다른 관점의 생각들을 결합하면서 이 장치를 한 차원 더 발전시켜 가고 있었다.

"우리는 처음에 이 장치의 이름을 MTR이라고 짓긴 했지만, 여러 분과의 논의를 통해 새로운 장치가 되었으니 여러분이 새 이름을 제안을 해주면 좋을 것 같습니다."

우리는 다양한 이름을 제시했다. 그중 골로빈의 아이디어가 단연 돋보였다.

"토카막(Tokamak)으로 하는 건 어떨까요? 우리 소련말로 'тороидальная камера с магнитными катушками'**, 즉 '자기장 코일이 감긴 토러스 형태의 용기'란 뜻이죠. 토카막이 좀 어색하면 토코막(Tokomag)도 좋겠습니다."

사하로프는 만족해 하며 말했다.

"괜찮은 이름이네요. 토카막이 좋을 것 같습니다. 골로빈 박사님

* 토러스 축 방향의 자기장과 둘레 방향의 자기장의 비율은 장치의 안전성과 연관된다는 의미의 '안전 계수(safety factor)'를 결정하는 주요 변수다. 이 값이 토카막과 토러스 형태 조임 장치의 가장 큰 차이가 되었다.

** 영어로는 'toroidal chamber with magnetic coils', 즉 '자기장 코일을 가진 토러스 형태의 용기'다. 토카막은 'тороидальная камера с аксиальным магнитным полем'의 약자로 보기도 한다. 이 경우에는 'toroidal chamber with axial magnetic field', 즉 '축 방향 자기장을 가진 토러스 형태의 용기'가 된다.

은 역시 이름을 잘 지으시네요.”

1957년 이렇게 사하로프와 탐이 제안한 장치의 이름이 지어졌다. ‘토카막’의 등장이었다.

아르치모비치는 이 장치를 만들기로 결정했다. 우리에게는 이 장치를 지을 만한 훌륭한 엔지니어가 필요했다. 물리학자들은 좋은 아이디어를 내기는 하지만, 장치가 그들의 머릿속에 있는 그대로 실현될 수 있을 거라고 착각하곤 한다. 현실 감각이 부족하달까.

중국에서 미국으로 유학왔던 리정다오와 양전닝은 운전면허가 없어 로젠블루스에게 운전교육을 부탁했다고 한다. 로젠블루스는 다음 주말에 하자고 했고 미시간 호수 길에서 두 사람을 만났다. 그런데 사실 당시 로젠블루스도 운전을 한 적이 없었다. 예전에 본인의 아버지에게 말로만 운전 방법에 대한 얘기를 들은 적이 있었고, 그대로 두 사람에게 ‘이론적으로’ 운전을 가르쳤다고 한다.

부부가 모두 핵융합 플라즈마 분야의 명망있는 이론물리학자였던 이들의 이야기가 있다. 그들은 어느 날 TV가 작동하지 않는 것을 알게 되었다. 원인을 파악하기 위해 물리적으로 따져보고 몇 페이지나 수학 계산을 해보았다고 한다. 그러다 한참 후에 원인을 찾았다. 리모컨의 건전지가 나간 것이었다.

저자도 독일 유학 시절 한 가정의 이사를 도운 적이 있었다. 그런데 가구가 커서 문을 통과해 방으로 들어갈 수 있는지 애매했다. ‘이 가구가 저 문을 통과할 수 있을까?’ 저자와 또 다른 물리학 전공자는 여기저기 자로 재고 종이에 도형을 그려가며 문제를 풀고 있었다. 그 때 ‘휙’ 하고 가구가 우리 곁을 지나 방으로 들어갔다. 함께 이사를 돕던 성악 전공 학생들이 그냥 들어 옮겼던 것이다. 그들은 우리에게 말했다. "뭘 그리 고민해요?" 우리는 머리만 긁적이며 멍하니 쳐다보았다.

결론적으로 얘기하자면 이런 문제에 당면했을 때에는, '왜 그럴까?'라는 과학자의 이론이나 수학자의 계산보다 '어떻게 문제를 해결하지?'라는 공학적 접근이 필요했던 것이다. 아니면 예술가의 육감이라던지.

"혹시 모스크바 전력 기술 연구소에서 발전소 설계와 건설에 경험이 많은 나탄 야블린스키는 어떨까요?"

아르치모비치는 야블린스키에게 장치의 제작을 맡겼다. 야블린스키는 우리와 밀접하게 교류하며 장치 설계를 시작했다. 골로빈과 야블린스키는 토러스 축 방향의 자기장 세기가 둘레 방향의 자기장보다 크도록 설계의 방향을 잡았다. 이렇게 1958년에 첫 번째 토카막 장치가 완성되었다. 이름은 T-1이었다.

야블린스키는 토카막을 만든 공으로 1958년에 레닌상과 스탈린상을 받았다. 그는 T-1을 통해 우리 팀의 아이디어가 작동하는 것을 확인하고는, 더 큰 규모의 T-3 설계에 바로 착수했다. 스피처의 스텔라레이터가 인상적이었던 쿠르차토프는 야블린스키에게 T-3 대신 스텔라레이터를 만들어 보자고 요청했지만, 우리는 쿠르차토프를 설득해 T-3에 집중하기로 결정했다. 그러나 야블린스키는 T-3의 완공을 보지 못한 채 1962년 7월 28일 가족과 함께 소치로 가던 중 불의의 비행기 사고를 당하고 말았다.

사하로프는 이후 핵실험에 의한 방사능 오염의 참상을 목격하

세계 최초의 토카막 장치 T-1. 1958년 모스크바의 쿠르차토프 연구소에서 만들어진 T-1은 구리로 만든 진공 용기에서 부피 0.4 m³의 플라즈마를 발생시켰다.

1987년 소련은 당시 소련을 대표하는 과학기술을 세 가지를 선정하여 기념 우표를 발행했다. (왼쪽부터) 'T-15 토카막', 세계에서 가장 깊게 파고 들어간 '콜라 시추공', 우주로부터 오는 신호를 측정하는 '라탄-600 전파망원경'이다.

면서 핵무기와 핵실험에 반대 입장을 표명하기 시작했고, 소련의 인권 운동에도 앞장서서 참여했다. 노르웨이의 노벨 위원회는 이런 사하로프를 '인류 양심의 대변인'이라 평가하여 1975년에 노벨 평화상을 수여했다. 하지만 소련 정부가 그의 출국을 허용하지 않아 아내가 노벨상 수상식에 대신 참석할 수밖에 없었다. 소련 정부에 의해 탄압받던 사하로프는 1986년에야 복권되었고, 유럽에서는 1988년에 그를 기려 인권과 자유 향상에 기여한 개인이나 단체에게 수여하는 사하로프상을 만들었다. 이고리 탐은 원자로에서 나오는 푸른빛인 체렌코프 방사선을 이론적으로 해석하여 1958년에 노벨 물리학상을 수상하였다. 최초의 토카막 장치인 T-1이 운전을 시작한 해였다.

마법의 끝

쿠르차토프가 하웰을 방문한 이듬해인 1957년 8월, 드디어 ZETA의 운전이 시작되었다. 플라즈마 불안정성을 줄이기 위해 토러스 축 방향으로 400가우스(0.04테슬라) 정도의 자기장을 가했다. 운전을 시작한 지 얼마 되지 않아 20만 암페어의 플라즈마 전류를 달성했고, 중수소 플라즈마는 0.004초 정도 유지되었다. 플라즈마 전류가 8만 4000암페어 정도에 도달했을 때 중성자가 감지되기 시작했다. 연구자들은 중성자가 핵융합 반응의 부산물일지도 모른다는 생각에 흥분하기 시작했다.

그러나 그들은 작년에 하웰을 방문하며 남겼던 쿠르차토프의 경고를 떠올렸다. 쿠르차토프는 핵융합 실험 중 중성자를 검출할 수 있지만, 이온의 온도를 모르는 상황에서는 중성자가 핵융합의 부산물이라 단언할 수 없다고 강조했다. 실제로 1952년 우리 'Laboratory No. 2'의 초기 Z-조임 장치 실험에서도 중성자를 검출하였다. 중성자는 플라즈마에 흐르는 전류가 높을수록 많이 발생했고, 특정 플라즈마 압력 범위 내에 있을 때 생겨났다. 중수소-삼중수소와 중수소-중수소 핵융합 반응에서 중성자가 발생하기는 하지만, 사실 핵융합 반응을 통하지 않고도 중성자가 발생할 수 있었다. 플라즈마 불안정성이 그 요인으로 대두되었다.* 그러던 중 ZETA의 존재와 중성자 검출 소식이 조금씩 언론에 새어 나가기 시작했다. 공식적인 대응이 필요했다.

1958년 1월 25일, 소너맨은《네이처》에 ZETA의 실험 결과를 발표했다. 검출된 중성자에 대해서는 매우 조심스럽게 접근했다. ZETA의 실험 결과에 언론은 대대적인 관심을 보였고, 하웰을 이끌던 콕크로프트가 기자 회견을 열었다. 그러나 그는 회견 도중 기자들의 유도 질문에 휘말려 ZETA에서 검출된 중성자가 핵융합에서 얻어진 것임을 확신한다는 부주의한 발언을 하고 말았다.

이 소식은 곧 우리에게도 전해졌다. 아르치모비치를 비롯한 우

* 실제로 불안정성에 의해 가속된 이온이 빔-표적 핵융합 반응을 일으킬 확률은 매우 낮다. 그보다는 고전압 방전을 일으켜 플라즈마를 만들 때 고에너지 전자가 발생하는데, 그 전자가 장치의 내벽과 충돌해 생겨난 고에너지 감마선에 의해 중성자가 발생할 수 있다.

리는 ZETA의 결과에 의문을 품었다. 5000만 도에서 핵융합 반응을 일으키는 것은 쉽지 않기 때문이었다. 미국의 스피처 또한 같은 의견이었다. 결국 검출된 중성자는 핵융합 반응에서 나온 것이 아니라는 것이 밝혀졌다. 이온의 온도가 핵융합 반응을 일으키기에는 너무 낮았던 것이었다. 이 사건을 계기로 안타깝게도 ZETA에 대한 지원은 중단되고 말았다. 그리고 하웰의 핵융합 연구 그룹은 컬햄으로 이전하여 오늘날에 이르게 된다.

스위스에 걸린 슬로건

"네 시작은 미약하였으나 네 나중은 심히 창대하리라."
—《구약성서》'욥기' 8장 7절

노르망디 상륙 작전을 성공시켜 제2차 세계 대전을 승리로 이끌고 미국의 대통령이 된 드와이트 아이젠하워는 1953년 12월 8일 UN에서 "평화를 위한 원자력(Atoms for Peace)"을 제창했다. 이제는 원자력을 전쟁이 아닌 평화적으로 활용하자고 주장하면서, 전 세계 원자력 기술의 공동 협력을 추진할 국제 원자력 기구(IAEA · International Atomic Energy Agency)의 결성을 제안하였다.

이를 계기로 1955년 8월 8일 스위스 제네바에서 제1회 원자력 에너지의 평화적인 이용을 위한 UN 국제학회가 열렸다. 이 학회에는 당시 규모로는 역대급인 2만 5000명 이상이 참석하였다. 그런데 이 학회에서 핵융합은 의제로 채택되지 않았다. 학회의 의장은 '인도 원자력의 아버지' 호미 바바가 맡았는데 그는 비록 이번 학회는 핵분열만 다루고 있지만 우리의 미래는 핵융합에 있을 것이라고 언급하면서, 앞으로 20년 이내에 핵융합 에너지를 제어할 수 있는 방법을 발견하게 될 것이라는 의미심장한 발언을 하였다.

이로부터 2년 후인 1957년 7월 29일에 IAEA가 결성되었고, 이듬해인 1958년 9월 1일부터 13일까지 스위스 제네바에서 제2회 원자력 에너지의 평화적인 이용을 위한 UN 국제 학회가 열렸다. 여기에는 핵융합이 학회의 주요 의제 중 하나로 채택되었다. ZETA 결과가 《네이처》에 발표되고 얼마 지나지 않아서였다. 그동안 극비리에 진행되던 핵융합 연구에 대해 국제 협력의 필요성을 주장했던 쿠르차토프의 꿈이 실현된 것이었다. 이 학회에는 2150편의 논문이 발표되었는데, 그중 핵융합 논문은 105개였다. 당시 많은 저명한 학자들이 이 학회에 참석했는데, 그 중에는 1949년 중간자 이론으로 노벨 물리학상을 수상한 일본의 유카와 히데키도 있었다. 그는 일본에 핵융합 프로그램을 설립하기 위한 목적으로 학회에 참석하고 있었다.

학회의 네 번째 세션이 시작되었다. 핵융합 의제에 할당된 세션의 제목은 '제어 핵융합의 가능성'이었다. 발표자는 스웨덴 왕립공과대학의 한네스 알벤, 소련의 레프 아르치모비치, 독일 막스플랑크 천체물리 연구소의 루트비히 비어만, 미국 방사연구소 리버모어 지부*의 에드워드 텔러, 그리고 영국 하웰에서 온 피터 소너맨이었다.

첫 번째 발표자인 알벤은 핵융합을 제어하기 위해서는 플라즈마 물리학을 본격적으로 연구해야 한다고 주장했다. 플라즈마를 제대로 이해하지 못한 상태에서 우연에 기대 핵융합을 제어할 수는 없었다. 우리는 이미 플라즈마의 불안정성을 지켜보며 이를 통감하고 있었다.

다음 발표는 아르치모비치였다. 아르치모비치는 소련 과학 아카데미의 대표로 나와, '사고의 용광로'에서 답을 찾았던 흐름에 따라 발표를 진행했다.

먼저 핵융합 연료로 중수소와 삼중수소를 이용한 반응을 언급하고, 이를 이용한 핵융합 장치를 소개했다. 첫 번째 장치는 길이 50센터미터, 지름 40센티미터의 원통형 조임 장치였다. 온도는 300~400만 도였고 중성자가 검출되었다고 말했다. 하지만 중성자가 어디서 나왔는지에 대해서는 매우 신중한 입장을 취했다.

두 번째로는 토러스 장치를 소개했다. 안정적인 플라즈마를 얻기 위해서는 토러스의 축 방향 자기장이 둘레 방향 자기장보다 커야 한다는 것을 이론적으로 보였고, 0.2밀리미터 두께의 스테인리스강으로 만든 '실험 장치(Experimental Arrangement)'로 이를 검증했다고 덧붙였다. 이 장치의 토러스 평균 지름은 1.25미터, 토러스 단면 지름은 0.5미터였다. 플라즈마 전류는 40만 암페어였고, 축 방향 자기장은 1.2테슬라였다. 전자의 온도는 아직 15만에서 25만 도

* 로런스 리버모어 국립연구소(Lawrence Livermore National Laboratory, LLNL)는 1952년에 캘리포니아 대학교 방사연구소의 리버모어 지부로 설립되었다가, 1971년에 별도의 연구소로 분리되었다.

에 불과했다. 아르치모비치는 온도가 높지 않은 원인을 플라즈마의 불안정성과 플라즈마를 가두고 있는 벽에서 나온 불순물에서 찾았다. 이 '실험 장치'가 바로 토카막이었다.

세 번째로는 자기장 마개 장치의 이론과 실험 결과를 소개하였다. 발표를 마치면서 아르치모비치는 제1회 원자력 에너지의 평화적인 이용을 위한 UN 국제회의에서 호미 바바 의장이 했던 말을 인용해 3년 만에 그의 예언이 이루어지기 시작했다는 점을 강조했다. 그는 국제 협력의 중요성과 과학자와 공학자의 긴밀한 협력을 강조하며 발표를 마무리했다.

아르치모비치를 이어 비어만이 독일의 핵융합 연구 결과를 발표했다. 비어만은 태양풍을 예견했던 천체물리학자로 괴팅겐에 막 설립된 막스플랑크 천체물리 연구소의 초대 소장이었다. 그는 뮌헨의 원통형 조임 장치와 아헨과 괴팅겐의 토러스 조임 장치를 위주로 연구 결과를 소개하였다. 괴팅겐 막스플랑크 천체물리 연구소는 곧 뮌헨으로 이전하여 대형 핵융합 장치를 건설할 예정이었다.

다음은 미국의 텔러였다. 그는 절뚝거리며 강연대에 올랐다. 조머펠트의 지도로 뮌헨에서 공부하던 시절, 트램에서 뛰어내리다 당한 사고 때문이었다. 그는 맨해튼 프로젝트에 대한 회고로 발표를 시작했다. 당시 페르미와 폰 노이만, 제임스 터크와 앨버레즈가 핵융합을 고민하고 있었다고 말했다. 그들은 자기장을 이용한 토러스 장치를 고려했고, 입자들이 $E \times B$ 표류로 벽으로 손실되는 현상도 예상했지만, 실제 실험 장치를 만들지는 못했다고 털어놓았다.

1. 1958년 제2회 원자력 에너지의 평화적인 이용을 위한 UN 국제학회에 전시된 숫자 8 모양의 스텔라레이터 모형.
2,3. 미국 앨리스-찰머스와 RCA의 스텔라레이터 홍보 자료(《사이언티픽 아메리칸》 1958년 10월호와 《RCA 서비스》 1959년 3월호).
4. 애슬스탄 스필하우스(Athelstan Spilhaus)의 《우리의 새로운 세기(Our New Age)》라는 스텔라레이터 만화(1962년 12월 2일), "페르미의 위대한 시작 이래 겨우 20년 만에 우리는 제어 가능한 '작은 태양 조각'을 만드는 데 한층 가까워졌다"라는 문구가 있다.

1

2

3

4

텔러는 플라즈마 물리 현상에 대한 이해 부족과 방사화된 핵융합 장치 내부를 원격으로 유지·보수하는 데 필요한 기술 부족으로 20세기에는 핵융합 실현이 어려울 것으로 내다봤다. 실제로 그의 예언은 적중했다. 2000년이 되어도 핵융합 상용화가 이루어지지 않았기 때문이다. 그러나 그는 핵융합이 결국에는 상용화 될 것이라고 예견했다. 옛날에 사람이 하늘을 날 수 없을 거라고 말한 사람들이 있었지만, 하늘을 나는 새를 보며 가능성을 확신으로 바꿀 수 있었듯이, 핵융합이 실현되지 못할 것이라고 말하는 사람들이 있지만, 태양과 별을 보며 핵융합이 가능하다는 것을 믿을 수 있다는 것이었다. 그는 미국에서 제작 혹은 가동 중인 조임 장치와 자기장 거울 장치, 스텔라레이터를 소개하였다.

영국의 소너맨이 뒤를 이었다. 소너맨은 ZETA를 비롯한 영국의 핵융합 연구를 소개하고 마지막으로 이렇게 덧붙였다. "'핵융합을 통해 전기를 생산할 수 있을 것인가'에 대한 답은 10년 후에 얻을 수 있을 것이며, '핵융합이 경제성을 가질 수 있을 것인가'에 대한 답은 그 다음 10년 후에 찾을 수 있을 것입니다."

학회에서 각 나라는 자기 나라의 핵융합 장치를 대대적으로 선전하고 있었다. 미국은 스텔라레이터 모형을 가져와 시연했고, 스텔라레이터 건설에 참여했던 회사들은 다양한 방식으로 스텔라레이터를 기반으로 한 핵융합로를 홍보하였다.

주목받지 못한 탄생

이렇게 제2회 원자력 에너지의 평화적인 이용을 위한 UN 국제 학회를 통해 그동안 베일에 감추어져 있던 핵융합 연구가 공개되고, 세계의 학자들이 서로의 결과를 공유하며 핵융합 연구에서 맞닥뜨린 난제를 토론할 수 있게 되었다. 흥미로운 점은 출발점은 서로 달랐지만, 모두 동일한 현상을 발견했고, 똑같은 어려움에 봉착했다는 점이었다.

미국의 제임스 터크는 로스앨러머스의 자기장 거울 장치인 스킬라(Scylla)*에서 중수소 플라즈마의 온도가 1500만 도에 도달했다고 발표했다. 토카막은 이보다 100배 정도 낮은 온도였다. 게다가 아직 토카막을 완전하게 믿지 못하고 있던 아르치모비치는 학회에서 '토카막'이라는 이름을 언급하지 않은 채, '실험 장치'라고 소개했다. 소련은 스위스에서 토카막의 홍보보다는 당시 소련의 자랑이던 세계 최초의 인공위성, 스푸트니크의 선전에 집중하고 있었다. 프린스턴의 스피처도 플라즈마의 온도를 측정하는 장치가 없던 토카막의 결과에 크게 주목하지 않았다. 당시에는 소련의 '실험 장치'가 훗날 핵융합의 판도를 바꾸리라는 걸 아무도 눈치채지 못하고 있었다.

* 스킬라는 자기장 거울 장치로 시작했지만, 나중에 세타-조임 장치로 바뀐다.

정체된 태양

1958년 첫 번째 핵융합 학회 이후 핵융합 연구는 큰 진전을 이루지 못했다. 원통형 조임 장치는 여전히 양쪽 끝에서 플라즈마가 손실되는 문제를 극복하지 못했고, 자기장 마개 장치도 조임 장치보다는 나았지만 마찬가지로 플라즈마 손실 문제를 해결하지 못하고 있었다. 토러스 조임 장치와 스텔라레이터 장치는 양쪽 끝의 손실 문제는 피할 수 있었지만, 플라즈마 불안정성과 입자가 자기장을 가로질러 벽에 부딪쳐 손실되면서 입자와 열이 빠져나가 밀도와 온도가 낮아지는 '수송 현상(transport phenomena)'으로 골머리를 썩이고 있었다.

여기서 '수송 현상' 문제란, 플라즈마 입자 혹은 에너지가 장치 중심부에서 가장자리로 이동하여 나타나는 문제를 말한다. 입자는 한 곳에 모여 있으면 확산에 의해 희박한 곳으로 퍼져 나간다. 이를 '입자 수송 현상'이라고 한다. 열은 전도와 대류, 복사를 통해 온도가 높은 곳에서 낮은 곳으로 이동한다. 열이 빠져나가면 온도가 내려간다. 이를 '에너지 수송 현상'이라고 한다.

언뜻 생각하면 자기장에 가두어진 입자들은 확산하지 않을 것 같았다. 자기력선을 따라 빙글빙글 돌고 있으니 한곳에 밀집해 있다 하더라도 다른 곳으로 퍼져 나갈 수가 없었다. 그런데 문제는 충돌이었다. 입자가 한데 모여 있으면 서로 충돌하기 마련이다. 충돌이 일어나면 특정 자기력선을 따라 돌던 입자가 궤도를 이탈해 근처에 있는 다른 자기력선을 따라 도는 상황이 발생한다. 마치 소행성이 행성에 충돌하게 되면 태양 주위를 돌고 있던 행성의 궤도가 바뀌는 것과 비슷하다. 소행성이 일정한 방향으로 계속 충돌하다 보면 행성의 궤도가 조금씩 바뀌면서 결국 태양계 밖으로 튕겨 나갈 수 있다. 이런 현상이 우리 장치 안에서 나타나고 있었다.

그런데 자기장을 높이면 어떨까? 자기장을 강하게 하면 란다우가 말한 것처럼 입자가 자기력선을 따라 도는 회전 반경이 작아진다. 플라즈마 입자가 자기력선에 더욱 바짝 붙어 회전하게 된다. 따라서 입자가 서로 충돌하더라도 멀리 튕겨 나가지 못하고 근처에 머물게 된다. 스피처를 비롯한 플라즈마 물리학자들이 계산해 보니, 플라즈마 입자가 확산하는 정도는 자기장의 제곱에 반비례했다. 자기장을 10배로 높이면 확산 정도가 100배로 줄어드는 것이었다. 그러나 자기장을 크게 높일 수 없었던 당시 핵융합 장치들은 이런 수송 현상에 의해 플라즈마 입자와 에너지가 장치의 벽 쪽으로 퍼져 나가는 것을 줄이지 못하고 있었다.

이 와중에 데이비드 봄의 연구 결과는 과학자들을 좌절시켰다. 봄은 1949년 동위원소를 분리하기 위한 플라즈마 실험에서 입자들이 확산하는 정도를 나타내는 확산계수가 자기장에 반비례함을 발견하였다. 스피처의 이론에 따르면 확산계수는 자기장의 제곱에 반비례해야 했다. 그런데 봄의 결과는 자기장을 10배로 높여 입자들을 100배 잘 가두려고 했지만, 실제로는 10배 밖에 좋아지지 않았다는 것을 의미했다. '이제 태양을 자기장으로 잘 가두었으니, 플라즈마 수송을 막기 위해 자기장만 좀 더 높이면 되겠지'라고 낙관적으로 생각했던 과학자들은 절망에 빠졌다.

봄은 버클리에 다닐 때, 공산당에 가입해 정치 활동을 한 적이 있었다. 당시의 활동이 문제가 되어 매카시즘이 미국을 뒤흔들던 시절 공산주의자로 내몰려 브라질로 망명을 해야 했다. 스피처는 봄의 실험식이 스텔라레이터 장치에도 나타나는 것을 보고 기뻤지만, 봄이 제시한 확산계수와 비교하니 상수 값의 차이가 너무 컸다. 스피처는 수소문 끝에 브라질에 있던 봄을 찾아냈고, 확산계수에 대해 물었지만, 봄의 답변은 너무 허무했다. "너무 오래되어 기억이 잘 안 난다네!"

스피처는 결국 봄의 도움 없이 문제를 해결할 수밖에 없었다. 집중적인 연구 끝에 확산계수에서 상수값의 차이는 플라즈마의 요동(fluctuation) 때문이라는 것을 찾아냈다. 어떻게 해도 수송 현상에 대한 대책 없이는 핵융합 상용화는 텔러의 예언처럼 요원해 보였다.

우리는 아르치모비치와 함께 제2회 '원자력 에너지의 평화적인 이용을 위한 UN 국제학회'에서 발표했던 동료들이 돌아왔다는 소식을 들었다. 아르치모비치는 학회 후 첫 번째 회의를 가졌다. 우리는 모두 궁금했다. 다른 나라들은 어디까지 나갔는지, 그리고 우리 기술은 다른 나라에 비해 어느 정도 수준인지, 우리는 앞으로 어떤 연구에 집중해야 하는지.

'사고의 용광로'에 들어온 아르치모비치는 LP 플레이어에 음반 하나를 올렸다. 로스트로포비치가 벤저민 브리튼의 반주로 연주한 슈베르트의 〈아르페지오네 소나타〉였다.

로스트로포비치가 연주한 슈베르트의 아르페지오네 소나타

"여러분도 아시다시피 로스트로포비치는 모스크바 음악원 첼로 교수로 우리 소련을 대표하는 첼로 연주자이지요. 조국을 대표하여 서방에서 많은 연주회를 가졌고, 그가 연주한 아르페지오네 소나타는 그야말로 교과서적인 연주로 극찬을 받고 있습니다. 그런데 로스트로포비치의 경력을 살펴보면 한 가지 이상한 점을 발견할 수 있습니다. 1949년 헝가리 부다페스트에서 열린 '세계 민주 청년 페스티벌'에서 공동 우승, 1950년 체코 프라하에서 열린 하누스비한 기념 국제 경연에서 공동 우승. 당대를 대표하는 첼리스트가 계속해서 공동 우승이라니요. 더 흥미로운 사실은 두 번 다 같은 사람과 공동우승을 했다는 겁니다."

아르치모비치는 로스트로포비치의 LP를 내리고 다른 LP를 플레이어에 올렸다.

"바로 다닐 샤프란입니다. 이것은 샤프란이 연주한 아르페지오네 소나타입니다. 같은 곡이지만 로스트로포비치와 전혀 다르게 연주했지요.

다닐 샤프란이 연주한 슈베르트의 아르페지오네 소나타

이제 우리는 다시 마음을 다잡고 새로운 시각에서 살펴볼 필요가 있습니다. 다닐 샤프란이 일반적인 해석과 다르게 이 곡을 연주한 것처럼 말이죠."

그에 따르면 미국의 스텔라레이터와 영국의 ZETA 등이 우리 장치와 비슷하거나 더 나은 결과를 보이고 있다고 했다. 경쟁자를 넘어서기 위해서는 예전의 것은 고이 접어 날려버리고 지금까지와는 다른 뭔가 획기적인 변화, 파괴적인 혁신이 필요했다.

다시 한번 재 보자

"예술이란 우리들 속에 숨어있는 보편적인 것을 직접 나타낸다.
예술 작품에서 그 보편적인 것이 존재 밖으로 정확하게 나와야 한다."
— 피트 몬드리안

"혹시 몬드리안의 그림에 사선이 없는 이유를 아시나요?"

우리는 아르치모비치의 질문에 어리둥절했다.

"우리는 네모나게 구획을 나누고 그중 일부에만 색을 칠한 네덜란드의 화가 몬드리안의 그림을 자주 봅니다. 그의 그림에 담긴 철학은 가구 디자인이나 인테리어에도 많이 응용되죠. 그의 스튜디오를 보면 현대 인테리어와 크게 다르지 않아 많이 놀라곤 합니다. 물리학에서 새로운 이론이 나오면, 공학은 이 이론을 활용하여 새로운 물건을 만들어 냅니다. 이와 마찬가지로 몬드리안의 그림이 새로운 미적 기준을 제시하면 디자인은 이 관점으로 기존 제품을 새롭게 표현합니다. 몬드리안은 서사가 사라지고 형체가 지워져도 아름다움은 존재할 수 있다는 것을 보여 주었습니다. 그런데 왜 그의 그림에는 사선이 없을까요?"

"그는 원근을 표현하기 위해 그림에 긋게 되는 사선이 착시나 환각이라고 보았습니다. 실제로는 곧게 뻗은 길이라도, 멀리 떨어져 보면 기울어진 사선으로 보이죠. 우리가 원근법이라는 방식에 익숙해 있어 직선을 사선으로 표현하는 겁니다. 몬드리안은 사물의 본성을 왜곡하지 않고 있는 그대로 표현하고 싶었습니다. 그래서 사선이 아닌 직선으로 표현했던 것입니다. 우리도 몬드리안처럼 토카막 안에 있는 플라즈마의 본래 모습을 직시할 수 있어야 합니다.

우리는 태양을 만드는 사람들입니다. 태양이라는 자연의 본질을 이해하고 제어하기 위해서는 우리만의 방법으로 태양을 측정하고 태양 내부의 변화를 정확히 인식할 수 있어야 합니다. 물리학은 측정한 데이터를 바탕으로 우리에게 태양의 본질과 변화의 양상을 보여줄 것입니다."

아르치모비치는 우리에게 제안했다.

"우리는 먼저 토카막 내부에 있는 태양의 본질을 표현할 수 있는 물리 변수들을 파악해야 합니다. 플라즈마의 전류, 자기장, 온도, 밀도, 유동속도가 대표적이겠네요. 이 변수에 대한 정보를 통해 우리는 태양 내부에서 일어나는 현상들의 고유의 패턴을 찾아내 태양을 보다 정확하게 이해하고 우리가 원하는 방향으로 제어할 수 있는 방법을 찾을 수 있을 거라 생각합니다. 그럼 그동안 우리가 인공 태양에 대한 정보를 어떻게 얻어왔는지 태양 측정 장치를 하나씩 짚어보도록 하죠."

"먼저 토카막의 핵심인 플라즈마의 특성을 결정하는 전류와 자기장은 어떻게 측정하는지 살펴보죠. 미르노프 박사님, 설명 좀 부탁드려도 될까요?"

세르게이 미르노프 박사가 입을 열었다.

"네, 저는 토카막의 기본 원리부터 먼저 이야기하고 싶습니다. 토카막에서는 전자기 유도 현상을 이용해 플라즈마 전류를 만들었습니다. 우리는 이 원리를 이용했습니다. 자기 코일(electromagnetic coil)을 토카막 주위에 설치해서 그 코일에 유도되는 전류를 통해 플라즈마 전류와 자기장을 측정했습니다. 자기 코일이란 나선형으로 여러 번 반복하여 감은 코일을 말합니다.

먼저 플라즈마의 전류는 토러스 둘레 방향으로 감은 자기 코일을 이용해 측정합니다. 토카막 안쪽에 있는 플라즈마 전류의 크기가 변하면 자기 코일에 유도되는 자기장의 크기가 달라집니다. 자기장이 변하면 유도 기전력이 생성되어 코일에 전류가 흐르게 됩니다. 이렇게 생성된 자기 코일의 전류를 측정하면 플라즈마 전류를 역산해 낼 수 있습니다. 이 장치가 바로 로고스키 코일입니다. 로고스키 코일은 조머펠트의 제자로 독일 아헨에서 활동했던 발터 로고스키가 만들었습니다.

자기장도 마찬가지입니다. 플라즈마 내부의 자기장이 변화하게 되면 토카막 주위에 감겨 있는 자기 코일의 자기장이 변하게 되고, 이에 따라 코일에 유도 기전력이 생성되어 전류가 유도됩니다. 이렇게 자기 코일에 유도된 전류를 측정하면 코일 내부를 지나는 자기장의 시간에 따른 변화량을 측정할 수 있습니다. 이렇게 특정 영역의 자기장 크기를 측정하는 것을 '자장 탐침(magnetic field probing)'이라고 합니다. 또한 플라즈마의 불안정성을 분석하기 위해 자기장의 요동 현상도 측정하는데, 그 장치는 제 이름을 따서 '미르노프 코일'이라고 부릅니다."

진공 용기에 로고스키 코일과 자장 탐침,
미르노프 코일을 설치해 플라즈마의 전류와 자기장을 측정한다.

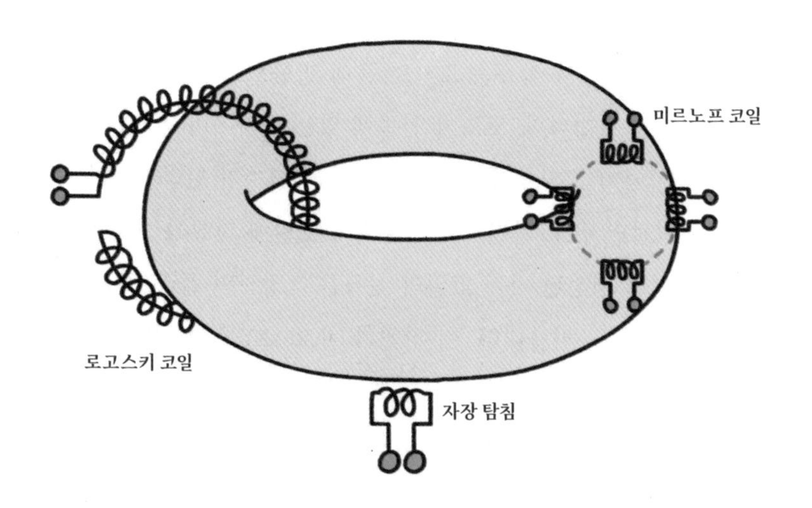

미르노프 박사는 수줍은 듯 끝을 어물거렸다.

"미르노프 박사님, 감사합니다. 그럼 단위 부피당 플라즈마 입자의 개수인 밀도는 어떻게 측정하죠?"

이번에는 바딤 아프로시모프가 입을 열었다. 그는 이오페 연구소 소속으로 우리를 방문하여 플라즈마 측정에 큰 도움을 주고 있었다.

"누구나 한 번쯤 연못에 돌을 던져 본 적이 있을 겁니다. 돌이 연못물에 떨어지면 고리 모양으로 파동이 일어나 사방으로 퍼집니다. 이 파동이 연못가에 이르면 뭍에 반사되어 처음 위치로 돌아갑니다. 이때 반사된 파동과 원래 파동이 서로 교차해 만나면서 독특한 무늬가 만들어지게 됩니다. 두 파동이 모두 파고가 높을 때 만나면 파고가 더 높아지고, 한쪽이 파고가 높고 다른 쪽이 파고가 낮으면 서로 상쇄되어 파고가 사라집니다. 간섭 현상(interference)이죠.

우리는 빛의 간섭 현상을 이용해서 플라즈마의 밀도를 측정합니다. 예를 들어 같은 곳에서 출발한 두 개의 빛이 하나는 물통을 통과하고 다른 하나는 물통을 통과하지 않도록 한 후, 이 두 빛을 다시 만나게 하면 둘 사이에 '위상차(phase difference)'가 생겨 간섭 현상이 나타납니다. 여기서 '위상'이란 파동과 같이 주기적인 신호에서 시작 시점의 위치나 시간 차이를 나타내는 값을 말합니다. 공기와 물은 굴절률이 달라 빛이 진행하는 속도가 같지 않아 위상차가 생깁니다. 이 원리를 이용하여 레이저 빔이 플라즈마를 통과할 때와 통과하지 않을 때, 서로의 굴절률이 달라 빔의 진행 속도가 달라지는데, 이 위상차를 분석해 밀도를 측정합니다. 플라즈마의 굴절률이 플라즈마 밀도에 따라 달라지기 때문이죠."

"감사합니다. 그럼 플라즈마의 온도는 어떻게 측정하죠? 온도계를 넣을 수는 없지 않습니까?"

이번에는 루키야노프가 입을 열었다.

"우리는 이글거리는 태양에 직접 온도계를 꽂지 않고도 태양의 온도를 측정할 수 있습니다. 태양에서 나오는 빛의 스펙트럼을 분석하는 것이지요. 우리는 별의 색깔로 온도를 측정할 수 있습니다. 예를 들어, 적색이면 섭씨 3500도 이하, 백색은 7500~1만 도, 청색은 2만 8000도 이상 되지요. 이 원리를 이용하는 겁니다. 분광기를 사용하여 플라즈마에서 나오는 빛 스펙트럼을 측정하면 온도를 계산할 수 있습니다. 이외에도 플라즈마 이온과 전자가 자기장을 따라 회전 운동을 할 때 내놓는 복사선을 이용해 온도를 측정하기도 합니다. 회전 운동을 하면 복사선을 방출하는데 이 복사선의 세기가 플라즈마의 온도에 비례하기 때문입니다."

"플라즈마의 밀도와 온도 모두 빛을 통해 측정할 수 있군요. 감사합니다. 토카막 내부의 플라즈마는 굉장히 빠르게 회전하고 있습니다. 특히 토러스의 축 방향으로는 최소 시속 3만 킬로미터에서 200만 킬로미터 이상까지 굉장한 속도로 회전하고 있습니다. 플라즈마가 이렇게 빠르게 회전하면 플라즈마의 불안정성과 난류를 억제하는 데 적지 않은 효과가 있습니다. 이처럼 빠른 플라즈마의 회전 속도는 어떻게 측정할 수 있을까요?"

루키야노프는 말을 이었다.

"플라즈마의 회전 속도는 도플러 효과를 이용해 측정합니다. 구급차의 사이렌 소리를 들어보셨을 겁니다. 구급차가 우리 쪽으로 다가오면 사이렌 소리가 점점 더 높게 들립니다. 주파수가 커지게 되는 것이죠. 그러다가 구급차가 우리를 지나쳐 멀어지게 되면 반대로 사이렌 소리가 낮게 들립니다. 비슷한 현상을 우리는 보트를 타면서도 경험합니다. 배가 멈춰 있으면 파도가 배에 주기적으로 부딪치는데, 배가 파도를 향해 나아가면 파도에 더 자주 부딪치게 됩니다. 주파수가 커지는 거죠. 이런 현상을 도플러 효과라고 합니다. 배가 파도에 부딪치는 횟수, 즉 주파수를 측정하면 배가 이동하는 속도를 알 수 있습니다. 이 원리를 이용하여 플라즈마에 부딪치는 빛의 주파수 변화를 측정하면 토카막 내부에서 회전하는 플라즈마의 속도를 계산할 수 있습니다."

우리는 토카막 플라즈마의 전류와 자기장, 밀도, 온도, 회전 속도를 측정하는 방법을 알 수 있었다. 전자기 유도 현상과 빛의 다양한 특성을 이용해서 플라즈마의 상태를 자세히 파악할 수 있게 된 것이다. 병원에서 체온과 혈압 등 우리 몸의 상태를 진단해 아픈 곳을 치료하듯, 우리도 플라즈마의 상태를 더욱 정확하게 파악해 고온의 안정적인 플라즈마를 만들 수 있는 토대가 마련된 것이다.

태양의 패턴

우리는 태양의 상태를 측정한 데이터를 연구하여 보다 안정적이고 고온의 플라즈마를 만드는 작업을 시작했다. 다음 〔그림〕은 그

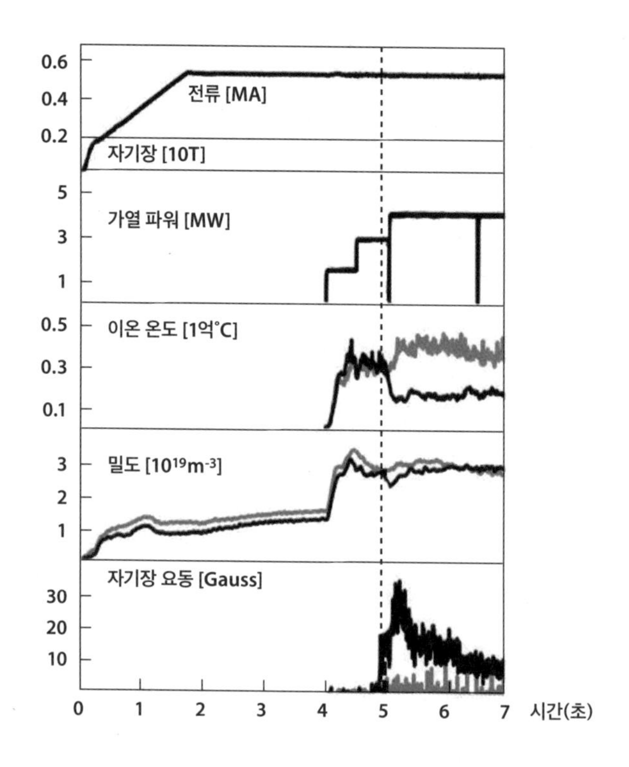

위로부터 시간에 따른 플라즈마 전류, 토러스 축 방향 자기장,
플라즈마의 온도를 높이기 위해 걸어준 가열 파워, 플라즈마 이온의 온도,
플라즈마 밀도 그리고 플라즈마 불안정성의 척도인 자기장 요동이다.
맨 아래 그래프를 보면 붉은색 방전은 시간이 경과해도 자기장 요동이 크지 않다.
그에 반해 검은색 방전은 5초 이후로 자기장 요동이 크게 나타난다.
위에서 두 번째 그래프를 보면 4초부터 시작된 가열 파워가 증가하면서
자기장 요동이 발생했다. 검은색 선은 한국핵융합연구원에 위치한
KSTAR 토카막 장치의 26,235번째 플라즈마 방전이고 붉은 색 선은
26,234번째 플라즈마 방전이다. 실제 KSTAR 실험에서는
플라즈마 불안정성이 없는 빨간색 방전(26,234번째)이 먼저 수행되었고,
이후 검정색 방전(26,235번째)에서 밀도를 낮추었더니 불안정성이 나타났다.

한 예를 보여 준다. 위로부터 플라즈마 전류, 토러스 축 방향 자기장, 플라즈마의 온도를 높이기 위해 걸어준 가열 파워, 플라즈마 이온의 온도, 플라즈마 밀도 그리고 플라즈마 불안정성의 척도인 자기장 요동을 시간에 따라 측정한 것이다.

먼저 우리는 검정색으로 표시된 실험을 수행했다. 토러스 축 방향으로 2테슬라의 자기장을 걸고, 플라즈마 전류를 천천히 올렸다. 2초 쯤 지나자 플라즈마 전류가 0.55메가암페어에 도달했다. 4초가 되자 1.5메가와트 만큼 가열을 시작하여 4.5초에는 파워를 3메가와트로 높이고 5초에는 4.4메가와트로 단계적으로 가열 파워를 높였다.

우리는 분광기를 이용하여 4초부터 이온의 온도를 측정했다. 예상할 수 있듯이, 가열 파워가 올라가자 이온의 온도가 섭씨 4500만 도 까지 뜨거워졌다. 그런데 4.5초가 되자 가열 파워를 더 올려도 온도는 더 이상 올라가지 않았고, 5초가 되어 가열 파워를 최대로 높이자 이제는 오히려 온도가 급격하게 떨어져 1600만 도 수준을 유지했다. 도대체 왜 이온의 온도는 올라가지 못하고 반대로 떨어져 버린 걸까?

우리는 미르노프 코일에서 측정한 자기장 요동 신호를 살펴보았다. 아니라 다를까 가열이 시작된 4초에 자기장의 요동이 짧게 관측되었고, 가열이 최대가 된 5초에는 상당히 큰 자기장의 요동이 나타났다. 자기장의 요동이 커지는 시간과 이온 온도가 떨어지는 시간이 서로 맞아 떨어졌다. 플라즈마 불안정성이 원인이었다. 플라즈마의 온도가 올라가면서 불안정성이 생겨 플라즈마 온도를 떨어뜨려 버린 것이었다. 그렇다면 이 불안정성을 어떻게 하면 피할 수 있을까? 문제는 분명했다.

우리는 다양한 시도를 해 보기로 했다. 먼저 바꿀 수 있는 실험 조건을 하나씩 정리해 보았다.

자기장의 세기, 전류의 크기,
전류가 최대값에 도달할 때까지 걸리는 시간, 가열 파워의 크기,
가열 파워를 인가하는 시간, 플라즈마의 밀도, …

우리는 여러 많은 시도를 해 보았고, 이제 플라즈마 밀도를 바꿔 보기로 했다. 〔그림〕의 빨간색 실험과 같이 플라즈마 전류, 자기장, 가열 파워는 이전의 검은색 방전과 동일하게 유지한 채, 기체 상태의 핵융합 원료를 주입하는 정도를 바꿔 플라즈마의 밀도를 높이거나 낮춰 보았다.

〔그림〕에서 보는 것처럼 0.5초부터 빨간색 실험처럼 방전에서 밀도를 약간 더 높였다. 5초가 되어 가열 파워가 최대가 되었을 때 검은색 방전 실험에서 나타났던 자기장 요동이 눈에 띄게 약해졌다. 결과적으로 이온 온도를 높였는데도, 이를 유지할 수 있었다. 흥미로운 점은 아주 작은 밀도 변화로 이렇게 큰 효과를 냈다는 것이었다. 실험은 성공적이었지만, 그 이유는 아직 분명하지 않았다.

다양한 실험을 통해 플라즈마의 주요 변수값을 변화시키며 측정하고 비교 분석하면서 우리는 조금씩 토카막의 플라즈마를 이해할 수 있었다. 아직 많은 현상이 베일 속에 가려져 있지만, 실험 조건

을 바꾸면서 플라즈마가 어떻게 반응하는지 그 패턴을 조금씩 파악할 수 있었다. 이처럼 토카막에서 얻어진 실험 데이터는 우리 생각에 끊임없이 영양분을 제공했고, 멀리서 보면 같아 보여도 자세히 보면 천차만별이었던 몬드리안의 그림처럼 토카막의 본질로 우리를 안내하고 있었다. 그리고 이는 곧 혁신으로 이어졌다.

누가 감히 토카막에 견줄 것인가

"결코 짧지만은 않은 시간을 기다려 왔다고 생각한다.
난 이미 예전에 이 작업들을 계획했고 다소 오래 걸리긴 했지만
이제 세상 앞에 그 결과물을 내놓으려 한다.
내가 믿었던 방식, 근거가 확실한 실력
이것들을 증명하기 위한 모든 준비가 이제 끝났다.
이제 당신들이 내게 반응할 차례다."
— 피타입(P-TYPE) 〈보여주고 증명하라〉에서

핵융합 연구의 어려움을 국제 협력으로 해결해 보고자 핵융합만을 주제로 한 제1회 IAEA 핵융합 학회가 1961년 9월 오스트리아의 잘츠부르크에서 열렸다. 학회의 공식 명칭은 '플라즈마 물리와 제어 핵융합 연구 학회'였다.* 29개 나라에서 500명이 넘는 과학자가 참석했다. 이번에도 학회는 알벤의 발표로 시작했다. 마지막 날에는 아르치모비치가 학회에 발표된 실험 결과를 정리했고, 미국의

로젠블루스가 이론 발표를 요약하고 막을 내렸다.

제2회 IAEA 핵융합 학회는 1965년 영국 컬햄에서 열렸고, 4년 후인 1968년 제3회 IAEA 핵융합 학회는 소련에서 주최했는데, 철의 장막 가장 깊숙한 곳 시베리아의 노보시비르스크에서 열렸다. 노보시비르스크는 러시아 제3의 도시로, 인구로는 시베리아 제1의 도시다.

우리는 그동안 토카막에 설치한 다양한 측정 장치들과 이를 통해 얻은 데이터로 토카막 플라즈마에 대한 이해를 높여왔다. 그리고 이제 장막을 걷고 손님 맞을 준비를 끝마쳤다.

학회에서 아르치모비치 소장은 우리가 그동안 성취한 결과를 발표했다.

"우리 토카막에서는 전자 온도 1000만 도, 에너지 가둠 시간 0.01초를 얻었습니다. 기존에 알려진 장치의 2배에서 10배 정도 좋은 성능이 나옵니다."

그가 말한 에너지 가둠 시간은 플라즈마를 얼마나 오래 가두었는가를 의미하는 것이 아니라, 플라즈마 가열을 껐을 때 플라즈마가 에너지를 얼마나 오래 유지할 수 있는가를 나타낸다. 일반적으로 가열을 끄기 전의 플라즈마 온도가 가열을 끄고 난 후 원래 온도의 $1/e$ 수준으로 떨어지는 데 걸리는 시간을 말한다.** 혹은 시간 변화가 없는 정상 상태(steady state)에서는 플라즈마 에너지와 가열 파

* 1996년 캐나다 몬트리올에서 열린 제16회 학회부터는 '핵융합 에너지 학회(Fusion Energy Conference)'로 명칭이 변경되었다.

* 여기서 e는 오일러 수로 약 2.718이다.

워의 비를 가리킨다.

아르치모비치의 발표는 즉시 엄청난 파장을 일으켰다. 일단 사람들은 이 놀라운 결과를 믿지 않았다. 토카막의 결과는 학회에서 발표된 다른 장치들의 성능과 비교하여 실제로 2배 이상의 차이를 보였고, 만약 이게 사실이라면 핵융합은 머지않아 실현이 가능할 것이었다.

학회 내내 아르치모비치와 우리들에게 수많은 질문이 쏟아졌고 끝도 없는 논쟁이 이어졌다. 직접 보지 않고는 믿을 수 없을 것 같아, 아르치모비치는 영국 컬햄 핵융합 에너지 연구소(Culham Centre for Fusion Energy)의 소장 서배스천 피스에게 흥미로운 제안을 건넸다. 토카막의 결과를 영국이 검증해 보라는 것이었다. 당시 영국에서는 ZETA 이후로 새로운 진단 장치 개발에 온힘을 쏟고 있었고, 그 중 하나로 톰슨 산란을 이용해 레이저로 전자의 온도를 정확하게 측정하는 방법을 완성한 상태였다. 레이저 산란법은 플라즈마에 레이저를 쏘아 전자에 의해 산란된 빛의 스펙트럼을 측정하여 전자의 온도와 밀도를 측정하는 방법으로, 이미 핵융합계에서는 기존에 비해 훨씬 정확한 온도를 측정한다고 알려져 있었다. 아르치모비치도 '놀라운' 측정법이라고 찬사를 보낸 바 있었다.

냉전이 한창이던 1968년 12월, 모스크바행 파키스탄 국제항공에 5톤의 장비를 싣고 영국의 신사들이 탑승했다. 소위 '컬햄 5인방(The Culham Five)'이라 불린 그들은 소련 핵폭탄 연구의 본거지인 쿠르차토프 연구소에 머물며 실험을 진행할 예정이었다. 분광학 전문가이자 팀의 리더였던 니콜 피코크, 솜씨 좋은 엔지니어 피터 윌코크, 레이저 산란법 전문가 마이크 포레스트, 팀의 기술자였던 해리 존스 그리고 이미 소련에 도착해 있던 27세의 이론가이자 레이저 산란 측정에 경험이 있던 데릭 로빈슨이었다. 그들은 레이저 산란법으로 측정한 전자 온도와 우리 방식으로 측정한 결과를 서로 비교할 것이었다.

우리는 영국에서 온 신사들을 반갑게 맞았다. 같은 해 '프라하의 봄'을 강제로 진압하며 소련과 서방과의 관계는 더욱 차갑게 식었지만, 우리까지 그렇게 니편 내편을 가를 필요는 없었다. 연구소의 이론부장을 맡고 있던 샤프라노프는 이들의 연구실에 편하게 차를 마실 수 있도록 러시아의 전통 찻주전자 사모바르를 준비해 두었다. 사실 이 찻주전자를 채워 준다며 영국 신사들의 연구실은 결국 우리들의 티룸이 되고 말았지만 말이다.

영국에서 가져온 레이저 산란기를 장착한 T-3 장치는 이듬해 8월까지 총 88회에 걸쳐 플라즈마 실험을 수행했다. 몇번의 실패 끝에 이 장치로 토카막의 플라즈마 온도를 측정할 수 있었다. 측정값은 1000만 도였다. 아르치모비치가 일 년 전 선언했던 것과 같은 결과였다. 누구도 의심할 수 없는 단단한 증거였다.

인류가 달에 첫 발걸음을 내딛고, 콩코드 여객기가 초음속 비행에 성공했던 1969년에, 철의 장막을 뚫고 세계로 전해진 T-3의 소식은 핵융합 연구의 흐름을 바꿔 놓았다.

컬햄 5인방(위)과 먼저 도착해 레이저 장비를 조정하고 있는 데릭 로빈슨(아래)

모스크바로 향하는 컬햄의 측정팀과 온도를 측정하고 있는 모습을 그린 일러스트.
보리스 카돔체프가 직접 그렸다.

토카막 열병

"이것은 한 명의 인간에게는 작은 발걸음이지만,
인류에게는 커다란 도약이다"
— 1969년 7월 20일, 닐 암스트롱이 달에 첫 발을 내디디며

1964년 2월 7일, 영국의 록그룹 비틀즈가 미국 뉴욕의 존에프케네디 공항에 내렸다. 팝 음악에서는 비틀즈의 미국 상륙을 '영국 침공(British Invasion)'이라고 부른다. 비틀즈를 시작으로 롤링스톤스, 킹크스, 더 후, 톰 존스 등 영국 밴드와 가수들이 미국 음악 시장을 장악하고 전 세계 대중음악 시장을 휩쓸었기 때문이다. 마찬가지로 1969년 11월 1일《네이처》에 실린 T-3에서의 전자 온도 측정 결과는 단순히 소련에 국한된 성과가 아니었다. 컬햄 5인방의 놀라운 성과는 이후에 펼쳐지는 핵융합 연구를 180도 바꿔놓았다.

컬햄 5인방이 영국으로 돌아가자 컬햄 연구소의 스텔라레이터 장치 proto-CLEO는 토카막으로 전환을 시도했다. 스텔라레이터의 요람 미국의 프린스턴도 예외는 아니었다. 전 세계의 핵융합 장치들이 토카막으로 대변신을 감행했다. '소련 침공', 소위 '토카막 열병(Tokamak Fever)'의 시작이었고, '토카막주의자(Tokamakist)'의 탄생이었다. 이후로 전 세계에는 '토카막의, 토카막에 의한, 토카막을 위한' 연구가 이루어졌다. 그리고 토카막은 훗날 국제 핵융합 실험로(ITER · International Thermonuclear Experimental Reactor)의 방식으로 채택되어 핵융합 상용화를 위한 1세대 방식으로 발전하게 된다. 소

련의 발걸음이 전 세계의 도약으로 이어진 것이다.

그러나 이는 스텔라레이터의 입장에서는 크나큰 악재였다. 당시 독일의 막스플랑크 플라즈마 물리 연구소에 있던 스텔라레이터 방식의 벤델슈타인 II-A에서는 사상 처음으로 플라즈마 가둠이 이론적으로 예측한 값과 동일한 결과를 보여주고 있었다. 기존의 모든 장치들은 실험 결과가 이론적인 예측값을 한참 밑돌고 있던 때였다. 과학자들은 이를 '뮌헨의 수수께끼'라고 불렀다. 프린스턴에서는 이 결과를 제대로 살펴보기 위해 독일 출신의 볼프강 스토디크를 파견할 정도였다. 하지만 1968년 아르치모비치의 발표 이후 토카막이 핵융합 연구의 아이콘이 되면서, 해당 연구는 더 이상 진행되지 못했다. 아이러니하게도 독일에서 프린스턴으로 돌아간 스토디크는 1969년 Model C 스텔라레이터를 대칭형 토카막(ST · Symmetric Tokamak)으로 바꾸는 프로젝트를 주도하게 된다. 역사를 말하며 '만약'이라는 가정은 큰 의미가 없지만, 그래도 만약 스텔라레이터 연구가 계속되었더라면 어쩌면 ITER는 토카막이 아닌 스텔라레이터 방식으로 대체되었을지도 모른다.

프린스턴에서 핵융합 연구를 이어간 스토디크는 열일곱 살에 독일군에 징집되어 참전했고, 연합군에 포로로 잡힌 적이 있었다. 플라즈마 불안정성과 수송 이론의 선구자 중 한 사람인 칼 오버만은 2차 대전 당시 미군으로 참전해 독일군 수십 명을 생포했다고 자랑하곤 했는데, 프린스턴 플라즈마 물리 연구소 내에서는 그 포로들 중에 스토디크도 포함돼 있었다는 과장된 소문이 돌기도 했다.

이렇게 '사고의 용광로'에서 탄생한 토카막은 전 세계로 불티나게 팔려나갔다. 스타론스 프로젝트는 대성공이었다.

"저는 이 순간 스타론스 프로젝트의 성공을 선언합니다! 이제 여러분은 각자 본인이 있었던 곳으로 돌아갈 수 있습니다. 물론 여러분이 원한다면 이곳에 남아도 좋습니다. 이제 '쿠르차토프 연구소'라는 새로운 이름으로 소장인 저와 함께요. 이제 우리는 스타론스 프로젝트의 두뇌였던 '사고의 용광로'의 문을 공식적으로 닫도록 하겠습니다. 대신 우리는 새로운 도약을 준비하게 될 것입니다."

토카막을 완성한 우리는 이제 '사고의 용광로'를 떠난다. 그러나 아쉬워할 필요는 없다. 앞으로는 소련을 벗어나 세계를 활보하며 핵융합 에너지 실현을 위한 대장정을 시작할 것이다. 그 중에는 우리나라도 있다.

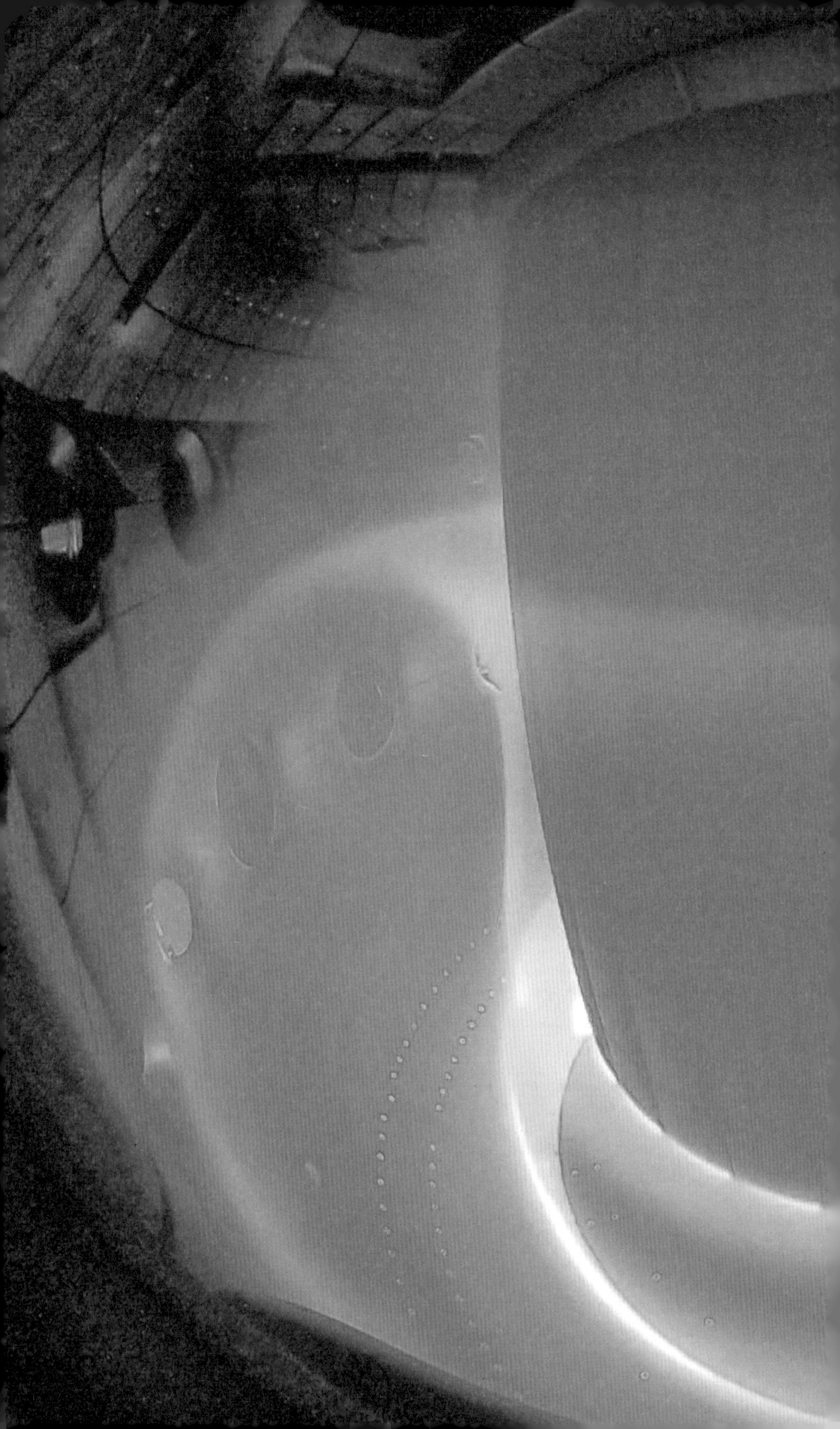

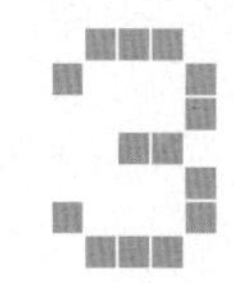

The Sun Builders

인공 태양으로 가는 길

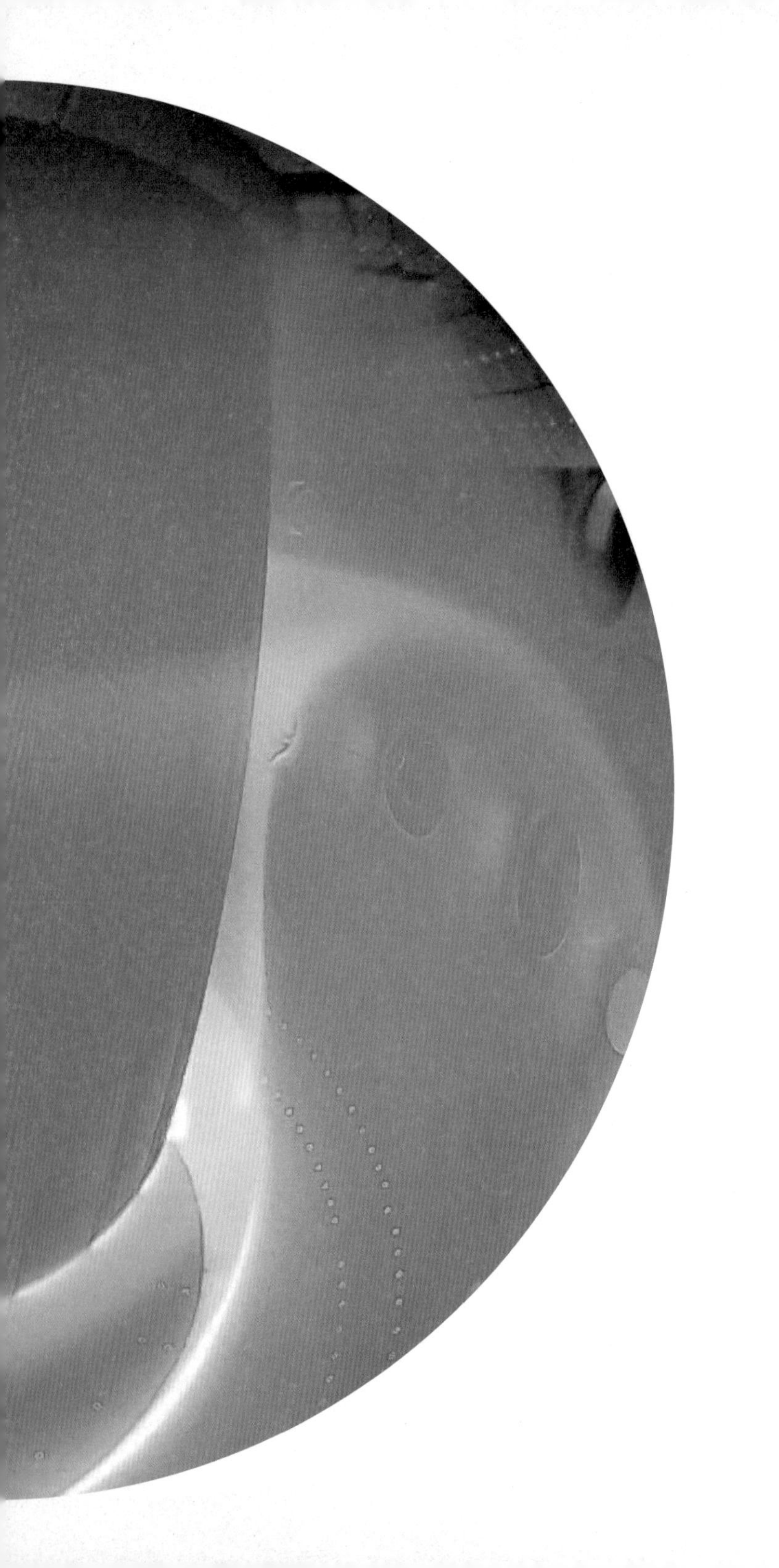

무엇을 향해서 걸어가고 있을까
수 많은 기억들로 가득 채워진 발자국
시간은 멈춤 없이 흘러가고
두 발은 목표 없이 걸어가네
결국 나는 나를 잃어버리고
아무도 없는 곳을 향해 걸어가네
모든게 꺼져가는 불꽃처럼 사그라지지
— 이상의날개 〈상실의 시대〉에서

꿈은 여기까지인가

T-3가 전 세계에 미친 파장에서 일본도 예외일 수 없었다. 유카와 히데키의 지지로 일본에서도 핵융합 연구가 본격적으로 시작되었다. 1961년 나고야 대학에 플라즈마 물리 연구소가 설립되었고, 일본 원자력 연구소(JAERI · Japan Atomic Energy Research Institute)에서도 핵융합 그룹이 결성되었다. 일본도 토카막에 핵융합 연구를 집중하면서, 1972년 일본 원자력 연구소에서 JFT-2(JAERI Fusion Torus-2) 토카막 운전을 시작했다. 이후 JFT-2는 디버터를 장착한

최초의 토카막 장치인 JFT-2a로 발전했고, 이후 원형이 아닌 알파벳 D 모양의 플라즈마 단면을 가진 JFT-2M으로 이어졌다.

미국에서도 다양한 토카막 장치가 등장했다. MIT에서는 ALCATOR(ALto CAmpo TORo)와 RECTOR, 제너럴아토믹스(General Atomics)에서는 Doublet II, 오크리지 국립연구소에서는 ORMAK(Oak Ridge tokaMAK) 그리고 프린스턴에서는 ST(Symmetric Tokamak)와 ATC(Adiabatic Toroidal Compressor)가 건설되었다.

토러스 조임 장치 TA-2000으로 핵융합 연구를 진행했던 프랑스도 토카막 연구를 시작했다. 프랑스 최초의 토카막인 TFR(Tokamak de Fontenay-aux-Roses)이 파리 근처 퐁트네오로즈에 세워졌다. 1973년부터 1976년까지 운영된 TFR에서는 플라즈마 전류 300킬로암페어와 6테슬라의 자기장으로 플라즈마 온도 2000만 도 이상을 달성하는 높은 성능을 얻었다.

그러나 초기의 이런 놀라운 성능은 시간이 흘러도 더 좋아지지 않았다. 과학자들이 플라즈마 내부의 '악마들'과 싸웠지만, 성과는 그리 크지 않았다. 플라즈마의 불안정성과 수송 현상이 바로 그 악마들이었다. 이들은 마치 넘지 못할 벽처럼 보였다. 플라즈마의 성능이 좋아지기 시작하면 그때마다 새로운 불안정성이 출현해 길을 막았다. 플라즈마 수송 현상은 이론으로 예측하는 것보다 훨씬 크고 복잡하게 나타났다.

여러 곳에서 이를 극복하기 위한 다양한 이론적, 실험적 시도가 이루어졌다. 1972년 아르치모비치와 샤프라노프가 플라즈마의 단면 형상과 플라즈마 불안정성에 대한 연구 결과를 발표했다. 플라즈마의 형상을 원형이 아닌 알파벳 D 모양으로 만들수록 플라즈마가 더 안정하다는 것이었다. 이 중대한 발견은 T-8의 건설로 이어졌고, 훗날 대형 토카막 장치의 운명을 결정짓는다.

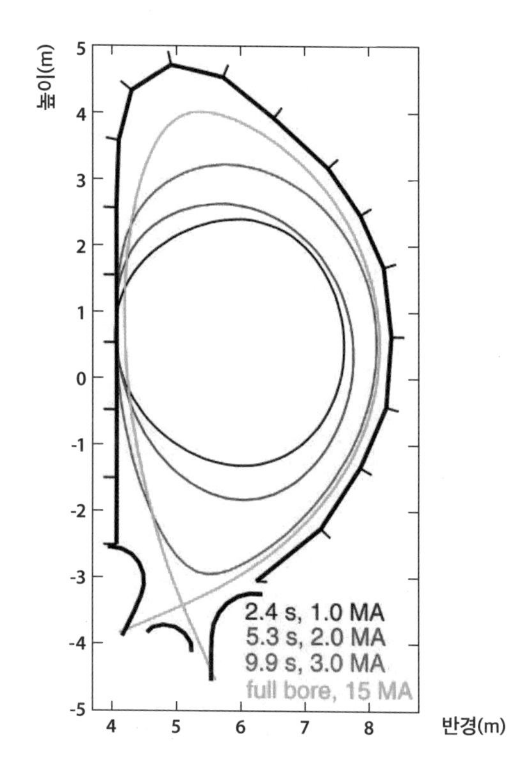

ITER 장치에서 시간에 따른 플라즈마 단면의 형상 변화를 시뮬레이션한 것이다.
가장 안쪽에 있는 2.4초(검정색)일 때 거의 원형에 가깝고 시간이 흐를수록
점점 알파벳 D 형상으로 바뀌는 것을 볼 수 있다. 가장 바깥에 있는 굵은 검은색 선은
진공 용기를 나타낸다. 플라즈마의 단면 형상이 타원 혹은 삼각형에 가까울수록
플라즈마의 성능이 향상된다.

이처럼 플라즈마의 불안정성은 악마와의 전선에서 조금씩 성과를 거두고 있던 반면, 플라즈마 수송과의 싸움에서는 별다른 진전 없이 제자리 걸음만 거듭하고 있었다. 자기장으로 가두었던 플라즈마 입자들은 예상보다 훨씬 쉽게 벽으로 빠져나가 손실되었고, 뜨거웠던 플라즈마도 생각보다 너무 빠르게 식어버렸다. 연료를 더 많이 주입해도, 추가로 가열을 해보아도, 플라즈마의 밀도와 온도는 어느 이상으로는 오르지 않았다.

독일에서 나온 돌파구

"태양이 수많은 별 위를 움직이듯이
광활한 하늘의 궤도를 즐겁게 날듯이
형제여 길을 달려라
영웅이 승리의 길을 달리듯이"
— 프리드리히 쉴러 〈환희의 송가〉에서

여기는 다시 독일 뮌헨 근교 가르힝의 막스플랑크 플라즈마 물리 연구소. L6 빌딩의 세미나룸에서 월요일 커피 타임이 열렸다. 정기 세미나가 열리기 전 이런저런 얘기로 활기찬 웅성임이 가득한 가운데 프리츠 바그너 교수가 자리에서 일어났다.

"여기 풍선이 하나 있습니다. 제가 풍선을 불려고 하는데, 가능한 크게 불고 싶습니다. 그런데 터트리지 않고 안정적으로 가급적 오래 유지하고 싶습니다. 어떻게 하면 좋을까요?"

우리는 순간 어리둥절했다. 달마이어 커피향을 음미하던 카를 라크너 교수가 웃으며 말했다.

"프리츠, 또 풍선 타령이군. 한 마디로 플라즈마를 토카막 안에 자기장으로 가두고 싶은데, 압력은 가능한 높게 유지하면서 안정적으로 오래 가두고 싶다는 거죠?"

막스플랑크 플라즈마 물리 연구소의 이론부장인 라크너 교수였다. 그의 말대로 풍선은 토카막의 자기장을, 풍선 안의 공기는 플라즈마를 의미했다. 풍선이 부풀었다는 것은 플라즈마가 토카막 안에서 자기장과 평형을 이룬 채 가둬져 있다고 볼 수 있었다. 즉, 밖으로 팽창하려는 공기의 압력과 팽팽함을 유지하는 풍선의 장력이 균형을 이루고 있는 것이었다. 가능한 크게 분다는 것은 플라즈마의 압력을 높인다는 것이고, 결국 핵융합 반응이 많이 일어날 수 있다는 의미였다. 안정적이란 말은 풍선을 건드리는 등 뭔가 변화를 주었을 때 풍선이 터지지 않고 평형 상태를 유지할 수 있다는 것이다. 마지막으로 오랫동안 유지한다는 말은 풍선의 바람이 빠져 쭈글쭈글해지지 않고 시간이 지나도 팽팽한 상태를 유지한다는 것이다. 이는 열이나 입자의 수송을 막아 가둠을 좋게 한다는 것이다.

바그너 교수는 풍선을 조심스레 내려놓고, 책상 위에 놓여 있던 향수병을 집었다.

"여기 향수가 하나 있습니다. 휴고 보스의 셀렉션입니다. 향이 어떤지 한번 뿌려 볼까요?"

점차 "향기 좋은데!"라는 감탄사가 파도를 타듯 바그너 교수가

서 있던 앞쪽부터 시작해서 세미나룸의 맨 뒤까지 흘러나왔다.

"처음에는 저와 제 근처에 있는 분만 이 향을 맡을 수 있었지만, 시간이 갈수록 뒤에 있는 분들도 차차 이 향을 맡을 수 있었습니다. 확산 현상이지요. 입자들을 한 곳에 모아 놓으면 퍼져 나가려고 합니다. 열도 비슷합니다. 냄비의 가운데를 가열하는데 가장자리의 손잡이도 곧 뜨거워지지요. 열전도 현상입니다. 한쪽이 뜨거워지면 열이 퍼져서 온도가 균일해지려는 특성입니다.

우리는 그동안 아스덱스(ASDEX · Axially Symmetric Divertor Experiment) 토카막 장치를 만들어 플라즈마를 가두고 평형을 이룰 수 있었습니다. 그리고 강력한 토러스 축 방향 자기장을 걸어 안정성도 어느 정도 확보할 수 있었지요. 그런데 수송은 어떤가요? 우리는 토카막 내부에 입자를 억지로 모아 놓아 놓고 온도를 높였습니다. 이는 자연의 순리를 거스르는 일입니다. 입자들은 퍼져서 토카막 벽쪽으로 이동하려 하고, 열은 높은 곳에서 낮은 곳으로 전달되어 뜨겁던 토카막 중심부 온도는 낮아지고 차갑던 바깥쪽 온도가 높아져 전체적으로 온도가 균일해지려고 합니다. 핵융합이 토카막 내부에서 잘 일어나게 하려면 우리는 이 수송 현상을 어떻게든 막아야 합니다. 풍선이 쭈글쭈글해지지 않고 팽팽하게 유지되도록 만들어야 하는 것이지요. 'H-모드'는 바로 이 과정에서 태어났습니다."

때는 1982년 9월 미국 볼티모어에서 열린 IAEA 핵융합 학회. 바그너 교수가 막스플랑크 플라즈마 물리 연구소를 대표해 연단에 올랐다. 그는 1968년 아르치모비치가 전 세계 핵융합 연구에 큰 파장을 일으켰던 것처럼 놀랄 만한 선언을 한다.

"우리는 토카막에서 플라즈마 수송이 크게 줄어, 가둠 성능이 획기적으로 좋아진 새로운 플라즈마 상태를 발견했습니다. 이 플라즈마는 기존 플라즈마에 비해 압력이 두 배 가까이나 높습니다. 에너지 가둠 시간도 두 배 이상 깁니다."

'H-모드'의 발견을 선언하는 역사적인 순간이었다. 1980년에 운전을 시작한 막스플랑크 플라즈마 물리 연구소의 아스덱스 토카막 장치에서 얻은 결과였다. 바그너 교수는 기존 플라즈마 상태를 'L-모드(Low confinement mode)', 즉 낮은 가둠 방식이라 부르고, 새로운 플라즈마 상태를 'H-모드(High confinement mode)', 즉 높은 가둠 방식이라고 이름 붙였다. 에너지 가둠이 좋다는 말은 보온병에 뜨거운 물을 넣었을 때처럼 일반 물병에 넣었을 때보다 고온의 상태를 더 오래 유지할 수 있다는 의미다. 보통은 용기를 바꿔 보온성을 높이는데 이번에는 달랐다. 동일한 토카막 장치에서 실험 조건만 바꾸었는데 보온성이 더 좋은 플라즈마를 얻었던 것이다.

H-모드의 발견

"내가 옳았거니 싶었다."

— 장미셸 바스키아

바그너 교수는 1972년 뮌헨공대에서 박사 학위를 받고, 미국 오하이오 주립대학을 거쳐 1975년에 막스플랑크 플라즈마 물리 연구소에서 핵융합 연구를 시작했다. 처음에는 저온 플라즈마를 연구했다. 저온 플라즈마는 수억 도에 달하는 핵융합 플라즈마에 비해 온도가 상대적으로 낮아 '저온'이라 불리지만, 그래도 수만 도 이상의 고온으로, 반도체 공정을 비롯해 미용이나 의료, 식품 산업에 폭넓게 활용된다. 바그너 교수는 1970년대말 오일 쇼크를 불러온 석유 파동을 거치면서 저온 플라즈마에서 핵융합 연구로 관심을 돌렸다.

1982년 2월 4일 목요일, 아스덱스에서 실험을 하던 바그너 교수는 '예기치 않은 행운'과 조우한다. 어느 순간 플라즈마의 성능이 기존과 달리 훨씬 좋아진 것을 발견한 것이었다. 하지만 플라즈마는 높은 성능을 보이는 동시에 불안정한 현상도 함께 드러냈다. 이 불안정성은 중심부에서 늘 발생하던 '톱니(sawtooth) 불안정성'과 비슷해 연구소의 원로 과학자들은 톱니의 한 형태려니 하며 이 결과에 큰 관심을 두지 않았다. 그러나 저온 플라즈마를 연구하다가 핵융합 연구에 새로 뛰어든 그는 이 낯선 실험 결과가 흥미로울 따름이었다. 바그너 교수는 주말 내내 실험 데이터를 분석했다. 그리고 월요일에 'H-모드'는 실제로 존재한다고 발표했다.

당시 아스덱스 토카막에 나타난 톱니 모양의 불안정성은 2년 후인 1984년에 '경계면 불안정성(ELM · Edge Localized Mode)'이라는 새로운 현상이라는 것이 밝혀졌다. 흥미롭게도 같은 해 프린스턴 플라즈마 물리 연구소의 PDX(Poloidal Divertor Experiment) 토카막에서도 이 불안정성이 발견되어 '경계면 풀림 현상(ERP · Edge Relaxation Phenomena)'이라는 이름을 붙였지만, 막스플랑크 연구소에서 부른

ELM이 정식 명칭으로 자리 잡았다.

이후 바그너 교수는 하빌리타치온(Habilitation) 과정을 시작했다. 하빌리타치온이란 독일을 비롯한 여러 나라의 대학에서 최고 단계의 과정으로 한 전공 분야에 대한 교수의 자격을 얻는 과정을 말한다. 박사 과정이 하나의 연구 주제를 깊게 파고 들어 새로운 연구 결과를 내는 것이라면, 교수 과정은 반대로 높이 올라가 해당 분야 전체를 조망하는 연구 결과를 내는 것이라고 할 수 있다.

독일에서 교수의 권한은 엄청나다. 저자도 유학 시절, 비자를 받지 못해 안절부절하던 외국인 학생이 지도교수가 외국인청에 전화 한 통 걸어주었더니 바로 다음 날 비자가 발급되었다는 거짓말 같은 얘기를 종종 듣곤 했다. 독일에서는 박사 학위자와 교수가 매우 존중받는다. 그래서 명함에도 'Prof. Dr. 아무개'라고 쓰인 것을 쉽게 볼 수 있다. 만약 대통령이 된다면 명함에는 'Pres. Prof. Dr. 아무개' 이렇게 쓰여 있을 것이다.

H-모드의 발견은 핵융합계를 송두리째 흔들어 놓았다. 전 세계 모든 토카막 장치가 H-모드를 구현하기 위해 총력을 기울였다. 곧 미국의 PDX와 Doublet III, 유럽연합의 JET, 일본의 JT-60에서 H-모드가 재현되었다.

아스텍스 토카막을 이끌던 바그너 교수는 1989년 스텔라레이터 장치인 벤델슈타인 7-AS의 책임자로 자리를 옮겨 스텔라레이터 연구를 이어갔다. 벤델슈타인 7-AS는 1958년 IAEA 핵융합 학회에서 스피처의 발표에 자극받아 시작한 막스플랑크 플라즈마 물리 연구소의 벤델슈타인 스텔라레이터 시리즈 중 하나로, 1988년 운전을 시작했다. 벤델슈타인은 독일의 바이에른 알프스에 위치한 해발 1838미터 높이의 산의 이름이다.

1992년에는 벤델슈타인 7-AS에서도 H-모드가 발견되었다. 이로써 H-모드가 토러스 형태의 자기장 핵융합 장치에서 보편적으로 나타나는 현상이라는 것이 증명되었고, 그러면서 H-모드는 토카막 장치가 제대로 작동한다는 일종의 '통과 의례'가 되었다.

H-모드는 어떻게 얻어졌을까

그렇다면 H-모드는 어떻게 얻어졌을까? 아스덱스 장치에는 기존의 장치와 다른 어떤 비밀이라도 숨겨져 있던 걸까? 바그너 교수는 말을 이었다.

"우리는 두 가지 방법으로 H-모드를 구현할 수 있었습니다. 먼저 플라즈마에 불순물이 들어오는 것을 최대한 막았습니다. 1958년 IAEA 핵융합 학회 당시 스피처의 스텔라레이터는 불순물을 억제하기 위한 연구를 집중적으로 진행하고 있었습니다. 플라즈마가 장치의 내벽에 닿는 것을 막기 위한 연구였죠. 스피처는 '디버터(divertor)'라고 하는 자기장 형상을 개발했습니다. 〔그림〕과 같이 플라즈마 아래쪽에 추가로 코일을 감고 플라즈마 전류와 같은 방향으로 코일에 전류를 흘리면 코일 주위로 자기장이 생깁니다. 이 자기장이 플라즈마 전류가 만드는 둘레 방향 자기장과 만나면 마치 8자 모양의 자기장이 형성됩니다. 이러한 구조를 '디버터'라고 하는 위에는 디버터의 구조, 아래에는 디버터가 없는 리미터의 구조다.
위쪽 그림을 보면, 장치 하단에 추가로 설치한 코일이
플라즈마 가장자리의 자기장을 변형시켜 플라즈마 외부의 불순물이
내부로 들어오는 것을 막아주고, 불순물을 디버터 방에 모아
진공펌프를 통해 밖으로 배출시킨다.
디버터가 없는 아래쪽 그림을 보면, 플라즈마와 닿는 리미터에서 불순물이
플라즈마 내부로 들어가게 되어 있다.

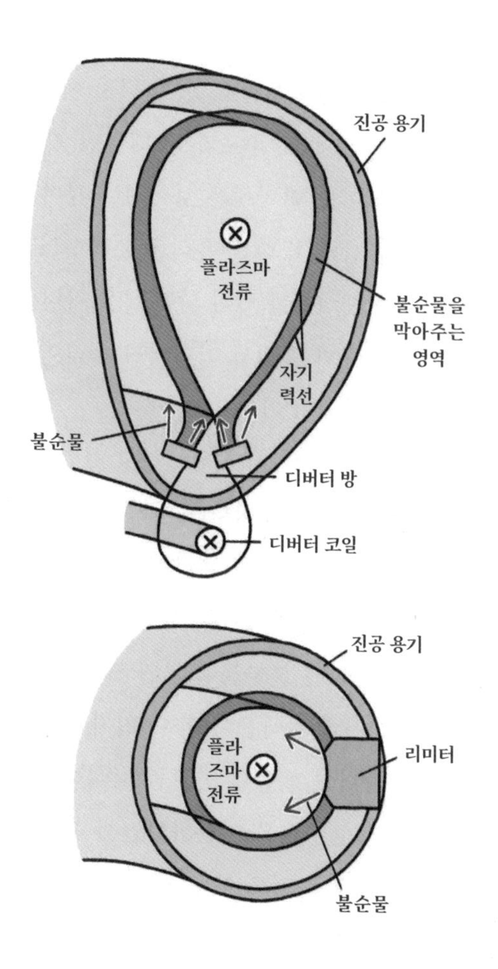

데, 디버터는 장치의 내벽에서 나오는 입자들이 플라즈마 내부로 이동하지 못하게 막고 자기장을 따라 아래로 내려가게 만들어 플라즈마가 오염되는 것을 막아주는 역할을 합니다. 스텔라레이터를 개발한 스피처의 아이디어였죠. 그러고 보니 스피처는 8이라는 숫자를 정말 좋아했네요.

오늘 연구소 식당에서 점심 메뉴로 나왔던 완두콩 수프(Erbsen suppe)를 한번 생각해 보죠. 수프를 잘 저어주며 끓이고 있는데, 오랜만에 친한 친구에게 전화가 왔어요. 신이 나서 얘기하고 있는데, 뭔가 타는 냄새가 나는 거에요. 수프가 다 타버린 거죠. 꺼멓게 타버린 냄비를 아무리 씻어도 바닥에는 보이지는 않아도 음식물 찌꺼기가 달라붙어 있을 겁니다. 다른 음식을 조리하려고 냄비에 열을 가하면 이 찌꺼기가 에너지를 받아 튀어 나올 겁니다. 냄비 바닥에서 튀어나온 입자가 공기 중에서 이리저리 움직이다가 결국 우리 코로 들어가 후각을 자극할 거구요.

이와 유사한 현상이 토카막에서도 일어나고 있었습니다. 토카막의 내벽을 아무리 깨끗하게 청소해도 물이나 산소 같은 입자가 붙어 있습니다. 이 입자들은 핵융합 원료를 오염시킬 수 있기 때문에 우리는 이들을 불순물이라고 부릅니다. 토카막에서 플라즈마를 만들게 되면 내벽에 붙어 있던 불순물 입자가 뜨거운 플라즈마로부터 에너지를 받아 벽에서 뛰쳐나옵니다. 이 입자들은 어떨 때는 플라즈마 내부 깊숙이 들어가 핵융합 연료를 희석해 핵융합 반응을 떨어뜨립니다. 또 이들 불순물은 이온화되면서 복사 에너지를 방출해 플라즈마의 온도를 낮추기도 합니다.

그런데 앞의 〔그림〕과 같이 플라즈마 가장자리에 디버터 형상의 자기장이 가해지면 어떻게 될까요? 내벽에서 나온 불순물 입자는 전기적으로 중성이라 자기장에 영향을 받지 않습니다. 그런데 플라즈마 근처로 가게 되면 에너지가 큰 플라즈마 입자와 충돌하여 이온화됩니다. 전자가 떨어져 나가는 거죠. 이렇게 이온화된 불순물 입자는 자기장에 반응하기 시작합니다. 이들은 자기장을 따라 돌다가 아래쪽으로 이동하게 되고, 〔그림〕의 디버터 방에 모여 있다가 최종적으로 진공 펌프를 통해 토카막 밖으로 배출됩니다.

디버터를 사용하지 않은 기존 형상과 비교해 보죠. 〔그림〕과 같이 기존 형상에서는 벽에서 나온 불순물 입자가 자기장을 따라 돌다가 리미터(limiter)에 부딪히게 됩니다. 그런데 리미터에는 불순물을 제거하는 별도의 방이 없습니다. 불순물은 대부분이 플라즈마 내부로 다시 들어가게 됩니다. 우리는 아스덱스 장치에서 디버터를 사용해서 불순물을 제거해 핵융합 연료의 순도를 유지할 수 있었습니다.

다음으로는 '문턱값(threshold)' 이상의 높은 가열을 이용했습니다. 플라즈마가 불순물이 없는 깨끗한 상태를 유지하고 있을 때, 특정값 이상의 가열 파워를 플라즈마에 가하면 H-모드가 얻어졌습니다. 그보다 낮은 가열에서는 H-모드가 나타나지 않았습니다. 그런데 이 가열 파워의 문턱값이 플라즈마의 조건에 따라 달라진다는 것도 우리는 찾아냈습니다. 대표적으로 플라즈마 밀도가 어느 정도 이상으로 높아지고, 자기장이 커질수록 문턱값이 커졌습니다. 따라서 플라즈마 밀도를 낮추고 자기장을 내린 상황에서 플라즈마를 가열하면 H-모드를 쉽게 얻을 수 있었습니다.

이렇게 우리는 디버터 구조로 불순물을 제거해 플라즈마를 깨끗하게 유지하고, 여기에 문턱값 이상의 가열을 가해 H-모드를 얻을 수 있었습니다."

H-모드는 어떻게 생겨나는 것일까

"그렇다면 H-모드는 도대체 어떻게 만들어진 걸까요?"

"H-모드는 L-모드보다 온도와 밀도가 높습니다. 입자와 에너지의 가둠 시간을 계산해 보면, H-모드가 L-모드에 비해 대략 두 배 정도 더 큽니다. 다시 말해, 두 개의 풍선을 똑같이 불었는데 시간이 지나자, 하나는 계속 부풀어 있고, 다른 하나는 쭈글쭈글해져 버렸습니다. 시간이 지나도 부풀어 있는 것은 H-모드, 쭈글쭈글해진 것은 L-모드라고 할 수 있죠. 즉, H-모드에서 플라즈마의 수송이 감소해 입자의 확산이 줄어든 것입니다. 또는 두 개의 대야에 같은 온도의 뜨거운 물을 부어놓고 일정 시간이 지난 후 온도를 쟀는데 하나는 온도가 높게 유지된 반면, 다른 하나는 많이 식어버렸다고 할 수 있을까요? 온도가 높게 유지된 게 H-모드죠. 열전도가 줄어든 것입니다."

"그럼 H-모드에서는 플라즈마의 수송이 왜 줄어든 걸까요?"

"태양의 표면을 찍은 사진을 보면 화염이 부글부글 끓어오르는 듯한 '요동(fluctuation)'을 볼 수 있습니다. 태풍이 치는 바다에서도 비슷한 모습을 볼 수 있죠. 우리는 L-모드와 H-모드에서 플라즈마의 요동을 살펴보았습니다. H-모드는 L-모드보다 요동이 훨씬 작았습니다. 이런 요동 현상은 '난류(turbulence)'라고도 부릅니다. 비행기가 날아갈 때 주위로 소용돌이치는 연기, 파도와 바람이 만들어 내는 해변과 사막의 물결 무늬, 담배 연기가 위로 올라가며 만드는 형상, 이런 모든 것이 바로 난류에 의한 것이죠."

'불확정성의 원리'로 유명하며 양자역학의 토대를 마련한 베르너 하이젠베르크는 이런 말을 한 적이 있다. "내가 신을 만나면 물어보고 싶은 게 두 가지가 있는데, 하나는 상대성 그리고 또 하나는 난류다. 나는 아마 신이 상대성에 대해서는 답을 알고 있으리라 믿는다." 그는 조머펠트의 제자이자 막스플랑크 플라즈마 물리 연구소의 창립자 중 한 사람으로 뮌헨에서 주로 활동을 했다. 그가 이런 말을 할 정도로 난류는 이해하기 어려웠다.

필자의 어머니가 커피를 드실 때 하는 행동이 하나 있다. 커피잔에 알 설탕을 넣고 숟가락으로 우아하게 젓는 행동. 모든 물질은 한쪽에 모아 놓으면 확산하려는 특성이 있다. 그런데 여기에 난류가 생기면 이 확산이 더 빠르게 일어날 수 있다. 숟가락으로 난류를 일으키면 설탕이 더 빨리 녹아 확산하게 되는 것이다. 어머니는 물리학이라면 머리를 절레절레 흔들지만 이미 난류의 원리를 몸으로 체득하고 있었던 것이다.

바그너 교수는 말을 이었다.

"그런데 토카막 내부의 플라즈마에도 이러한 난류 현상이 존재합니다. 플라즈마 발생 초기부터 난류가 나타나기 시작하는데 이

(위) 플라즈마의 압력 분포. 플라즈마의 압력은 중심에서
가장자리로 갈수록 낮아지는데, H-모드에는 플라즈마의 가장자리에
장벽이 형성되어 있는 것을 볼 수 있다.
(아래) 시간에 따른 플라즈마 내부의 난류 변화.
L-모드에서 H-모드로 바뀌면서 난류가 확연히 감소한 것을 알 수 있다.

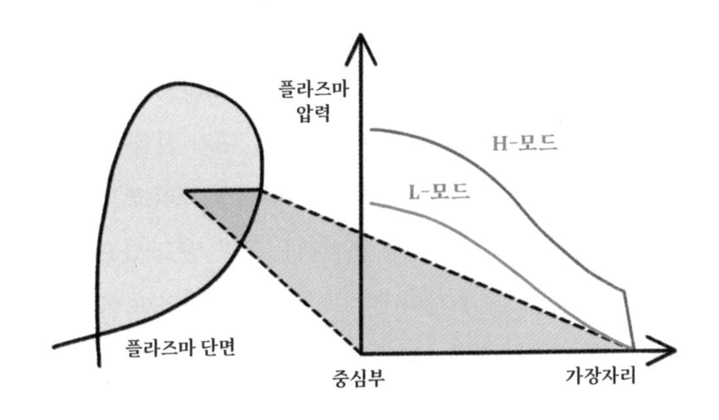

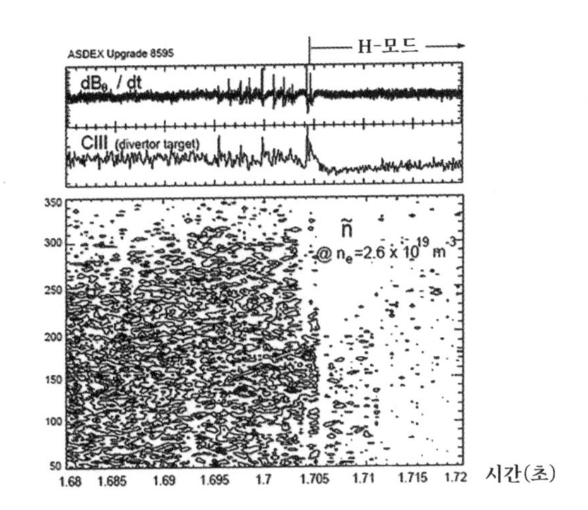

난류가 약해지면서 H-모드가 나타났던 것입니다.

플라즈마의 온도와 밀도는 토카막 장치의 중심부, 즉 도넛을 위에서 아래로 잘랐을 때 원형의 단면 중심부가 가장 높습니다. 중심부에 온도가 높고 입자들이 많이 모여 있으니, 수송 현상이 일어날 수밖에 없지요. 좀 더 전문적으로 표현하자면 엔트로피가 증가하는 방향으로 움직일 것입니다.

그런데 플라즈마 내부에 존재하는 난류가 이렇게 온도와 밀도가 퍼지는 수송 현상을 더욱 부추겨 중심부의 온도와 밀도가 예상보다 훨씬 빠르게 감소하는 현상이 발생한 것입니다. 마치 누군가 플라즈마 안에서 스푼으로 플라즈마를 저어준 것처럼 말이죠. 이런 플라즈마 요동에 의한 수송 현상은 스피처가 데이비드 봄의 확산 계수를 해석할 때도 나온 적이 있죠."

그럼 이제 실제 토카막 내부에서 난류에 따라 플라즈마의 압력이 어떻게 달라지는지 한번 살펴보자. 〔그림〕과 같이 L-모드와 H-모드 둘 다 중심부가 플라즈마의 압력이 가장 높고 가장자리로 갈수록 압력이 낮아지고 있다. 그런데 H-모드를 잘 살펴보면 플라즈마의 가장자리 부분에서 압력이 급격하게 올라가는 것을 볼 수 있다. 뭔가 눈에 보이지 않는 장벽이 있어서 플라즈마가 바깥으로 나가는 것을 막고 있는 것 같다. 마치 물이 흐르는 계곡 한가운데 돌로 댐을 쌓으면 돌무더기 안쪽에 물이 쌓여 수면이 올라가는 것과 비슷하다고 할까. 우리는 이것을 '수송 장벽(transport barrier)'이라고 부른다. 실제로 수송 장벽 근처에서 플라즈마의 난류를 측정한 그림을 보면, 시간에 따라 L-모드에서 H-모드로 천이했을 때 난류가 확연하게 줄어든 것을 알 수 있다.

이렇게 H-모드는 플라즈마 가장자리에 난류가 감소하면서 수송장벽이 형성되어 얻어진다는 것을 알게 되었다. 그런데 난류는 도대체 왜 줄어든 것일까? H-모드를 만들기 위해 특정 값보다 높은 가열을 해야 한다고 하는데, 그건 또 왜 그럴까? 그리고 이 문턱값은 난류와 어떤 관련이 있을까?

이 문제를 풀기 위해 많은 사람들이 다양한 이론을 제시했다. 대표적으로 서울대 함택수 교수가 토카막 좌표계로 발전시킨 '$E \times B$ 전단응력 이론'이 있다. 용어 자체도 낯설고 개념도 쉽지 않으니, 우선 비유를 통해 무슨 이야기를 하고 있는지 먼저 알아보자.

물살이 센 강을 나룻배를 이용해 건너편으로 건넌다고 해보자. 이때 강물의 속도가 강의 모든 지점에서 일정할 때와 위치마다 다를 때, 어떤 경우에 건너기 더 어려울까? 상식적으로 생각해도 속도가 위치마다 다를 경우가 건너기 더 어려울 것이다. 이처럼 전기장과 자기장의 상호작용($E \times B$)에 의해 나타나는 플라즈마 유동 속도(강물의 속도)가 위치에 따라 달라지면 난류가 자라지 못해 난류에 의한 플라즈마 수송(나룻배로 강을 건너는 것)이 줄어들 수 있다. 즉, 플라즈마의 유동이 난류를 억제해 수송 현상을 줄였다는 것이다. 이것이 바로 '$E \times B$ 전단응력 이론'의 대략적인 원리다.

함택수 교수는 상상력을 마음껏 펼쳐 이론을 전개하고 싶은데, 몇 안 되는 법칙을 지키는 게 그렇게 쉽지 않다고 저자에게 투덜거리곤 했다. 아무리 아름다운 이론이라도 운동량이나 에너지 보존과 같은 기본적인 물리 법칙을 만족하지 못하면 사실 아무짝에도 토카막의 플라즈마 내부에 나타나는 난류 현상 시뮬레이션.
E×*B* 전단응력이 없는 경우(위)에는 난류(붉은색과 푸른색 부분)가 명확하지만,
E×*B* 전단응력이 있을 때(아래)는 바깥지름 방향으로 자라는 난류가
전단응력에 의해 많이 부서져 있는 것을 확인할 수 있다.

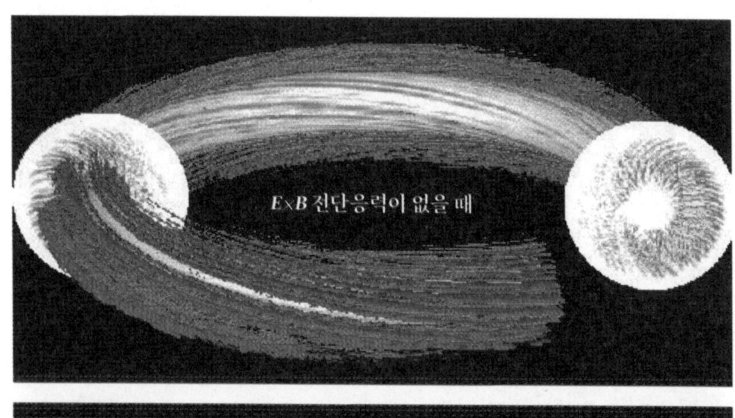

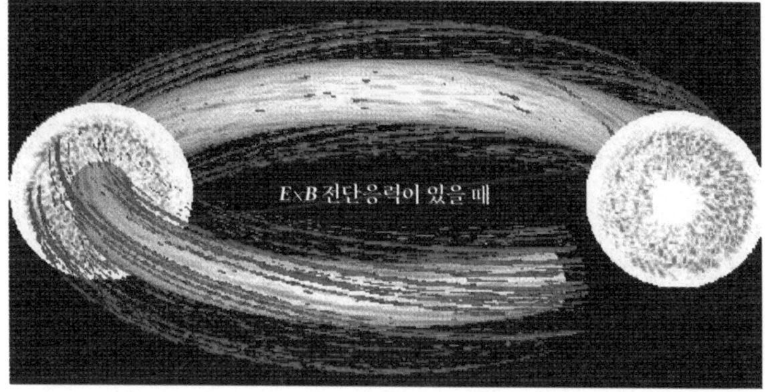

쓸모가 없을 테니 말이다. 플라즈마 난류는 주로 비선형 선회 운동 모델(nonlinear gyrokinetic model)로 해석하는데, 함택수 교수는 KAIST 최덕인 교수의 비선형 선회 운동 모델이 에너지 보존 법칙을 만족하지 못하는 부분이 있다는 것을 간파하고 이를 해결하여 모던 선회 운동 모델(modern gyrokinetic model)을 완성할 수 있었다. 이 모델은 현재 난류를 모사하는 가장 강력한 방법론으로 자리 잡고 있다.

함택수 교수는 로젠블루스가 총애했던 패트릭 다이아몬드 교수와 함께 연구하여 플라즈마 난류 해석에 탁월한 업적을 남겼다. 이 두 사람의 연구 업적은 영국 컬햄의 잭 코너와 브라이언 테일러, 짐 헤이스티 삼인방이 끈끈한 공동 연구로 이룬 이론적 성과에 비견할 만하다.

맥주통이 열렸다*

바그너 교수는 말을 이었다.

"오늘은 옥토버페스트가 시작하는 날입니다. 1810년에 시작된 세계 최대 규모의 맥주 축제로, 전 세계에서 600만 명 이상이 찾아옵니다.

여러분, 우리는 H-모드를 발견했습니다. 옥토버페스트를 즐길

* "맥주통이 열렸다!(O'zapft is!)"는 뮌헨 시장이 쇼텐하멜 천막에서 맥주통을 개봉하며 옥토버페스트의 시작을 선언하는 말이다.

자격이 충분합니다. 연구소에서 입장권을 준비했습니다! 1328년 아우구스티노 수도회가 설립한 뮌헨에서 가장 오래된 맥주 브랜드인 아우구스티너 맥주와 슈바인스학세를 맛보며 축제를 맘껏 즐겨 봅시다! 다만 술을 너무 많이 마셔서 정신이 여기저기 흩어져 버리는 '확산 현상'이 생기지 않게 해주세요. 우리는 '평형 상태'를 유지해야 합니다. 원래 상태로 돌아가지 못하는 '불안정성'은 곤란합니다! 우리는 그렇지 않아도 확산과 불안정성으로 충분히 고생하고 있으니까요!"

사람들은 환호하며 막스플랑크 플라즈마 물리 연구소의 L6 세미나룸을 떠났다. 이제는 축배를 들 시간이다.

이렇게 우리는 H-모드를 발견하여 정체된 연구에 활로를 열었고, 토카막을 이용한 핵융합 연구는 새로운 전기를 맞이하게 되었다. 우리의 여정은 핵융합 에너지의 실현을 향해 한 발자국 더 나아갈 수 있었다.

1억 도를 향하여

우리는 그동안 소련의 '사고의 용광로'와 독일의 막스플랑크 플라즈마 물리 연구소를 거치면서 인공 태양을 가둘 토카막을 개발하고, H-모드 플라즈마를 만들었다. 그러나 플라즈마의 온도는 아직 중수소-삼중수소 핵융합이 발생할 수 있는 온도인 1억 도에 도달하지 못하고 있었다.

이제 우리는 플라즈마의 온도를 1억 도 이상으로 올리도록 플라즈마를 강력하게 가열하는 방법을 찾아야 한다. 주위를 둘러보라. 여러 방법이 있을 수 있다. 우리는 이 수많은 방법 중 전기장판, 전자레인지, 가속기의 원리를 토카막에 적용해 보고자 한다. 하지만 기억하라. 이 세 가지 방법 말고 다른 방법들도 있을 수 있다는 것을. 우리에게는 당신의 참신한 아이디어가 필요하다.

• 전기장판을 핵융합 장치에 넣다

우리는 Z-조임 장치에서 플라즈마 내부에 전류를 흘려 플라즈마를 가열하는 과정을 살펴보았다. 전기장판이나 토스터가 바로 이 원리를 이용한다. 플라즈마에는 전기 저항이 있기 때문에 플라즈마에 전류를 흘리면 열이 발생해 온도가 올라간다. 실제로 T-3 토카막은 이 방식을 이용하여 전자 온도 1000만 도에 도달할 수 있었다.

그런데 이런 옴 가열 방식에는 문제가 있었다. 우선 플라즈마의 전류만 높게 올릴 수가 없었다. 플라즈마의 전류가 올라갈수록 전류에 의한 불안정성이 강하게 나타났다. 이를 막기 위해서는 토러스 축 방향의 자기장도 그만큼 강해져야 했다. 따라서 플라즈마 전류를 올리려면 축 방향의 자기장도 함께 올려야 했다.

두 번째로, 온도가 올라갈수록 플라즈마의 저항이 감소했다. 저항이 감소하면 옴 가열 효과가 줄어들었다. 도체는 온도가 올라가면 전기 저항이 증가한다. 물질을 구성하고 있는 입자들의 운동이 활발해져 전류가 흐르는 것을 더 많이 방해하기 때문이다. 예를 들어 출퇴근 시간에 북적이는 지하철에서 다른 노선의 지하철로 갈아 타러 간다고 하자. 한창 바쁜 시간이라 사람들이 이리저리 바쁘게 움직여 조금만 움직여도 사람들과 부딪치게 된다. 이처럼 온도가 올라가면 원자들이 빨리 움직여 전하를 운반하는 입자와 충돌이 많아져 전류는 흐르기 어려워진다. 그런데 플라즈마는 그 반대였다. 온도가 올라갈수록 저항이 낮아졌다. 플라즈마 상태에서는 온도가 올라갈수록 입자들 간의 충돌이 줄었다. 플라즈마의 충돌은 전자 온도의 1.5승에 반비례하는 것으로 나타났다.

플라즈마 내부에서는 당구공이 서로 부딪치는 것과 같은 입자의 직접적인 충돌은 거의 일어나지 않는다. 대부분 서로 스치지도 못하고 멀찍이 지나간다. 그래도 전하를 띠고 있어 이온과 전자는 서로 끌어당기는 힘을, 이온이나 전자들끼리는 서로 밀쳐내는 힘을 받는다. 결과적으로 부딪치지는 않더라도 서로 잡아당기거나 밀어냄으로써 원래 움직이던 궤도가 달라지게 된다. 실제 충돌은 아니지만 충돌과 비슷한 효과가 나타나는 것이다.

그런데 온도가 매우 높아 입자가 빠르게 움직이면 입자들끼리 서로 잡아당기거나 밀쳐내는 효과 자체도 크게 줄어든다. 플라즈마에서 온도가 올라가면 충돌이 줄어 저항이 떨어지는 이유가 여기에 있다. 결국 플라즈마에 전류를 흘려 옴 가열로 온도를 높이더라도 어느 정도 이상으로는 온도를 높일 수가 없었다. 안타깝게도 옴 가열로 도달할 수 있는 한계 온도는 핵융합 반응이 일어나는 온도에 턱없이 부족했다. 이렇게 우리는 저항이 있는 플라즈마에 전류를 흘려 플라즈마를 가열할 수 있었지만, 이 방식으로는 핵융합 반응이 일어날 수 있는 1억 도 이상의 온도를 얻을 수 없었다.

• 전자레인지로 플라즈마를 가열하다

1940년 11월 7일, 미국 워싱턴주에서 다리가 무너지는 사고가 있었다. 개통한 지 넉 달밖에 되지 않은 타코마 다리였다. 다리가 흔들리다 무너져 내리는 장면이 영상으로 남아 있어 지금도 인터넷을 통해 당시 상황을 생생히 볼 수 있다. 다리의 붕괴 원인에 대해서는 여러 논란이 있었지만, 그중 바람과의 '공명(resonance)' 현상이 가장 유력하다. 도대체 무슨 일이 있었기에 거대한 다리가 한순간에 무너진 것일까?

이 동영상에는 타코마 다리가 흔들리다 결국 무너지는 장면이 생생하게 담겨 있다.

'공명'은 어떤 물체의 '고유 진동수'와 동일한 주기로 외부에서 힘을 받으면, 진동의 크기인 진폭이 두드러지게 증가하는 현상이다. 바이올린이나 기타 줄을 고정하고 튕기면 항상 같은 소리를 낸다. 이런 진동수를 '고유 진동수'라고 한다. 타코마 다리도 고유 진동수를 갖고 미세하게 흔들리고 있었다. 그런데 바람이 불기 시작했다. 공교롭게도 바람의 진동수가 타코마 다리의 고유 진동수와 맞아 떨어졌다. '공명'을 통해 바람의 에너지가 다리로 전달되었고, 에너지를 받으면서 다리가 흔들리는 진폭이 점점 커졌다. 결국 다리는 상판이 떨어져 나가면서 무너지고 말았다. 이 사건 이후 다리 설계는 전환점을 맞게 된다. 공명으로 인한 붕괴를 막기 위해 교량의 고유 진동수를 측정하고 공기역학을 고려하는 작업이 필수가 된 것이다.

공명 현상은 이것 말고도 여러 사례를 들 수 있는데, 그중 소리굽쇠가 대표적이다. 고무망치로 소리굽쇠를 때리면 '딩'하고 소리가 나며 진동한다. 여기에 다른 소리굽쇠를 가까이 가져가면 이 소리굽쇠도 같은 소리를 내며 진동한다. 두 번째 소리굽쇠는 고무망치로 때리지 않았는데도 진동을 하는 것이다. 두 개의 소리굽쇠는 동일한 고유 진동수를 가지고 있어 공명을 통해 한쪽 소리굽쇠의 울림이 다른 소리굽쇠에 전달되어 진동을 유발한 것이다.

역사상 가장 위대한 오페라 가수라고 평가받는 이탈리아 출신의 테너 엔리코 카루소의 예도 들 수 있다. 카루소가 노래를 부르면 엄청난 성량에 유리창이 깨졌다고 한다. 언뜻 들으면 과장된 일화란 생각이 들지만, 공명의 원리를 생각해 보면 과학적으로 이해 가능한 일이다. 고유진동수로 미세하게 진동하고 있는 유리창에 카루소가 동일한 진동수의 음을 부르게 된다면? 카루소가 만든 음파 에너지가 유리창에 전달되어 유리창의 진동을 증폭시켜 유리창이 파열될 수 있을 것이다. 우리는 1946년에 영국의 조지 톰슨이 세계 최초로 핵융합 장치에 대한 특허를 냈다는 것을 기억하고 있다. 이 장치는 마이크로파를 이용해 토러스 장치에 전류를 유도하는 방식을 사용하였다. 바로 공명을 이용하는 것이었다.

플라즈마 입자는 자기장이 걸리면 자기장을 따라 일정한 주파수로 빙글빙글 돈다는 것을 우리는 앞에서 보았다. 그런데 입자가 빙글빙글 돌 때, 이에 맞추어 빙글빙글 도는 전기장을 넣어주면 어떻게 될까? 입사된 전기장의 회전 주파수가 돌고 있는 입자의 주파수와 같다면, 입자는 전기장에 의해 가속되어 에너지를 추가로 얻게 될 것이다. 그렇다면 토러스 축 방향으로 전기장을 회전시켜서 넣어준다면, 입자들은 회전하면서 공명하고 또한 토러스 축 방향으로도 에너지를 받아 그 방향으로 가속이 될 것이다. 이온이나 전자가 한쪽 방향으로 움직이는 것이 바로 전류이므로 우리는 이 방법으로 토러스 축 방향의 플라즈마 전류를 유도할 수 있다.

그렇다면 이렇게 회전하는 전기장은 어떻게 넣어줄 수 있을까? 편광 필터를 이용하면 가능하다. 전자기파는 시간에 따라 전기장과 자기장이 진동하며 공간으로 전파되는 파동이다. 이런 전자기파의 진동 주파수를 플라즈마의 회전 주파수에 맞춘 후 편광자(polarizer)를 통해 입사시키면 전자기파가 회전하며 전파될 수 있다. 또한 동일한 자기장이 걸리더라도 전자와 이온은 서로 반대 방향으로 회전하고 주파수도 서로 다르다. 전자가 이온보다 훨씬 가벼워서 더 빨리 회전한다. 전자가 100기가헤르츠 이상의 마이크로파 영역대라면, 이온은 수십 메가헤르츠 정도의 라디오파 영역대에 해당한다. 당연히 전자를 가열하느냐 이온을 가열하느냐에 따라 전자기파의 회전 방향과 주파수도 달라야 한다.

이렇게 우리는 회전하는 라디오파와 마이크로파를 이용하여 공명 현상으로 플라즈마 입자를 가열하고, 플라즈마 전류도 유도할 수 있다.

KSTAR 토카막에서 마이크로파로 공명을 일으켜 플라즈마를 생성하는 모습.
공명 위치에서 전자가 에너지를 얻어 밝게 빛이 나는 것을 볼 수 있다.

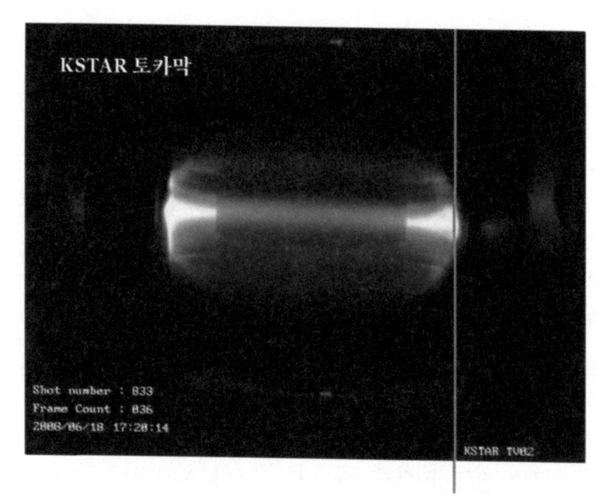

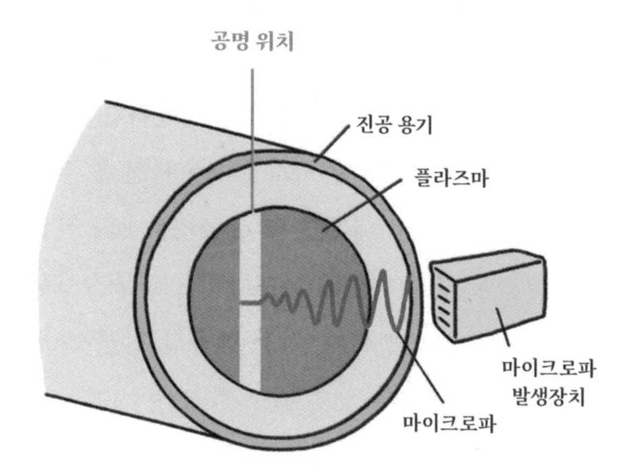

• 태양을 향해 중성입자를 쏴라

1968년에 개최된 IAEA 핵융합 학회 이후, 프린스턴은 볼프강 스토디크가 주도하여 Model C 스텔라레이터를 대칭형 토카막으로 빠르게 전환했다. 그리고 이 대칭형 토카막은 토카막이 스텔라레이터보다 가둠 성능이 좋다는 것을 확인시켜 주었다. 이로써 프린스턴은 스텔라레이터를 더 이상 개발하지 않고 PLT(Princeton Large Torus)라는 새로운 토카막 장치를 건설하여 1975년 12월에 운전을 시작했다. 스토디크가 이끈 PLT의 플라즈마는 1978년에 이온 온도가 7500만 도에 도달하여 새로운 기록을 세웠고, 1980년에 그 결과를 《사이언스》에 발표했다. 그런데 이 기록은 옴 가열이나 고주파 가열이 아니라 새로운 가열 방식을 통해 얻어진 것이었다. 바로 중성입자빔 주입(NBI · Neutral Beam Injection) 가열이었다. 이 방식은 미국 오크리지 국립연구소에서 개발한 것으로, 1973년 영국 컬햄의 CLEO 토카막에서 처음으로 실험이 진행되었다.

중성입자빔 주입 가열은 기본적으로 가속기의 원리를 이용한다. 즉, 이온이 전기장에 의해 가속되는 원리를 이용하는 것이다. 이 방법은 핵융합 연료 입자를 높은 에너지로 가속시킨 후 전기적 중성 상태로 만들어 핵융합 장치 내부로 쏘아 플라즈마의 온도를 높이는 것이다. 토카막 내부 플라즈마 온도가 1억 도라면 보통 중성입자빔의 온도는 10억 도 이상이다. 상용 핵융합 발전에서는 100억 도에 육박할 것이다.

욕조의 물이 미지근할 때 우리는 수도꼭지의 뜨거운 물을 틀어 물의 온도를 높인다. 수도꼭지에서 나오는 뜨거운 물이 욕조에 원래 있던 물만큼 많지는 않더라도, 온도가 훨씬 높다면 욕조 물을 데울 수 있다. 바로 욕조의 물이 토카막 내부의 플라즈마, 수도꼭지에서 나오는 뜨거운 물이 중성입자 빔에 해당한다. 당구공을 생각해 볼 수도 있다. 중성입자빔 주입은 멈춰 있거나 속도가 느린 당구공을 다른 당구공으로 세게 때려주는 것과 비슷하다. 빠른 당구공으로 천천히 움직이는 당구공을 때려 에너지를 전달하는 셈이다. 멈춰 있거나 느린 당구공은 토카막 내부의 플라즈마, 빠르게 움직여 때려주는 당구공이 중성입자빔이다.

핵융합 장치에서 중성입자빔 주입 가열은 다음과 같이 진행된다.

1. 먼저 중성입자빔 장치의 소스 부분에 저압의 기체를 주입하고 마이크로파를 쏘아 플라즈마를 만들고 온도를 높인다.
2. 플라즈마에 전기장을 걸어 이온을 높은 에너지로 가속시킨다.
3. 가속된 이온을 중성기체와 반응시켜 중성화한다.
4. 중성화된 고속의 입자들이 핵융합 장치의 포트를 통해 핵융합 플라즈마 내부로 입사된다.

그런데 여기서 한 가지 의문이 생긴다. 세 번째 단계에서 가속된 이온을 중성화하는 이유는 뭘까? 만약 이온이 토카막 장치로 바로 입사되면 토러스 축 방향으로 걸린 자기장에 의해 로런츠 힘을 받는다. 그렇게 되면 이온빔이 휘게 되고 플라즈마 내부로 깊숙이 들어가지 못한 채, 핵융합 장치와 중성입자 주입 장치를 연결하는 통로인 포트의 벽에 충돌하고 만다. 그래서 중성입자를 플라즈마 안쪽 깊숙이 넣기 위해, 자기장에 반응하지 않도록 가속된 이온을 중성화해 입사하는 것이다.

중성입자 주입 방식은 매우 효과적으로 플라즈마의 온도를 높일 수 있었다. PLT의 실험 결과는 획기적이었고, 곧 다른 토카막 장치도 앞다투어 중성입자빔 주입 방식을 도입했다.

이렇게 우리는 토카막의 플라즈마를 가열하는 방식으로 옴 가열, 고주파 가열, 중성입자빔 주입 가열을 알아보았다. 플라즈마는

중성입자빔 주입 장치는
(1) 소스에서 플라즈마를 형성하여, (2) 이온을 가속하고,
(3) 가속한 이온을 중성화하고, 중성화되지 않은 이온은 자기장으로 굴절시켜
폐기하여 (4) 중성입자빔을 주입한다.

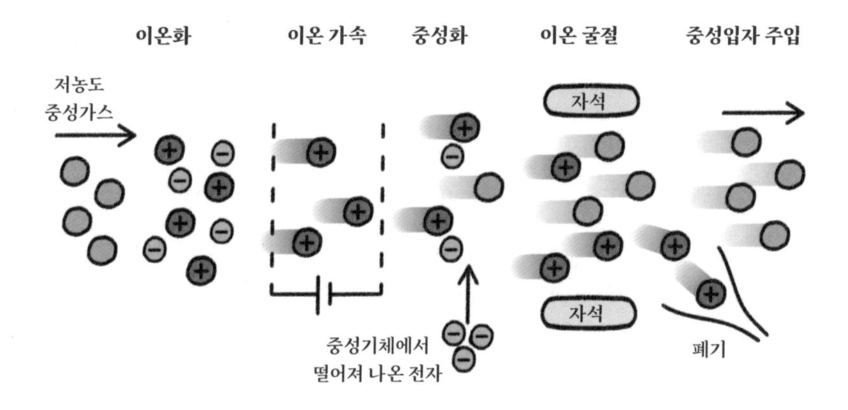

이제 핵융합이 충분히 일어나도록 가열되어 1억 도를 넘어가게 될 것이다. 1억 도가 넘으면 중수소-삼중수소 핵융합 반응이 일어나 고에너지의 알파입자가 발생할 것이다. 알파입자의 에너지는 중수소, 삼중수소 플라즈마에 전달되어 온도를 더 높일 것이다. 막강한 가열 장치를 갖게 되었으니 이제는 그에 걸맞게 핵융합 반응으로 이글거리는 고온의 플라즈마를 가둘 더욱 거대한 장치가 필요하게 되었다. 이 장치는 그동안 우리가 알아낸 모든 지식을 총동원하여 핵융합의 실현 가능성을 과학적으로 증명하게 될 것이다.

진격의 거대 장치들

1971년 유럽공동체(EC · European Community)는 유럽을 대표할 거대 핵융합 장치 개발 프로젝트를 시작했다. 우선 프랑스 출신의 폴-앙리 레뷰를 수장으로 1973년부터 설계를 시작해 1975년 계획서를 완성하고, 당시 기준으로 세계 최대의 토카막 장치인 JET(Joint European Torus)의 건설을 제안했다.

JET의 목표는 중수소와 삼중수소를 이용해 핵융합 반응의 과학적 손익분기점을 달성하는 것이었다. 핵융합에서 말하는 과학적 손익분기점은 핵융합에서 나오는 에너지와 핵융합을 일으키기 위해 넣어 준 에너지가 같을 때의 조건을 말한다. 이 두 에너지의 비율을 '핵융합 에너지 증폭률(Q)'이라고 하는데, Q가 1인 조건이 바로 손익분기점이다.

JET 프로젝트가 제안되자 이를 유치하기 위해 유럽 국가 간 경쟁이 시작되었다. 영국의 컬햄, 독일의 가르힝, 프랑스의 카다라쉬, 이탈리아의 이스프라, 벨기에의 몰이라는 다섯 개의 부지가 후보로 올랐다. 곧 이 다섯 개의 후보지는 영국 원자력 연구소가 있는 컬햄과 막스플랑크 플라즈마 물리 연구소가 있는 독일의 가르힝으로 좁혀 졌고, 두 나라 간에 한 치의 양보도 없는 경쟁이 펼쳐졌다. 하지만 당시 영국은 아직 유럽공동체에 가입하지 않은 상태였다.

1977년 10월 13일, 지중해 한가운데 있는 스페인의 마요르카 섬. 독일 사람들이 가장 좋아하는 휴양지 중 하나인 이곳에서 끔찍한 사건이 일어났다. 마요르카의 수도인 팔마를 떠나 프랑크푸르트로 향하던 루프트한자 여객기 181편이 이륙 30분 만에 마르세유 상공에서 납치된 것이다. 팔레스타인과 레바논 출신 4인으로 구성된 팔레스타인 해방 인민 전선이 일으킨 테러였다. 당시 '란츠후트(Landshut)'라는 이름으로 불린 이 비행기는 로마와 바레인, 두바이를 거쳐 예멘의 항구도시인 아덴에 착륙했고, 범인들은 그곳에서 기장을 살해하고 부조종사에게 조종을 시켜 아프리카 소말리아의 모가디슈까지 날아가 착륙했다.

10월 18일, 자정이 막 지난 시간, 서독 정부는 란츠후트를 되찾기 위해 연방경찰 제9국경 경비대(GSG 9)를 동원했다. GSG 9는 대테러 특수부대로, 1972년 뮌헨 올림픽 당시 검은 9월단에 의해 인질로 잡혔던 11명의 이스라엘 올림픽 참가자가 무참히 살해당한 참사를 계기로 창설된 부대였다. 작전명은 '마법의 불(Feuerzauber)'이었다. 이들은 MP5 기관총으로 무장하고 여객기 안으로 진입해 2분 만에 납치범 3명을 사살하고 1명을 생포해 사건 발생 5일 만에 86명의 인질을 구출하는 데 성공했다. 당시 영국 정부는 최초의 현대전 대테러 부대인 SAS 부대원 2명을 파견하고 특수 수류탄까지 제공하여 독일이 테러를 성공적으로 진압하는 데 큰 도움을 주었다.

이 사건이 벌어졌을 때, 영국의 제임스 캘러헌 총리와 독일의 헬무트 슈미트 수상은 독일 본에서 열린 회의에 참석하고 있었다. JET 유치 경쟁으로 서먹한 사이였지만 란츠후트 테러 진압이 성공했다는 소식을 들은 캘러헌은 "독일이 테러로부터 세계 민주주의의 자유를 지켰다"라고 찬사를 보냈고, 슈미트는 영국에 감사를 표했다. 이로써 틀어졌던 독일과 영국 사이에 조금씩 희망의 실마리가 보이기 시작했다.

당시 부지가 결정되지 못해 표류하고 있던 JET는 엎친 데 겹친 격으로 준비위원회에 참여하고 있던 국제 과학자들의 계약이 종료되면서 프로젝트 파기 직전까지 이른 상황이었다. 그러나 영국과 독일 두 정상의 만남이 있은 지 일주일만인 10월 25일, 프랑스, 덴마크, 아일랜드, 네덜란드가 영국을 지지하고, 벨기에와 이탈리아는 기권하면서 JET는 극적으로 기사회생에 성공했다. 당시 룩셈부르크는 독일의 가르힝을 지지하였다.

1977년, 이런 우여곡절 끝에 JET는 영국 옥스퍼드 근처의 컬햄에 건설하는 것으로 결정되었다. 총 건설 비용으로 1억 UC의 예산이 JET에 투입되었다. 1 UC(Units of Account)는 50벨기에 프랑으로, 1억 UC는 대략 5000억 원에 해당한다. 결과적으로 제트(jet)기 사건이 JET를 영국에 선물하게 된 셈이었다.

중수소와 삼중수소 반응에서 발생하는 중성자를 차폐하기 위한 3미터 두께의 벽에 둘러싸인 JET는 1983년 6월 25일 첫 플라즈마를 만들었고, 1984년 4월 9일 엘리자베스 2세의 축복을 받으며 공식적으로 운전을 시작했다.

대서양 건너 미국도 가만 있지는 않았다. 프린스턴의 PLT에서 고온의 플라즈마를 발생시켜 핵융합의 가능성을 확인하자, 핵융합 에너지 실현을 위해 중수소와 삼중수소 반응을 이용하는 대형 장치를 건설하기로 결정한 것이다. 1974년 미국의 에너지부는 오크리지 국립연구소와 프린스턴 플라즈마 물리 연구소 중 한 곳에 연구용 핵융합로를 건설할 계획을 세웠고, 그중 프린스턴에 TFTR(Tokamak Fusion Test Reactor) 장치를 세우기로 했다. 오크리지 국립연구소는 예전 맨해튼 프로젝트의 본부 중 하나가 있던 곳인 만큼 연구용이 아닌 상용 핵융합로가 더 적합하다는 판단에서 보류되었다. TFTR은 1980년 건설을 시작하여 1982년에 초기 운전을 개시하였다.

토카막의 자존심, 소련도 팔짱만 끼고 있지는 않았다. 소련은 한발 더 앞서 나갔다. 높은 자기장을 오랜 시간 유지하기 위해 구리 코일이 아닌 초전도 코일을 사용한 대형 토카막 건설 계획을 세웠다.

토카막에서는 자기장의 크기를 원하는 대로 바꾸기 위해 영구자석 대신 전자석을 사용한다. 전자석에 전류를 흘리면 자기장이 발생하는데, 높은 자기장을 얻기 위해서는 높은 전류가 필요하다. 구리 코일을 사용할 경우, 구리의 전기 저항 때문에 전류가 흐르면 옴가열이 발생해 자기장을 높이는 데 한계가 있었고, 장시간 운전에도 어려움이 있었다. 그런데 전기 저항이 0인 초전도 선재를 사용하게 되면 이런 옴 가열 문제가 없어 높은 자기장을 얻을 수 있고, 장시간 유지도 가능했다.

초전도 현상은 네덜란드의 헤이커 오네스(Heike Kamerlingh Onnes)가 1911년 발견했다. 그는 수은의 전기 저항을 측정하는 실험 중 특정 온도 이하로 냉각될 때 저항이 사라지는 것을 관찰했다. 오네스는 이 공로로 1913년 노벨 물리학상을 받는다. 1950년에는 란다우의 선구적인 연구 이후 저온 초전도체가 전기 저항 0의 성질을 갖는 이유도 밝혀졌다. 도체의 결정 격자 구조는 이온의 진동이나 구조 결함, 불순물 등으로 전자가 곧바로 진행하지 못하고 충돌을 반복하게 되고 이로 인해 도체 내에 전기 저항이 생긴다. 반면 초전도체는 모든 전자가 둘씩 쌍을 이뤄 결정 격자 속을 진행함에 따라 한 개의 전자가 격자의 진동이나 불순물에 충돌하더라도, 또 다른 한 개의 전자가 조정 기관 같은 역할을 해 전기 저항이 발생하지 않게 된다. 존 바딘(John Bardeen), 리언 쿠퍼(Leon N Cooper), 존 슈리퍼(John Robert Schrieffer)는 1957년 그들의 이름 첫 글자를 딴 'BCS 이론'으로 이러한 저온 초전도체의 성질을 규명하고 1972년 노벨 물리학상을 수상했다.

초전도 자석을 사용하는 대표적인 장치로 병원에서 우리 몸을 진단할 때 사용하는 '자기공명영상(MRI) 장치'를 들 수 있다. 자기공명영상 장치는 토카막의 고주파 가열과 비슷하게 공명의 원리를 이용한다. 인체가 자기공명영상 장치에 들어가면, 장치의 초전도 자석이 만드는 자기장에 의해 체내의 물분자를 구성하는 수소 분자가 특정 주파수로 운동을 하게 되고, 이와 동일한 주파수로 전자기파를 가하면 공명 현상에 의해 에너지를 얻어 신호를 발생시키는데, 이를 영상화하는 것이 자기공명영상 장치다.

이렇게 초전도 코일을 장착한 대형 토카막 장치는 T-15로 명명되었다. 토러스 축 방향 자기장을 만드는 24개의 토로이달 자기장 코일을 초전도 물질인 니오븀-주석 합금으로 만들기로 하고 1983년에 프로젝트를 시작했다.

1985년 당시 54세로 최연소 소련 공산당 서기장이 된 미하일 고르바초프는 '강철 이빨'이란 별명에 걸맞게 강력한 '페레스트로이카(재건)' 정책을 추진하면서 화석 연료를 대체할 에너지원으로 핵융합을 강조하였다. 그는 유배형을 받고 있던 사하로프를 복권시켜 주기도 했다. 고르바초프의 전폭적인 지원으로 T-15는 프로젝트 시작 5년만인 1988년 첫 플라즈마를 달성했다. 그리고 얼마 후 초전도 코일의 정상 상태 운전도 증명해 보였다.

T-15는 주반경이 2.43미터, 부반경이 0.7미터로, 자기장 3.6테슬라, 플라즈마 전류 1메가암페어를 달성했지만, 매년 1200만 달러에 달하는 운전 비용 확보에 큰 어려움을 겪었다. 그래서 1995년까지 단 100번의 제한된 실험만 수행한 채 애초 설계 당시에 목표로 했던 성능을 제대로 발휘하지 못했다. 그러다 ITER를 지원하기 위해 1996년부터 1998년까지 D형 플라즈마와 디버터 업그레이드를 수행하였고, 2010년 T-15MD로 이름을 바꾸고 핵분열-핵융합 혼성로 연구를 위해 2020년 말 업그레이드를 완료하였다.

일본도 이 경쟁에 뛰어 들었다. 원형 플라즈마의 JFT-2와 디버터를 장착한 JFT-2a로 토카막 연구를 진행하던 일본은 1974년 7월 거대 장치 건설을 위한 위원회를 결성했다. 특히 1970년대 오일쇼크를 겪은 후, 화석 연료를 사용하지 않는 에너지에 대한 갈망은 핵융합 연구에 불을 붙이고 있었다.

도쿄대를 졸업하고 MIT에서 박사 학위를 받고는 프린스턴 플라즈마 물리 연구소에서 Model C 스텔라레이터를 비롯한 슈퍼레이터(Spherator)를 개발하며 핵융합 연구를 주도하던 요시카와 쇼이치가 1970년대 초 도쿄대 물리학과로 돌아왔다. 그는 닐스 보어처럼 몸에 비해 머리가 컸고 달리기는 늘 꼴찌였지만, 성적은 물론 여학생으로부터 받은 데이트 신청도 언제나 1등이었다고 자랑하곤 했다. 당시 일본 원자력 연구소의 연구팀은 미국-일본의 공동 협력 프로그램으로 미국 캘리포니아주 샌디에이고의 Doublet III 장치에서 H-모드를 달성하여 토카막 연구의 최신 기술을 보유하고 있는 상황이었다. Doublet III는 '더블렛(doublet)'이라는 이름이 의미하듯이, 위쪽과 아래쪽의 원형 플라즈마가 서로 연결되어 8자 모양이었다.

이런 배경에서 1977년 일본 원자력 연구소는 이바라키현의 나카 연구소에 JT-60(Japan Tokamak-60)의 건설을 시작했다. '60'이라는 숫자는 플라즈마의 부피가 60세제곱미터라는 의미다. JT-60 건설에는 총 2300억 엔이 투입되었다. 초기 설계는 원형의 플라즈마를 사용하고 플라즈마 상단부나 하단부가 아닌 중심부 바깥면에 디버터를 두는 형태로 진행되었다. 그리고 1985년 4월 6일 히로시 기시모토를 중심으로 한 팀은 플라즈마를 발생시키는 데 성공했다. 이 소식은 저녁 7시 NHK 뉴스에 방송되었고 다음 날 신문의 헤드라인

1. 유럽의 JET   2. 미국의 TFTR

1

2

3. 소련의 T-15 4. 일본의 JT-60

3

4

을 장식했다.

이렇게 유럽연합의 JET, 미국의 TFTR, 소련의 T-15, 일본의 JT-60 등 거대 토카막 장치가 핵융합 상용화를 향해 진격을 시작하면서 핵융합 연구는 새로운 전기를 맞이하고 나라 간 치열한 경쟁에 돌입하게 되었다.

발상의 전환과 토카막 업그레이드

손익분기점을 넘어서려는 거대 토카막 장치의 등장은 핵융합이 더는 과학적 호기심의 수준이 아니라 인류의 미래 에너지원으로 꼭 실현해야 할 공학의 대상이 되었다는 것을 의미했다. 그리고 이제는 한두 명의 천재가 이끌어 가는 실험실 수준의 연구가 아니라 이론과 실험을 맡은 과학자와 설계와 제작을 담당할 공학자가 협력하는 단계로 전환하고 있었다.

거대 토카막 장치는 막강한 가열 장치를 갖추고 있었지만, 그래도 아직 핵융합이 충분히 일어날 수 있는 온도인 1억 도에는 도달하지 못하고 있었다. 뭔가 새로운 전환점이 필요했다. 힌트는 H-모드에 있었다. H-모드에서는 플라즈마 수송 장벽이 플라즈마 가장자리에 형성되어 플라즈마의 온도와 밀도를 더 높일 수 있었다. 그렇다면 혹시 수송 장벽을 플라즈마 내부에 만들 수는 없을까?

- **중심부에 만든 수송 장벽**

1990년 미국 워싱턴 DC에서 열린 IAEA 핵융합 학회에서 JET의 소장 폴-앙리 레뷰는 "JET는 당신들의 어떤 장치보다 두 배 이상 성능이 좋다!"라고 선언하였다. JET는 핵융합 연료인 중수소를 펠릿(pellet)으로 만들어 초고속으로 플라즈마 내부에 입사시키는 실험을 수행하고 있었다. 이는 플라즈마의 밀도를 높이기 위해 핵융합 연료로 만든 얼음 총알을 플라즈마에 쏘는 것이라고 할 수 있었다. 그런데 이 실험에서 예기치 않게 고온의 플라즈마를 얻었던 것이다.

이에 질세라 프린스턴의 TFTR은 강력한 중성입자빔으로 '슈퍼샷(supershot)'이라 불리는 초고온 플라즈마를 얻기 시작했고, 1986년 7월 2억 도에 도달했다.

일본의 JT-60은 1986년 중성입자빔 주입 장치를 도입했지만, H-모드 플라즈마를 달성하지 못하고 있었다. 디버터의 위치가 플라즈마의 상단부나 하단부가 아닌 중심부 바깥면에 위치하고 있었고, 중수소 대신 수소를 사용하고 있기 때문이라 생각되었다. 이에 기시모토는 디버터의 위치를 플라즈마 하단부로 옮기는 과감한 결정을 내렸다. 이렇게 대대적으로 장치를 변경하는데 7개월의 시간이 소모되었다. 그러나 결과는 의외였다. 기대한 대로 H-모드가 얻어지긴 했지만 뭔가 다른 플라즈마였다. 그들은 이를 '고성능 폴로이달 베타 플라즈마'라고 불렀다. 이는 TFTR의 수퍼샷과 유사한 플라즈마의 성능을 가지고 있었다.

1989년 11월, JT-60은 JT-60U로 업그레이드를 시도했다. 그리고 1994년, JT-60U는 플라즈마 가장자리가 아닌 내부에 수송 장벽을 형성했고, 이를 '내부 수송 장벽(ITB · internal transport barrier)'이라고 이름지었다. H-모드의 언저리 수송 장벽을 플라즈마 중심부 근처에 만들어 보자는 발상의 전환은 토카막의 성능을 획기적으로 높였다. 내부 장벽의 형성으로 토카막은 이전에 한 번도 경험하지 못한 초고온의 플라즈마를 얻을 수 있었다. 삼중수소를 사용하지 않고 중수소만 사용한 장치였지만 일본의 JT-60U는 5억 2200만 도를 기록하여 기네스북에 올랐다.

유럽연합과 미국의 총성 없는 전쟁

전 세계에서 유일하게 중수소와 삼중수소를 핵융합 연료로 사용하는 유럽연합의 JET와 미국 프린스턴 플라즈마 물리 연구소의 TFTR은 한치도 양보할 수 없는 경쟁에 돌입하고 있었다. 누가 먼저 Q = 1 손익분기점을 달성하느냐였다.

1988년 유고슬라비아(현재는 크로아티아)에서 열린 유럽 물리 학회에서 미국과 유럽을 대표하는 두 학자의 내기가 벌어졌다. TFTR의 물리 이론 분야 책임자였던 로버트 골드스톤과 JET의 고주파 가열 부문 대표였던 장 자키노가 'TFTR과 JET 중 누가 먼저 핵융합 파워 10메가와트를 1초 이상 유지할 것인가'를 두고 내기를 한 것이었다. TFTR이 이기면 자키노가 TFTR 팀 전원에게 프랑스식 저녁 식사를 제공하고, JET가 이기면 골드스톤이 JET 팀 전원에게 맥도날드 햄버거를 보낸다는 것이었다.

경쟁은 시작되었다. 1991년 11월 9일, 세계 최초의 중수소-삼중수소 실험이 JET에서 수행되었다. TFTR보다 2년 앞서는 것이었다. TFTR은 1993년 12월에 삼중수소 실험을 시작해서 1994년에 10.7메가와트의 핵융합 파워를 얻었다. 그리고 1995년에는 이온 온도 5억 1000만 도에 도달했다.

하지만 승부는 플라즈마 단면 모양에서 판가름 났다. JET는 디버터를 설치하여 플라즈마가 불순물에 오염되는 것을 막아 성능을 크게 높일 수 있었다. 게다가 아르치모비치와 샤프라노프의 연구를 참고해 플라즈마의 단면 모양을 원형이 아닌 알파벳 D의 형상에 가깝게 만들면서 플라즈마의 안정성도 대폭 향상시켰다. 반면 TFTR은 디버터가 없는 원형 플라즈마였다.

1997년 JET는 플라즈마에 24메가와트를 투입하여 16메가와트의 핵융합 파워를 얻었다, 핵융합 에너지 증폭률은 0.67이었다. 경계면 불안정성이 없는 H-모드에서 0.1초 남짓의 짧은 시간이었지만, 세계 신기록이었다. TFTR은 이 기록을 넘기 위해 다양한 시도를 했지만, 결국 이 산을 넘지 못했다. 전쟁에서 패한 TFTR은 15년의 운전을 뒤로 한 채 1997년 장엄한 막을 내렸다. 대신 프린스턴에서는 TFTR의 뒤를 이어 일반 토카막보다 주반경과 부반경의 비율이 작은 구형(spherical) 토카막 장치인 NSTX(National Spherical Torus Experiment)를 건설하고 새로운 도전을 시작했다.

한편 전쟁에서 승리한 JET는 운전을 계속했고, 2021년에는 핵융합 파워 10메가와트를 1초 이상 유지하는 데 성공했다. 그렇게 38년을 끌던 골드스톤과 자키노의 내기는 자키노의 승리로 돌아갔

JET(위)와 TFTR의 플라즈마 단면이다.
JET는 알파벳 D형인 반면, TFTR은 원형이다.

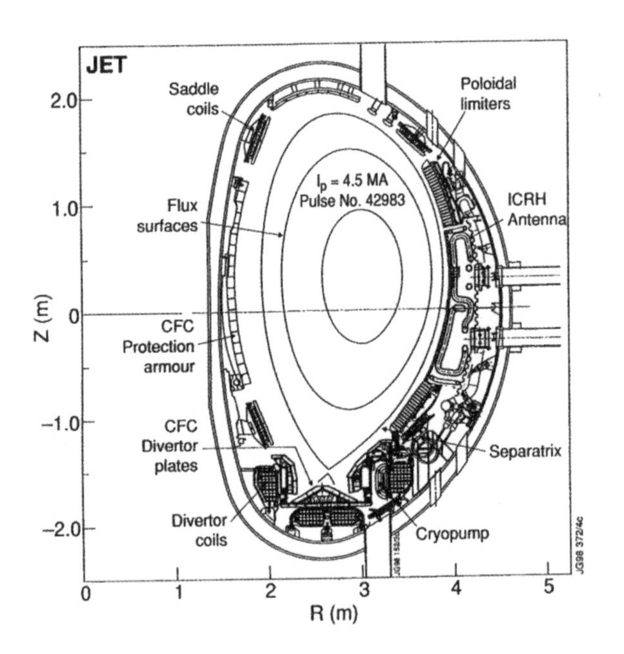

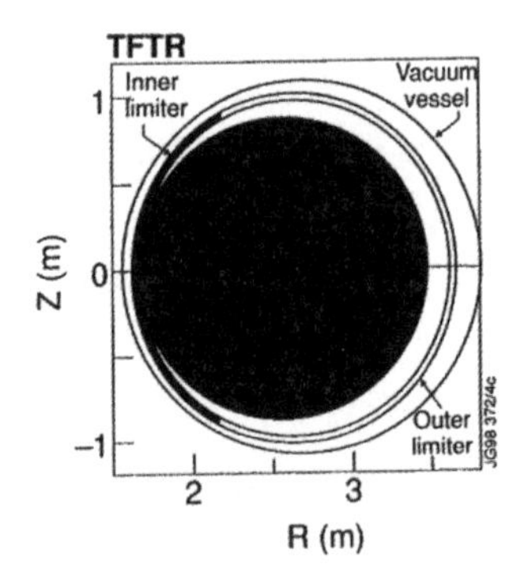

다. 골드스톤은 햄버거 1000개를 JET 팀에 보내는 대신 그 돈을 우크라이나 난민을 돕는 데 쓰자고 자키노와 합의하여 국제 구조 위원회에 1만 달러를 기부했고, JET에는 핵융합 파워 10메가와트를 1초 이상 유지한 성과를 기념하는 명판을 보냈다.

TFTR의 로버트 골드스톤이 JET 팀에 선사한 기념 명판.
JET는 2021년 핵융합 파워 10메가와트를 1초 이상 유지하는 데 성공했다.

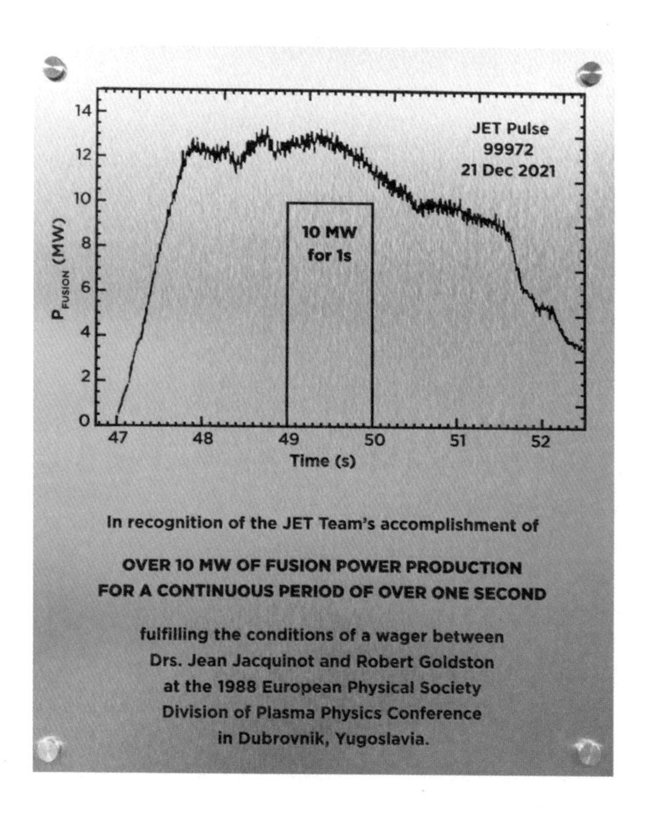

밝아 보였지만 어두웠던 길
— 상온 핵융합

핵융합의 메인스트림을 JET와 TFTR 등 거대 토카막 장치가 이끌어 가고 있는 동안, 변방에서는 새로운 접근으로 주류를 뒤집어 보려는 시도가 있었다. 초고온 플라즈마, 초고진공, 초고자기장, 복잡한 토러스 구조 등 공학의 한계에 도전하는 토카막 대신 상온에서 작동하는 핵융합 장치를 고안한 것이다. 자기장도 필요 없고 구조도 매우 단순했다.

미국 유타 대학에서 연구하던 마틴 플라이슈만과 스탠리 폰즈는 1989년 "전기화학적으로 유도된 중수소 핵융합"이란 논문을 발표했다. 팔라듐 전극 표면에서 중수를 전기 분해 했더니 일반적인 화학 반응으로는 설명할 수 없는 에너지가 발생했다는 것이었다.

결과는 즉시 파란을 일으키며 전 세계의 대대적인 주목을 받았다. 많은 나라에서 하루가 멀다 하고 이 결과를 재현하기 위한 실험이 이루어졌다. 긍정적인 결과들과 부정적인 결과들이 반복되다 점차 이들의 결과는 재현성이 없으며 과학적으로 검증되지 않는 것으로 결론이 기울기 시작했다.

머지않아 이들의 연구 결과는 '연구 부정 행위'로 최종 판가름 났고, 세상을 떠들썩하게 하며 핵융합 연구의 패러다임을 바꾸려던 시도는 일장춘몽으로 막을 내렸다. 이 해프닝은 핵융합 역사를 넘어 과학 역사의 수치 중 하나로 남게 되었다.

상온 핵융합은 1920년 경부터 연구되기 시작했고, 사실 1950년 이전에 사하로프에 의해 이론적으로 예견되기도 했다. 사하로프는 당시 "뮤온 촉매 핵융합" 방식을 연구했는데 뮤온이 수소 분자의 전자 중 하나를 대체하면 원자핵이 서로 가까이 끌어 당겨져 상온에서도 핵융합이 일어날 가능성이 있었다.

참고로 플라이슈만과 폰즈의 실험 이후에도 상온 핵융합 방식에는 다양한 아이디어가 제시되며 아직까지도 명맥을 이어가며 연구가 진행되고 있다.

핵융합 에너지 시대로 가는 지름길 – ITER

거대 토카막 장치들이 기지개를 켜기도 전인 1973년 6월, 미국 워싱턴 DC에서 열린 리처드 닉슨 미국 대통령과 레오니트 브레즈네프 소련 공산당 서기장의 회담 자리에 국제 핵융합 실험로 건설을 위한 국제공동연구가 제안되었다. ITER의 전신이라고 할 수 있는 INTOR(INternational TOkamak Reactor)의 시작이었다. 이 만남이 있은 지 5년 후인 1978년 11월 23일, 오스트리아 빈에서 미국, 소련, 유럽 그리고 일본의 과학기술자들이 참여한 첫 번째 INTOR 운영위원회의가 시작되었고, 이후 매년 두 차례 혹은 네 차례의 회의가 빈에서 열렸다. 하지만 INTOR는 실질적인 설계 단계까지 나아가지는 못했다.

1985년 11월, 철의 장막을 부수고 소련을 활짝 열어젖힌 고르바초프 서기장은 스위스 제네바에서 열린 미소 정상회담에서 로널드 레이건 미국 대통령을 만나 핵융합 기술의 안전한 개발을 제안했다. 미국과 소련의 핵무기 감축 산물로 세계에서 가장 큰 핵융합로인 국제 핵융합 실험로를 건설하자는 것이었다. 이 핵융합로에는 기존의 INTOR가 아닌 ITER(International Thermonuclear Experimental Reactor)라는 새로운 이름이 붙었다.

고르바초프 서기장과 레이건 대통령의 회담 이후, 미국과 소련, 유럽연합, 일본은 '핵융합 연구개발 추진에 관한 공동성명'을 채택하고, 1988년 ITER 기구를 공식 출범시켰다. 그리고 같은 해 ITER의 개념 설계가 시작되었고, 3년 후인 1990년 12월에 개념 설계를 완료해서, 1992년에는 공학 설계에 들어갔다. 타이타닉급의 거대한 국제 토카막 장치가 그 모습을 드러내기 시작하는 순간이었다.

그러던 1996년 12월, 《사이언스》에 "난류가 거대한 타이타닉 핵융합로를 침몰시킬지 모른다"는 글이 실렸다. 이 기사에는 ITER는 핵융합이 현실적인 에너지원임을 증명할 100억 달러짜리 장치지만, 최근 발표된 새로운 계산 결과에 의하면 목표를 달성하지 못한 채 흐지부지 끝나게 될 것이라는 부정적 전망이 담겨 있었다. 미국 텍사스 대학의 윌리엄 돌란드와 마이클 코첸로이터가 ITER의 플라즈마 난류를 계산해 보니, ITER에는 난류를 억제할 만큼 충분한 $E \times B$ 전단응력이 만들어 질 수 없다는 것이었다. 난류를 억제하지 못해 핵융합을 일으키고 유지할 정도의 높은 온도를 얻을 수 없을 것이란 예측이었다.

핵융합 커뮤니티는 충격에 빠졌다. ITER 프로젝트를 연기하고 설계를 변경하자는 의견이 표출되기 시작했다. 그러나 기사가 나오고 2년 후인 1998년 1월, 로젠블루스와 힌튼이 《피지컬 리뷰 레터》에 발표한 논문에서 돌란드와 코첸로이터가 사용한 플라즈마 난류 계산 모델인 선회 유체 모델(gyrofluid model)에 한계가 있다는 것을 지적하고, 보다 정교한 모델인 선회 운동 모델(gyrokinetic model)을 사용하여 ITER의 플라즈마에서도 난류를 억제하는 $E \times B$ 전단응력이 사라지지 않고 충분히 존재할 수 있다는 것을 증명하면서 논란은 종식되었다.

그러나 불행히도 같은 해, ITER에 비용이 너무 많이 들어가 부담스러워 자국 내 프로그램에 집중한다며 미국이 ITER를 돌연 탈퇴해 버렸다. ITER는 1998년 7월에 공학 설계를 완료했으나, 미국의 탈퇴로 설계 변경을 피할 수 없게 되었다. 결국 핵융합 파워를 700메가와트에서 500메가와트로 줄여 2001년 7월 재설계를 완료했다. 미국이 떠난 자리에는 캐나다가 새로운 파트너로 가입했다.

미국의 외도는 길지 않았다. 조지 W. 부시 대통령이 재참여를 결정하면서 미국은 2003년 1월 ITER에 돌아왔고, 동시에 중국도 새로운 파트너로 ITER에 참여하게 되었다. 우리나라도 유럽연합의 지지를 바탕으로 KSTAR의 성과를 인정받아 2003년 6월 ITER 회원국에 가입했다.

설계를 완료하고 새로운 회원국으로 재정비를 시작한 ITER는 이제 부지 선정 단계에 돌입했다. 그러자 JET 건설 때와 마찬가지로 여러 나라가 ITER 부지를 두고 치열한 경합을 벌였다. 캐나다가 가장 먼저 유치 의사를 밝혔고, 이후 일본, 스페인, 프랑스가 유치 경쟁에 뛰어들었다. 그러다 캐나다가 재원 조달의 어려움을 이유로 ITER에서 갑자기 탈퇴하고, 유럽연합이 프랑스와 스페인 중 프랑스를 유럽연합의 유치후보국으로 선정하면서, 프랑스와 일본이 최종 경쟁에 들어갔다.

두 나라는 ITER 유치를 두고 한 치도 양보하지 않았다. 유럽연합과 중국, 러시아는 프랑스를 지지하고 있었고, 일본과 미국, 우리나라는 일본을 지지하여 3 대 3의 대치 국면이 한동안 지속되었다. 그러다 2003년 12월 워싱턴에서 열린 ITER 부지 선정을 위한 장관급 회의에서 협상은 결국 결렬되고 말았다. 그후 팽팽한 줄다리기가 1년 넘게 이어졌고, 지리한 협상 끝에 2005년 6월 28일 마침내

극적인 타결이 이루어졌다. 일본이 양보한 것이었다. 이렇게 ITER 참여국의 만장일치로 프랑스 남부 마르세유 근처 생폴레듀랑으로 ITER 건설 부지가 결정되었다. 단, 여기에는 일본이 ITER 사무총장을 맡는다는 암묵적인 조건과 핵융합 개발을 위한 '폭넓은 접근(BA · Broader Approach) 협정'을 통해 일본과 유럽이 공동협력체계를 구축한다는 조건이 뒤따랐다.

'폭넓은 접근 협정'에는 유럽의 지원으로 일본의 JT-60U 장치를 초전도 토카막인 JT-60SA로 대폭 업그레이드하는 것과 일본의 ITER 유치 후보지였던 로카슈무라에 실증로(DEMO) 연구센터와 핵융합 재료의 시험 설비인 국제 핵융합 재료 조사 시설(IFMIF · International Fusion Materials Irradiation Facility), 그리고 ITER의 원격 실험 제어실을 건설하는 것이 포함되어 있었다. 간단히 말해, 유럽연합과 일본이 긴밀하게 협력하여 핵융합 실증로 건설의 핵심 기술인 노심 플라즈마 제어와 DEMO 설계 기술, 그리고 핵융합 재료 개발의 토대를 일본에 마련하겠다는 것이다. 이들은 ITER 프로젝트 이후에도 전기 생산의 실증을 위한 실증로 설계와 건설까지 함께 진행하기로 합의하였다.

이후 2005년 12월에 탈퇴한 캐나다를 대신하여 인도가 참여하게 되면서 ITER는 총 7개국이 건설과 운영을 공동으로 하게 되었다. 유럽연합 국가를 모두 넣어 따지면 ITER 참여국은 총 35개국에 달했다. 2006년 11월 21일, 프랑스 파리의 엘리제 궁에서 7개 회원국 장관이 ITER 협정에 서명하였고, 약 1년 후인 2007년 10월 24일에 ITER 기구가 공식적으로 설립되었다. 그리고 2010년부터 79억 유로(약 10조 4500억 원)를 투입하여 ITER 핵융합로 건설을 시작해서 2030년 이전 완공을 목표로 하고 있다.

ITER는 회원국별로 할당 품목을 자국에서 제작하여 현물로 조달하는 방식을 채택하고 있다. ITER 장치를 구성하는 조립 품목을 각 회원국이 맡아 자체 제작하여 프랑스 현지로 보내면 이들을 모아 조립해 완성하는 것이다. ITER 핵융합로가 있는 유럽이 전체 품목의 45.46퍼센트를 분담하고, 우리나라를 비롯한 6개 나라가 각각 9.09퍼센트를 담당한다.

각 조달 품목은 일반 화물과 비교할 수 없을 정도로 크고 무거워 특수한 운송 방법을 사용한다. 운송 중 품목이 손상될 경우, 전체 공정에 막대한 지장을 초래할 수 있기 때문에 운송 중 사고가 일어나지 않도록 각별한 주의가 필요하다. 우선 이 품목은 프랑스 남부 마르세유 인근의 포쉬르메르(Fos-sur-Mer) 항구까지 이동해, 이곳에서 ITER 부지까지 104킬로미터에 달하는 특수 운송 경로를 통해 이동하게 된다. 900톤에 달하는 장비의 무게와 높이를 고려해 3년에 걸쳐 특수도로를 건설했다. 바퀴가 352개나 달린 초대형 트레일러에 화물을 싣고 그 앞뒤로 도로를 통제하는 50여 대의 호송 차량이 대열을 이뤄 이동하는 장관이 연출되는데, 항구에서 ITER 부지까지 100킬로미터를 이동하는데 3일 정도가 소요된다.

이 와중에 웃지 못할 사건도 발생하곤 한다. ITER의 조달품 운송이 막 시작된 초창기에 있었던 일이다. 도둑들이 와인으로 유명한 프로방스의 한 양조장을 털고 의기양양하게 ITER 특수도로에 들어선 적이 있었다. 이들은 '재수 없게도' ITER 조달품 운송 행렬과 맞닥뜨렸다. 거대한 행렬에는 수많은 경찰차가 함께 하고 있었다. 놀란 도둑들은 차를 돌려 급하게 도망쳤는데, 이를 수상하게 여긴 경찰들이 쫓아가 결국 체포했다고 한다. 정말 '딱 걸린 것'이었다.

ITER는 중수소-삼중수소 반응을 이용하여 핵융합 출력 500메가와트, 에너지 증폭률 10, 정상 상태 운전 400초 이상을 달성하여 핵융합 에너지의 실현 가능성을 검증하는 것을 목표로 하고 있다. 핵융합로는 주반경이 6.2미터, 부반경이 2미터인데, 무게는 2만 3000톤으로 에펠탑의 약 3.5배다. ITER의 자기장 코일은 T-15처럼 초전도 코일을 사용하는데, 플라즈마 전류가 1500만 암페어, 자기장은 5.3테슬라에 달한다. 핵융합로는 우주 공간의 온도에 근접한 4K(영하 269도)로 냉각된다. 지구에서 가장 뜨거운 물질을 가장 차가운 물질로 가두는 것이라고 할 수 있다. 토러스 축 방향의 자기장을 만드는 토로이달 자기장 코일은 그 무게만 약 360톤으로, 보잉 747-300 비행기 한 대와 맞먹는다. ITER에는 이런 토로이달 코일이 18개가 설치되고, 각 코일을 구성하는 초전도 선재의 길이는 총 8만 킬로미터로 서울-부산을 100번 왕복할 수 있다. ITER 핵융합로의 부지는 전체 60만 제곱미터로, 축구장 60개를 만들 수 있는 면적이다. ITER는 지금까지 인류가 경험하지 못한 거대 공학 구조물로 21세기 과학기술의 총 결정체라고 할 수 있다. 완공 후 23년 동안 운전하고 이후 5년 간의 감쇄 단계를 거친 후 해체가 이루어질 예정이다.

ITER는 라틴어로는 '길'이라는 뜻이다. 미래 에너지 개발로 나아가는 길을 열어 주기를 염원하는 마음이 담겨 있다. ITER를 성공적으로 건설하고 운전할 수 있게 되면 핵융합 상용화로 가는 길이 열릴 것이다. ITER를 통해 핵융합 발전의 기술적 토대가 갖춰졌으니, 이제 모든 ITER 회원국은 상용화 선점을 위한 무한 경쟁을 시작할 것이다.

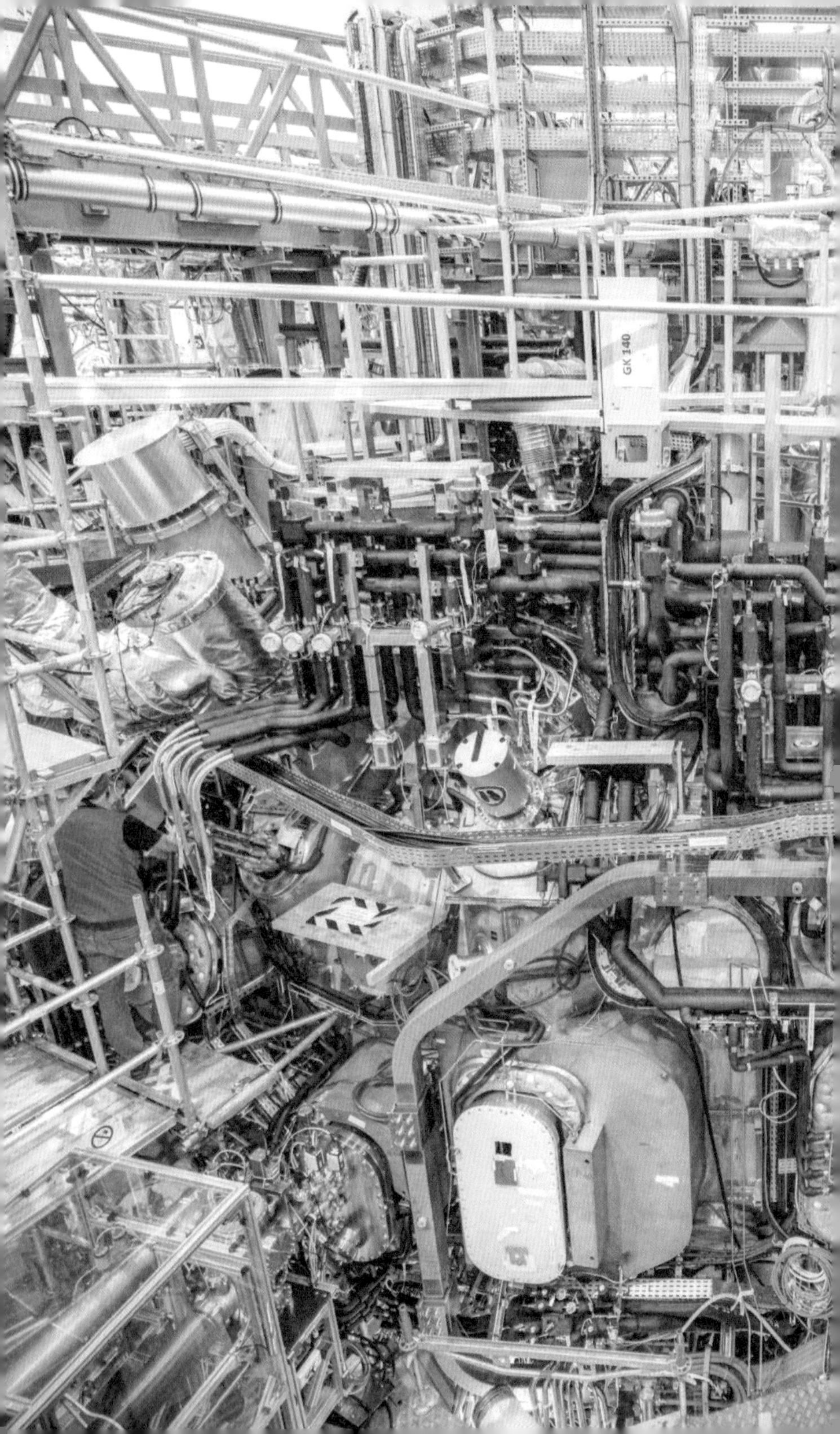
GK 140

4

The Sun Builders

핵융합 발전이 가능하려면

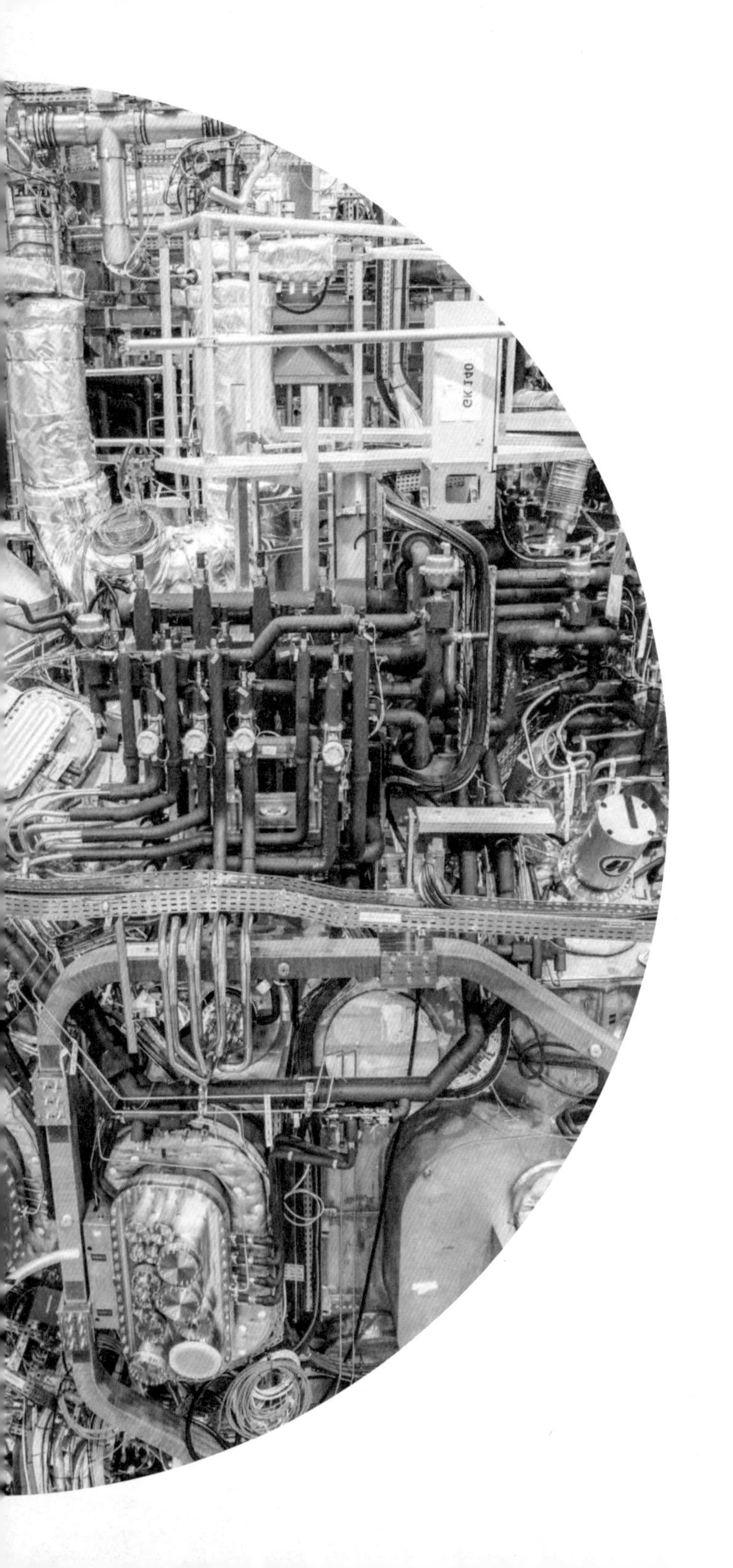

지금까지 우리는 베테와 함께 핵융합의 원리, 페르미와 함께 핵분열과 핵융합의 파괴적인 이용, 아르치모비치, 사하로프 등과 함께 '사고의 용광로'에서 토카막을 비롯한 핵융합 장치, 바그너와 함께 토카막의 H-모드 그리고 마지막으로 세계를 돌며 거대 토카막 장치들과 ITER에 대해 살펴보았다.

그런데 아직 우리가 살펴보지 못한 것이 있다. 핵융합 반응에서 나오는 에너지를 어떻게 전기로 변환하여 사용할 수 있을까?

핵융합로에서 전기를 꺼내는 방법

우리는 중수소-삼중수소 반응에서 발생하는 중성자가 전기적으로 중성이라 자기장의 영향을 받지 않고 플라즈마를 빠져나가 장치의 내벽으로 이동한다는 것을 알고 있다. 그리고 우리는 '사고의 용광로'를 통해 플라즈마에서 나온 중성자로 삼중수소를 자가생산하는 방법도 알아냈다. 플라즈마 주변에 리튬을 두면 중성자가 리튬과 반응하여 삼중수소를 생산할 수 있다. 이 삼중수소를 모아 핵융합로 내부에 다시 넣어주면 중수소-삼중수소 반응이 계속 일어날 것이고, 우리는 이때 발생하는 중성자의 에너지를 이용하여 전기 에너지를 만들어 낼 수 있다.

중성자는 중수소-삼중수소 반응에서 1410만 전자볼트의 에너지를 갖고 나온다. 이는 중수소-삼중수소 반응의 또 다른 부산물인 알파입자가 갖고 나오는 에너지보다 네 배 더 크다. 이처럼 막대한 중성자의 운동 에너지를 냉각재의 열 에너지로 바꾼다면, 냉각재가 터빈을 돌려 전기를 생산할 수 있다. 이는 화력 발전이나 원자력 발전의 원리와 동일하다. 이처럼 중성자를 이용해 삼중수소도 얻고 전기 생산도 할 수 있다면 일석이조가 아닐 수 없다.

핵융합 공학자들은 이 아이디어를 실제로 구현하기 위해 '블랭킷(blanket)'이란 개념을 고안해 냈다. 블랭킷은 영어로 담요를 뜻하지만, 공학에서는 유리나 암석 섬유 등으로 만든 유연한 다공질 재료로, 뭔가를 감싸는데 쓰이는 구조물을 말한다. 보통 흡음재나 단열재로 많이 쓰이는데, 원자력 발전에 사용되는 고속 증식로에서는 블랭킷을 핵분열성 물질의 변환을 유도할 목적으로 노심(reactor core) 주위를 감싸는 물질의 층을 말한다. 블랭킷으로 우라늄-238을 사용하면 중성자를 흡수하여 핵분열성 물질인 플루토늄-239가 얻어진다. 핵융합로의 블랭킷도 고속 증식로의 블랭킷과 개념은 유사하다. 노 중심의 플라즈마를 둘러싼 물질의 층에서 핵융합 반응을 통해 생성된 중성자를 흡수하여, 삼중수소를 생산하고 중성자의 에너지도 흡수하는 것이다.

그런데 핵융합로의 블랭킷 구조는 원자력 발전에서 쓰이는 것보다 복잡하다. 일단 블랭킷 내부에는 삼중수소를 생산하기 위해 리튬이 반드시 존재해야 한다. 고체 상태로 리튬을 사용할 경우에는 리튬산화물을 넣거나, 아니면 리튬과 규소, 리튬과 티타늄, 리튬과 지르코늄의 화합물 같은 세라믹을 집어 넣는다. 액체 상태로 리튬을 사용할 경우에는 액체 리튬이나 액상염 형태의 리튬 또는 리튬과 납의 혼합물을 블랭킷 내부에 흘린다.

블랭킷으로 들어온 중성자는 리튬과 반응하여 삼중수소를 발생시킬 뿐 아니라 리튬을 비롯한 블랭킷 내부의 소재와 반응하여 에너지를 전달한다. 아래는 '사고의 용광로'에서 우리가 살펴봤던 반응식이다.

$$n + {}^{6}\mathrm{Li} \rightarrow t + \alpha + 4.78\ \mathrm{MeV}$$

$$n + {}^{7}\mathrm{Li} \rightarrow t + \alpha + n' - 2.47\ \mathrm{MeV}$$

이 식에서 n은 중성자, t는 삼중수소의 원자핵을 가리킨다. 중성자가 리튬-6과 충돌하면 발열 반응이, 리튬-7과 충돌하면 흡열 반응이 일어난다. 중성자가 리튬-7과 충돌하면 중성자가 한 개 발생하게 되는데, 이 중성자(n')가 다른 리튬과 충돌하여 삼중수소를 추가로 얻을 수 있다는 장점이 있다. 결과적으로 중성자 하나가 두 개 이상의 삼중수소를 발생시킬 수 있는 것이다. 리튬-6과의 반응에서는 중성자가 나오지 않아 삼중수소를 추가로 얻을 수 없다. 그래서 블랭킷 내부에 베릴륨과 같은 증배재를 넣어 중성자 개수를 늘리게 된다. 중성자는 베릴륨과 반응하면 중성자가 하나 더 발생한다. 이처럼 증배재를 사용하면 삼중수소를 더 많이 만들 수 있다.

핵융합 플라즈마와 블랭킷의 개략도.
중수소-삼중수소 반응에서 발생한 중성자가 블랭킷의 리튬과 반응하여 삼중수소를 발생시킨다. 발생한 삼중수소는 플라즈마로 공급되어 핵융합 반응이 유지된다.

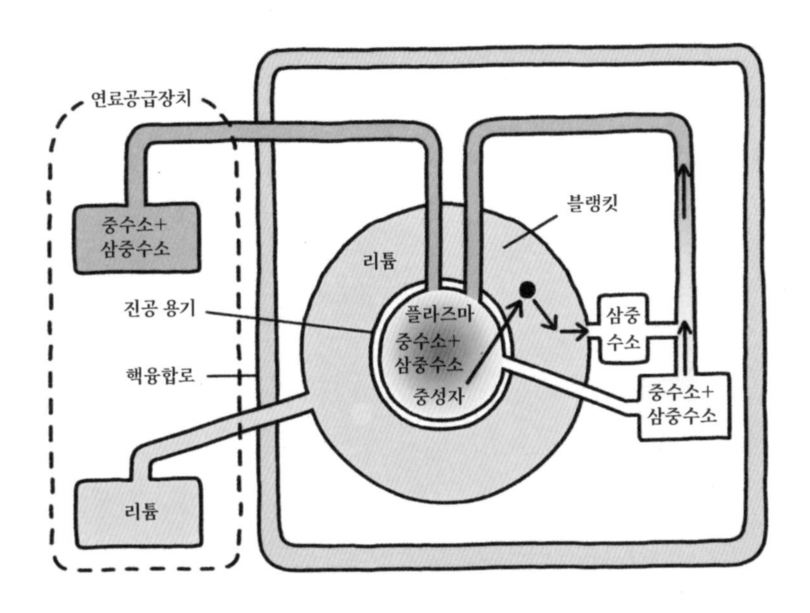

중성자가 리튬이나 베릴륨과 같은 블랭킷 내부의 소재와 반응하여 전달한 에너지는 최종적으로는 블랭킷 내부 곳곳을 순환하고 있는 냉각재가 흡수한다. 냉각재는 블랭킷을 통과하며 에너지를 얻어 온도가 올라간다. 이 냉각재는 전기 생산에 바로 이용하지 않는다. 삼중수소 등 방사성 물질이 섞여 있을 수 있기 때문이다. 냉각재가 얻은 에너지를 다시 흡수해 전기 생산에 활용할 별도의 독

립적인 냉각 계통이 필요하다. 이를 동력 변환 계통이라 하고, 여기에서는 보통 물을 사용한다. 동력 변환 계통의 물은 블랭킷을 순환한 냉각재와 열교환을 통해 가열되어 증기를 만들어 낸다. 이 증기가 터빈을 돌리게 되면 전류가 유도된다.

결과적으로 중성자의 에너지가 블랭킷을 통과하는 냉각재에 전달되고, 이 에너지는 다시 동력 변환 계통의 물에 전달되어 이때 발생한 증기로 터빈을 돌려 전기가 생산되는 것이다. 이처럼 동력 변환 계통을 통해 터빈을 돌려 발전을 하는 방식은 사실 원자력 발전과 큰 차이가 없다.

핵융합로에서 블랭킷을 이용한 발전 방식.
블랭킷으로 들어간 중성자가 에너지를 전달하여 열이 발생하고 냉각재를 가열한다.
가열된 냉각재는 다시 동력 변환 계통의 물에 에너지를 전달하고
증기 발생기에서는 이 물로 증기를 만들어 터빈을 돌려 전기를 생산한다.

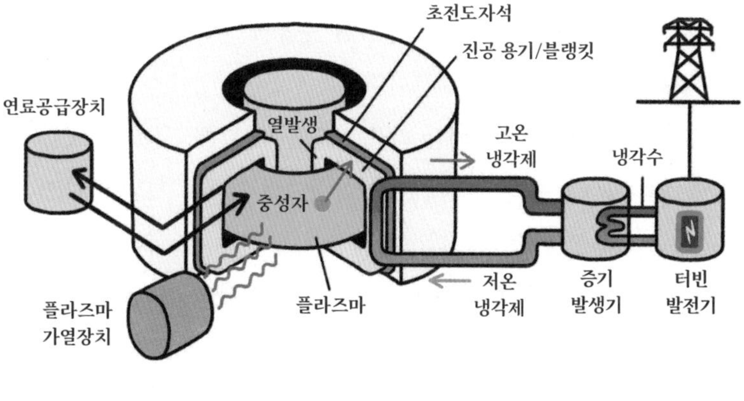

동력 변환 계통에는 물 외에도 헬륨 등 다양한 냉각재를 사용할 수 있다. 냉각재가 더 많은 열을 흡수할수록 발전 효율은 높아진다. 또한 고온의 열을 이용하면 물을 직접 분해해 수소 생산도 가능하다. 실제로 수소 생산만을 목적으로 블랭킷을 설계하기도 한다. 핵융합을 통해 수소 에너지 상용화에 기여하기 위해서다.

그런데 우리가 평소 접하는 일반적인 재료는 플라즈마의 고온과 다량의 중성자를 버터내지 못한다. 그래서 블랭킷을 위한 다양한 신재료가 개발되고 있다. 저방사화 페라이트강, 산화물분산강화 합금강, 바나듐 합금, 텅스텐 합금, 탄화규소 복합소재 등이 블랭킷의 구조재 후보로 연구되고 있다. 핵융합 장치의 극한 재료에 대해서는 뒤에서 보다 자세히 다룬다.

블랭킷은 중성자로 삼중수소를 생산하고, 전력 생산을 위해 중성자의 에너지를 흡수하는 역할도 하지만 그외에 초전도 자석을 비롯한 토카막 장치를 중성자로부터 보호하기도 한다. 블랭킷의 바깥쪽은 중성자가 밖으로 나가지 못하도록 차폐재로 감싸는데 대개는 철, 폴리에틸렌, 납, 레진을 사용한다. 물도 훌륭한 차폐재다. 원자력 발전소에서 사용후 핵연료를 수조에 넣어두는 것도 물이 방사선 차폐 역할을 하기 때문이다.

지금까지 살펴본 블랭킷은 리튬 화합물, 냉각재, 구조재, 중성자 증배재와 차폐재를 다양하게 조합하여 여러 형태로 개발이 가능하다. 이중 핵융합 반응으로 발생한 중성자 하나가 몇 개의 삼중수소를 만들어 내는가를 나타내는 삼중수소 증식률과, 중성자의 에너지가 블랭킷에서 얼마나 증폭되는가를 나타내는 블랭킷 에너지 증폭률이 블랭킷 설계에서 가장 중요하다. 특히 삼중수소 증식률은 1.1 이상이 되어야 한다. 1.0 이상은 핵융합로가 성립되기 위한 절대 조건이며, 주위의 재료 표면으로 흡착되어 손실되거나 방사성 붕괴로 인해 부족해진 물량을 보충하고, 저장과 차기 핵융합 발전소의 초기 장착 물량 확보를 위해서는 삼중수소 증식률이 1.1 이상이 요구된다.

블랭킷은 중성자를 비롯한 방사선에 노출되어 수명이 짧다. 따라서 블랭킷은 일종의 소모품으로 유지 보수가 중요하고, 적절한 시점에 교환해 주어야 한다. 그래서 핵융합을 상용화하기 위해서는 방사화된 블랭킷을 교체하기 위한 원격 조정 로봇 기술도 매우 중요할 수밖에 없다. 1958년 제네바에서 열린 제2회 원자력 에너지의 평화적인 이용을 위한 UN 국제 학회에서 텔러는 이미 이 기술의 중요성을 설파했었다.

이처럼 핵융합로의 블랭킷은 중성자에서 삼중수소를 생산하고 중성자의 에너지를 흡수할 뿐 아니라 핵융합로의 방사선을 차폐하는 중요한 역할을 맡고 있다.

블랭킷은 핵융합 공학의 꽃

앞에서 우리는 핵융합 발전에서 블랭킷이 매우 중요한 역할을 맡고 있다는 것을 살펴보았다. 블랭킷은 그 구조와 액체 혹은 고체라는 리튬의 성상에 따라 삼중수소 증식률과 에너지 증폭률이 천차만별이다. 원지력공학, 열수력, 화학공학, 재료공학 등 다양한 공학 기술이 집약적으로 필요하므로 블랭킷을 '핵융합로 공학의 꽃'이라고 부르기도 한다.

블랭킷이 이처럼 중요하다 보니 모든 나라에서 집중적으로 연구하고 있고, ITER에서도 일부 블랭킷의 시험 계획을 세우고 있다. 사실 ITER는 핵융합 에너지의 실현 가능성을 과학적·기술적으로 검증하는 것을 최우선 목표로 하고 있기 때문에, 핵융합 반응에서 나오는 에너지를 직접 이용하는 프로세스는 그다지 중요하게 생각하고 있지 않다. 하지만 아무리 그렇다 해도, 블랭킷 연구를 빼놓을 수는 없어 토카막 일부 구간에 소형 블랭킷 모듈을 넣어 블랭킷의 성능을 테스트하고 검증할 계획을 세우고 있다. 이 장치가 바로 '테스트 블랭킷 모듈'이다.

토카막의 진공 용기에는 다른 부속 장치에 연결된 속이 빈 관이 여럿 달려 있는데, 이를 '포트(port)'라고 한다. 앞에 나왔던 중성입자빔 가열 장치도 바로 이 포트를 통해 토카막 진공 용기에 연결되어 있다. ITER에는 상단에 18개, 중앙에 17개, 하단에 9개의 총 44개의 포트가 있는데, 대부분이 가열 장치와 진공 배기 장치, 진단 장치에 할당되어 있다. 테스트 블랭킷 모듈이 들어갈 수 있는 포트는 그 수가 제한돼 있어 16번과 18번 두 개의 포트만 사용 가능한데, 각 포트에는 두 개의 테스트 블랭킷 모듈을 장착할 수 있다. 이처럼 장착 가능한 테스트 블랭킷 모듈 수가 ITER 회원국 수보다 적은 4개로 제한돼 있기 때문에 ITER 회원국은 다양한 블랭킷 유형 중 4가지를 택해 각국에 맞는 삼중수소 생산 기술과 핵융합 에너지 변환 기술을 검증해야 한다.

테스트 블랭킷 모듈에는 리튬을 고체 상태로 넣는 고체형 블랭킷과 리튬-납을 액체 상태로 넣는 액체형 블랭킷이 있다. 고체형 블랭킷은 냉각재로 액체 헬륨과 물을 사용하는데, 그중 헬륨을 사용하는 방식은 우리나라와 유럽, 중국이 주도적으로 개발하고 있고, 물을 냉각재로 사용하는 방식은 일본이 개발하고 있다. 리튬-납을 액체 상태로 넣는 액체형 블랭킷은 냉각재로 물을 사용하는 방식을 유럽이 주도적으로 개발하고 있다. 미국에서는 헬륨과 리튬-납을 동시에 냉각재로 사용하는 방식을 연구하고 있고, 인도에서는 헬륨과 리튬-납을 냉각재로 사용하면서 산화리튬티타늄을 리튬-납과 함께 증식재로 이용하는 방식을 추진 중이다.

ITER의 테스트 블랭킷 모듈을 통해 블랭킷의 핵심 기술이 검증되면, 핵융합 실증로에 이 기술을 도입해 핵융합 에너지 상용화가 가능하다. 물론 이 과정에서 각각의 블랭킷 유형은 서로 경쟁하게 될 것이다. 마치 2000년대 초중반 다양한 휴대전화가 쏟아져 나와 경쟁하다가 결국 iOS와 안드로이드 두 가지 운영 체제로 정리된 것처럼 현재 연구되고 있는 다양한 블랭킷 유형도 나중에는 몇 가지만 살아남게 될 것이다. 이런 상황이라 유럽연합에서는 아예 처음부터 자국에서 제작해 ITER에 설치할 테스트 블랭킷 모듈의 실험 결과를 공개하지 않겠다고 공식 선언한 바 있다. 즉, ITER가 성공적으로 마무리된 후에는 ITER를 중심으로 뭉쳤던 여러 참여국이 더이상 협력자가 아니라 상용화 기술 표준을 선점하기 위한 경쟁자 관계로 돌아서게 되는 것이다.

핵융합로의 조건

우리는 이제 핵융합 플라즈마를 가둘 수 있고, 또 핵융합에서 나오는 에너지로 전기를 생산하는 방법도 알게 되었다. 이제 실제 핵융합 발전소를 짓는다고 해보자. 눈앞이 막막해진다. 장치는 어느 정도 크기로 할 것인가? 가열 파워는 얼마로 해야 할까? 플라즈마 온도와 밀도는 어느 수준까지 올려야 할까? 제대로 된 핵융합로를 만들기 위해서는 분명 일정 수준 이상의 조건이 필요할 것이다.

• 핵융합 삼중곱

제2차 세계 대전이 끝날 무렵, 이 질문을 누구보다 앞서 고민했던 사람 있었다. 영국 하웰의 원자력 에너지 연구기관에 근무하던 존 로슨이었다. 로슨은 물리학이 아닌 기계가 전공이었는데, 박사 학위도 없었다. 그는 마이크로파와 가속기 연구를 하고 있었지만, 연구실을 이끌고 있던 소너맨을 통해 자연스레 핵융합에 관심을 갖게 되었다.

로슨은 핵융합로가 운영 가능한 조건을 알고 싶었다. 주변의 물리학자들은 플라즈마의 불안정성이나 수송 현상과 같은 물리적인 문제에 집중했지, 정작 핵융합로를 구현하는 데 필요한 플라즈마의 온도나 밀도가 어떠해야 하는지에 대해서는 큰 관심이 없었다. 로슨은 자신의 질문을 발전시켜 1955년 12월 연구소에 보고서를 제출했다. '에너지 균형' 조건을 찾아낸 것이었다. 이는 그가 물리학자가 아니라, 토카막을 만들었던 야블린스키처럼 공학적 배경을 가지고 있었기에 가능했을 것이다.

연구 결과의 중요성은 바로 인식되었고, 곧 국가 기밀로 분류되었다. 1956년 4월 쿠르차토프가 하웰을 방문하고 난 후, 연구소장 콕크로프트는 로슨에게 연구 결과를 공개적으로 발표할 것을 제안했다. 그리고 로슨의 핵융합로 조건은 1957년 9월 더블린에서 열린 영국과학진흥협회에서 주최한 학회에서 공개되었다.

로슨은 이 발표에서 핵융합로가 만족해야 할 조건을 간단하면서도 명쾌하게 제시했다. 플라즈마 밀도(n)와 에너지 가둠 시간(τ_E)의 곱을 특정 값보다 크게 유지해야 한다는 것이었다. 여기에서 플라즈마의 밀도는, 단위 부피, 즉 1세제곱미터에 들어 있는 이온의 수로 정의했다. 현재 가동 중인 토카막 장치에는 1세제곱미터당 약 10^{20}개의 이온이 들어 있다. 이는 대기에 존재하는 입자 수의 30만 분의 1에 해당한다. 에너지 가둠 시간은, 가열을 중단했을 때 플라즈마가 에너지를 얼마나 오래 유지할 수 있느냐를 말한다. 난방을 예로 들면, 보일러를 껐을 때 방의 온도가 끄기 전에 비해 $1/e$즉, 약 3분의 1로 떨어지는 데 걸리는 시간을 의미했다.

로슨이 도출한 조건은 핵융합로가 경제성이 있기 위해서는 핵융합의 순 에너지가 0보다 커야 한다는 단순한 생각에서 출발했다. 적어도 핵융합에서 얻게 되는 에너지가 플라즈마에 넣어준 에너지보다는 커야할 것이 아닌가? 이는 다른 말로 하면, 핵융합 에너지 증폭률 Q가 최소한 1보다 커야 한다는 의미였다. 플라즈마는 열전도와 복사열 방출을 통해 에너지를 잃게 되는데, 핵융합이 가능한 상태를 유지하기 위해서는 잃어버린 만큼 에너지를 보충하는 것이 필요하다. 핵융합 반응에서 얻어지는 에너지가 최소한 잃어버린 에너지보다 커야 핵융합로가 쓸모가 있을 것이다. 얻는 에너지와 잃는 에너지가 같은 상태가 Q = 1인 손익분기점에 해당한다고 할 수 있다.

로슨은 핵융합에서 얻어지는 에너지는 플라즈마의 밀도와 온도를 변수로 계산하고, 플라즈마가 잃게 되는 에너지는 방출되는 복사 에너지와 가둠 시간이 변수로 포함되는 열전도를 고려하여 계산하였다. 여기에 잃어버린 에너지를 보상하기 위해 제공하는 에너지가 100퍼센트 모두 플라즈마로 들어가는 것이 아니라 어느 정도 손실이 일어난다는 것도 고려하였다. 예를 들어 100메가와트 가열 파워를 핵융합로에 넣어줄 때 실제 플라즈마에 도달하는 파워는 중간 과정의 손실을 고려하면 30메가와트 정도로 줄어들 수 있다. 이 경우 효율은 30퍼센트에 해당한다.

이런 일련의 계산 과정을 통해 로슨은 핵융합 반응을 유지하기 위해서는 최종적으로 $n\tau_E$가 일정값 이상이어야 한다는 에너지 균형 조건을 찾아냈다. 우리는 이 조건을 '로슨 조건(Lawson Criterion)'이라고 부른다. 로슨의 연구 이후 이 조건은 이온의 온도(T)를 포함시켜 $n\tau_E T$가 일정 값 이상이 되어야 한다는 형태로 발전했다. 이렇게 나타낸 밀도와 에너지 가둠 시간, 온도의 곱을 '핵융합 삼중곱(fusion triple product)'이라고 부른다.

참고로 외부 가열 없이 핵융합에서 발생하는 에너지만으로 플라즈마를 유지하는 상태인 점화 조건(ignition, Q = 무한대 해당)은 $n\tau_E T \geq 3\times10^{28}\mathrm{m}^{-3}\mathrm{sK}$으로 5 bar·s에 해당한다. 이는 간단히 말해, 대기압의 플라즈마를 외부 가열 없이 5초 이상 유지한다는 의미다.

이렇게 로슨의 선구적인 연구를 통해 우리는 핵융합로가 만족해야 할 조건을 얻게 되었다. 로슨 조건은 Q가 1보다 커야 한다는 기본 아이디어에서 시작했지만, 실제 핵융합 발전소에서는 일반적으로 Q를 20~50 정도로 설계한다. 따라서 ITER 목표값인 Q = 10보다 높은 값을 갖는다. 그런데 핵융합로에서는 공학적인 요소와 플라즈마 상태를 고려하여 보통 Q보다는 핵융합 삼중곱으로 핵융합로 조건을 표현한다.

다음 〔그림〕은 역사적으로 다양한 토카막 장치에서 얻은 핵융합 삼중곱의 실험 결과를 손익분기점, 점화 조건과 비교해 보여 주고 있다.

- 경제성

우리는 이렇게 로슨을 통해서 핵융합로가 만족해야 할 조건을 찾았다. 그런데 여기에서 근본적인 질문을 해 볼 필요가 있다. 핵융합로가 로슨 조건을 만족해서 운영 가능하다 하더라도, 과연 다른 에너지원에 비해 경제성이 있을까? 아무리 좋은 에너지원이라도 전기를 생산하는데 돈이 너무 많이 들어간다면 그건 경제적으로 아무 의미가 없을 테니 말이다. 핵융합로를 건설해야 할 전력회사가 손해를 보면서까지 비즈니스를 할 이유는 없다. 그리고 혹시라도 핵융합 에너지보다 더 경제적이고 환경 친화적인 에너지원이 있을지도 모를 일이다.

우선 동일한 전력을 생산하는 데 필요한 연료량만 따지면 핵융

다양한 핵융합 장치의 핵융합 삼중곱 결과. 대형 장치일수록 삼중곱이 증가하고 있다. 'Q=1'은 손익분기점에 해당하고, 삼중곱이 $5\times10^{21}m^{-3}skeV(3\times10^{28}m^{-3}sK)$는 'Q=무한대'인 점화 조건에 해당한다. 그림에서 Q_{dt}, Q_{dd}는 각각 중수소-삼중수소, 중수소-중수소를 이용한 핵융합 반응의 Q를 의미한다.

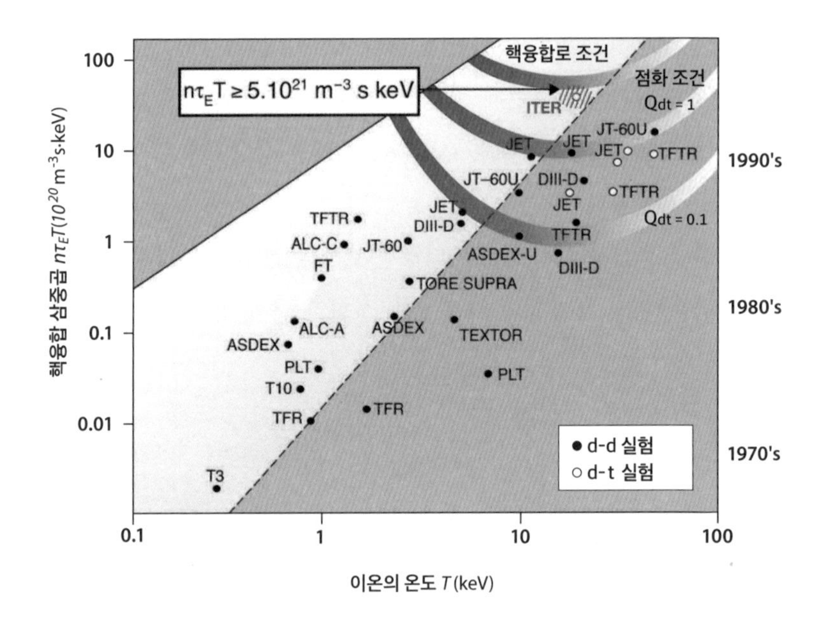

합은 매우 효율적인 에너지원이다. 100만 킬로와트급 발전소를 1년간 운영하는 데 필요한 연료별 소모량을 살펴보면, 유연탄은 220만 톤, 석유는 150만 톤, LNG는 110만 톤이 필요하다. 원자력 발전에 필요한 우라늄은 30톤이 있어야 하고, 핵융합 발전의 연료인 중수소와 삼중수소는 10톤이 필요하다. 하지만 이는 연료의 양만 갖고 비교한 것이다. 보다 의미 있는 기준인 발전 단가를 한 번 비교

해 보자.

발전 단가(cost of electricity, COE)는 전기 1킬로와트시(kwh)를 생산하는데 필요한 비용을 말한다. 국제 에너지 기구(IEA · International Energy Agency)는 핵융합로의 발전 단가가 석탄 발전소의 2배 이하가 될 것으로 예상했다. 핵융합로의 발전 단가는 핵융합 삼중곱과 더불어 발전소 건설비, 블랭킷이나 디버터 등 소모품 교체비, 연료비, 운영보수비, 폐로 경비 등을 기초로 산출하는데, 화력 발전의 경우 연료비가 큰 비중을 차지하는 반면, 핵융합로는 건설비가 거의 80퍼센트를 차지한다. 각 나라에서 제시하고 있는 다양한 핵융합로의 발전 단가를 따져보면 대략 원자력 발전과 풍력 발전 사이에 위치하고 있다. 물론 기술 개발에 따라 발전 단가는 더 낮출 수 있을 것으로 기대된다. 핵융합로가 경제성이라는 조건을 어느 정도 만족한다는 것을 간략하게나마 확인할 수 있다.

핵융합보다 강력한 에너지원이 있기는 하다. SF 시리즈 '스타트렉'에 등장하는 엔터프라이즈호는 물질과 반물질의 반응을 이용한 초광속 엔진을 장착하고 있다. 제임스 진스가 언급했던 전자와 양전자가 만나 서로 소멸하며 에너지를 방출하는 원리를 이용한 것이다. 댄 브라운의 소설과 영화로도 잘 알려진 〈천사와 악마〉에도 반물질 폭탄으로 바티칸을 날려버린다는 이야기가 나온다. 하지만 반물질을 에너지원으로 활용하는 것은 아직은 엄연히 상상의 영역이다. 그래도 이런 반물질이 우리 일상에 점점 많이 활용되고 있기는 하다. 대표적으로 병원에서 뇌질환 진단에 사용하는 PET(양전자 방출 단층촬영장치)가 바로 전자의 반물질인 양전자를 이용한 기기다.

- **안전성**

핵융합로는 분명 경제성이 있지만, 또 다른 중요한 질문을 제기할 수 있다. 핵융합 삼중곱을 높이게 되면 플라즈마의 압력과 온도가 올라갈 텐데, 핵융합로는 과연 안전할 수 있을까? SF 영화에서 에너지원으로 종종 나오는 핵융합로는 과열되어 폭주하다가 폭발하기도 한다. 〈아이언맨〉에 등장하는 아크 원자로가 대표적이다.

하지만 핵융합로는 이런 폭발 사고의 위험이 매우 적다. 이런 가정을 한번 해 보자. 핵융합로에 구멍이 뚫려 중심부의 뜨거운 플라즈마가 외부에 노출되는 상황이 일어난 것이다. 우선 플라즈마는 자기장에 가둬져 있기 때문에 밖으로 나오지 못한다. 하지만 반대로 외부의 공기는 핵융합로 내부로 유입될 것이다. 유입된 공기는 핵융합 연료를 희석시키고, 플라즈마와 충돌하며 에너지를 빼앗아 플라즈마는 바로 식어 버리고 말게 된다.

다시 핵융합로의 플라즈마가 폭주하여 온도가 비정상적인 수준까지 올라갔다고 가정해 보자. 이 경우에도 폭발은 일어나지 않는다. 플라즈마의 온도나 압력이 올라가면 우리가 앞에서 보았던 불안정성이 생겨 플라즈마는 스스로 꺼져 버린다. 또는 자석에 문제가 생겨 자기장이 사라지는 사고가 발생한다고 해 보자. 플라즈마 입자는 자기장을 따라 회전하는 운동을 멈추고 여기저기 흩어져 결국 토카막 내벽에 충돌해 사라질 것이다. 운전 오작동으로 플라즈마가 핵융합로 내벽에 충돌하는 상황이 발생한다고 해도 마찬가지다. 내벽은 손상을 입을 것이고, 또한 내벽에서 나온 불순물에 의해 플라즈마는 에너지를 빠르게 잃게 된다. 그런데 플라즈마 전류가 사라지면 전자기 유도 현상에 의해 플라즈마를 둘러싸고 있는 토카막 구조재 어딘가에 전류가 유도되고, 유도된 전류는 토러스 축 방향 자기장에 의해 로런츠 힘을 받아 장치가 뒤틀어지는 손상을 입을 수 있다. 그러나 핵융합로는 운전 시 적은 양의 삼중수소를 사용하기 때문에 장치가 손상을 받더라도 삼중수소나 방사화된 물질의 대대적인 누출이 일어날 가능성은 매우 낮다.

원자력 발전소의 경우, 냉각수가 소실되는 중대 사고(Loss Of Coolant Accident, LOCA)가 발생하면 정말 큰일이다. 냉각수가 없으니 노심 내부의 온도가 급격히 상승할 것이고, 최악의 경우 노심이 녹아내리는 멜트다운(meltdown)이 일어날 수도 있다. 하지만 핵융합 발전에서는 이런 경우에도 방사화된 재료의 붕괴열 밀도(decay heat density)가 낮아 자연 대류만으로도 충분히 냉각이 가능해 대형 사고로 이어지지 않는다. 여기서 붕괴열이란 원료가 붕괴하며 자신 혹은 주위의 재료를 방사화하며 내놓는 열을 말한다. 뒤에서 다루게 되겠지만 재료의 방사화는 안전성뿐 아니라 핵융합로의 환경친화성과도 직결되기 때문에 방사화를 줄이는 재료 선택과 개발은 핵융합로 개발에 필요한 핵심 기술 중 하나다.

핵융합로에서는 삼중수소를 다루기 때문에 삼중수소 취급이 안전성에서 가장 중요한 부분이다. 이는 중수를 사용하는 원자력 발전소와 유사하다. ITER는 까다로운 프랑스 원자력 규제 당국의 허가를 받기 위해 삼중수소와 방사화된 재료가 외부에 누출되는 다양한 상황을 상정하고 안전성 분석을 수행했다. 시뮬레이션 결과 최악의 상황이 발생해도 IAEA가 권고하는 주민 대피 상황까지 이르지는 않았다. 물론 핵융합 발전소는 ITER보다 훨씬 많은 삼중수소를 사용할 것이고 방사화도 클 것이기 때문에 향후 세밀하고 철저한 안전 분석이 필요한 것은 두말할 것도 없다. 다행인 것은 골로빈이 말한 대로 핵융합 연료의 세 번째 단계인 중수소와 헬륨-3을 이용하게 될 경우에는 삼중수소의 취급과 재료의 방사화 문제도 거의 사라지게 될 것이다.

아직 풀지 못한 문제들

우리는 태양을 본떠 지구 위에 인공 태양을 만들었지만, 그 크기는 태양과 비교가 안 될 정도로 작다. 크기가 작은 대신 우리는 핵융합로의 성능을 태양보다 높이는 방식을 취했다. 태양 중심부의 전력 밀도는 세제곱미터당 270와트 정도이지만, 지구 위 인공 태양은 세제곱미터당 백만 와트까지 이를 수 있다.

이처럼 높은 전력 밀도의 핵융합 발전을 이루기 위해서는 장시간 많은 핵융합 반응이 안정적으로 일어나야 하며, 핵융합 반응에서 나오는 중성자로 핵융합의 연료인 삼중수소를 다량 증식시키는 동시에 중성자의 에너지를 최대한 흡수하여 이 에너지를 높은 효율로 전기 에너지로 변환해야 한다.

이를 위해서는 아직 개발해야 할 기술이 많이 남아 있다. 우리나라에서는 2019년에 핵융합 발전 분야의 전문가들이 모여 2050년대 핵융합 전력 생산 실증에 필수적인 8대 핵심 기술을 도출한 바 있다. 최종적으로 정리된 기술은 ① 핵융합로 노심 플라즈마 기술, ② 증식 블랭킷 기술, ③ 핵융합로 소재 기술, ④ 연료 주기 기술, ⑤ 디버터 기술, ⑥ 가열 및 전류 구동 기술, ⑦ 초전도 자석 기술, ⑧ 안전·인허가 기술이다.

① 핵융합로 노심 플라즈마 기술은 핵융합 반응을 위해 1억 도 이상의 높은 온도와 밀도를 갖는 노심 플라즈마를 만들고, 제어·유지하는 토카막 운전 시나리오를 개발하는 것이다. 다시 말해 핵융합 삼중곱을 높이고 유지하는 기술이다. ② 증식 블랭킷 기술은 중성자의 에너지를 열에너지로 변환하고 중성자로부터 삼중수소를 증식하는 내벽 부품인 증식블랭킷 기술을 개발하고 실증로 환경에서 검증하는 것이다. ③ 핵융합로 소재 기술은 핵융합로의 구조적 안전성과 에너지 생산의 효율성을 확보할 수 있는 재료를 개발하고 물성 평가 데이터베이스를 구축하는 것이다. ④ 연료 주기 기술은 삼중수소의 안전한 취급과 핵융합 연속 반응 유지를 위해 연료를 공급·순환시키는 기술이다. ⑤ 디버터 기술은 핵융합 환경에 직접 노출되어 불순물과 헬륨을 제어하는 장치인 디버터를 정밀하게 설계하고 제어하는 기술이다. ⑥ 가열 및 전류 구동 기술은 플라즈마의 성능을 높이고 안정적으로 유지하는 데 필요한 가열 및 전류 구동 장치를 개발하는 것이다. ⑦ 초전도 자석 기술은 초고온 핵융합 플라즈마의 가둠·제어와 핵융합로의 운전과 경제성 향상을 위해 높은 자기장의 초전도 자석을 개발하는 기술이다. 마지막으로 ⑧ 안전·인허가 기술은 핵융합로 운전방식, 고유 안전성을 고려한 특수한 안전·인허가 체계를 확립하고 이에 필요한 평가·

검증 기술을 말한다.

여기에서는 8대 핵심 기술 중 높은 핵융합 반응을 얻기 위해 필수적인 ① 핵융합로 노심 플라즈마 기술과 ③ 핵융합로 소재 기술을 좀 더 살펴보고자 한다. 핵융합로 노심 플라즈마 기술 중에서는 핵융합 삼중곱을 높이기 위해 반드시 넘어야 하는 산인 플라즈마 불안정성 제어와 고성능 플라즈마 장시간 운전기술을 다룰 것이다.

플라즈마 불안정성 제어

우리는 '사고의 용광로'를 통해 플라즈마 내부에 불안정성이 존재한다는 것을 알고 있다. 토카막 내부에는 실제로 매우 다양한 불안정성이 존재한다. 워낙에 다양하고 많은 불안정성이 있어서 핵융합 과학자들은 토카막 플라즈마를 '불안정성의 동물원'이라고 부르기도 한다. 불안정성의 모양에 따라 '톱니(sawtooth)', '생선 뼈(fishbone)', '뱀(snake)', '풍선(balloon)', '지옥(inferno)', '빨래판(washboard)' 등 개성 있는 이름들이 붙어 있다. 플라즈마의 불안정성은 이렇게 많고 다들 각양각색이지만, 플라즈마가 불안정해지는 상황은 크게 두 가지 정도로 나눠 볼 수 있다.

첫 번째는 플라즈마의 압력이 공간에 고르게 분포하지 않을 때다. 토카막의 중심부와 가장자리에는 플라즈마의 압력이 서로 다르다. 중심부가 가장자리보다 압력이 훨씬 높다. 플라즈마의 압력이 이렇게 균일하지 않으면 토카막의 플라즈마는 쉽게 불안정할 수 있다. 마치 오일 위에 물을 부어놓은 카돔체프의 실험과 비슷한 상태가 되는 것이다. 아주 작은 요동에도 물이 오일 아래로 쉽사리 내려가는 것과 마찬가지다. 압력이 고르지 않을 경우, 자연은 압력을 균일하게 맞춰 평형을 유지하려는 속성이 있다. 압력은 밀도와 온도의 곱으로 나타낼 수 있으니, 온도가 일정하더라도 밀도가 고르지 않을 경우나, 아니면 밀도가 일정하더라도 온도가 고르지 않을 경우에 불안정성이 발생한다. 이렇게 압력이 불균일할 때 자연의 힘은 이 불균일성을 없애려는 방향으로 작용한다. 엔트로피 혹은 무질서도가 증가하는 상태로 자연스럽게 이동하는 것이다.

그런데 문제는 우리는 토카막의 중심부에 핵융합 연료를 더 많이 모아 두고, 온도도 더 높여 핵융합 반응을 일으키고 싶은 것이다. 자연스럽게 압력이 불균일할 수밖에 없는 상황이다. 이처럼 압력이 불균일한 상황에서 이런 구조를 지탱할 수 있는 외부 구조가 없다면 불균일한 압력은 불안정성을 유발하여 플라즈마를 걷잡을 수 없는 상황으로 이끌고 만다.

카돔체프 박사의 실험으로 돌아가 보자. 유리잔 안에 오일을 넣고 그 위로 조심스레 물을 부어 보자. 그러면 밀도가 큰 물이 밀도가 작은 오일 아래로 침투해 물과 오일이 서로 위치를 바꾼다. 이와 마찬가지로 플라즈마의 밀도나 온도가 높아져 플라즈마의 압력이 자기장의 압력보다 커지게 되면, 플라즈마는 자기장에 가두어 지지 않고 풍선 터지듯이 자기장 그물에서 삐져 나와 밖으로 퍼져 버리고 만다.

여기서 자기장의 압력 대비 플라즈마의 압력을 '플라즈마 베타(β)'라고 정의하고, 이 값을 플라즈마의 안정성을 판단하는 척도로 풍선 불안정성.
풍선이 부풀어 오르듯 자기장이 작은 곳(알파벳 B 크기가 작은 곳)으로
플라즈마가 부풀어 나간다.

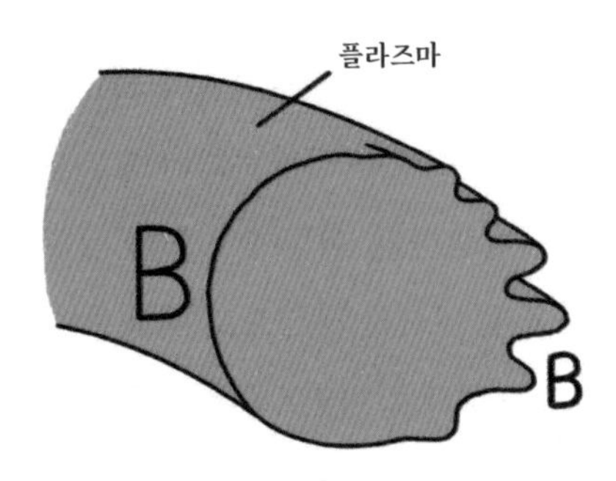

사용한다. 플라즈마 베타가 크다는 것은 플라즈마가 안정적이어서 일정한 자기장에서 플라즈마의 압력을 높게 유지할 수 있다는 의미다. 풍선을 안정적인 상태로 얼마나 크게 불 수 있느냐라고도 생각할 수 있다. 이는 핵융합 효율이 높아진다는 의미이기도 하다. 따라서 핵융합 장치는 플라즈마의 불안정성은 가능한 피하면서 플라즈마 베타를 최대로 높이는 방식으로 운전한다.

두 번째는 플라즈마 내부에 전류가 흐를 경우다. 우리는 토카막에서 이온과 전자가 분리되어 생기는 $E \times B$ 표류를 막기 위해 플라즈마 내부에 전류를 흘린다는 것을 알고 있다. 전류가 사라지게 되면 입자들도 더 이상 장치 내부에 가두어지지 못하고 벽으로 이동하여 손실되고 만다.

그런데 이처럼 도움이 되는 플라즈마 전류가 역으로 플라즈마를 요동치며 불안정하게 만들 수도 있다. 마치 물을 흘리자 뱀처럼 구불구불 요동쳤던 카돔체프의 고무관 실험과 유사한 상황이다. 플라즈마에 전류를 흘릴 수밖에 없는 토카막은 태생적으로 불안정성을 안고 갈 수밖에 없다. 따라서 토카막에서는 플라즈마 전류가 어느 이상으로 흐르지 않도록 전류의 상한값을 계산하여 그 아래로 운전하게 된다.

브람스의 바이올린 협주곡은 연주하기 까다로운 곡으로 잘 알려져 있다. 보통 이 곡의 대표적인 명연주로 레오니드 코간과 다비드 오이스트라흐를 꼽는다. 그런데 재미있는 것은 두 사람의 연주 스타일이 완전 딴판이라는 점이다. 브람스의 협주곡이 다루기 힘든 맹수라면, 코간은 정면승부하여 맹수를 때려 눕히는 반면, 오이스트라흐는 부드럽게 길들이는 것처럼 느껴진다.

레오니드 코간의 브람스 바이올린 협주곡 연주

다비드 오이스트라흐의 브람스 바이올린 협주곡 연주

플라즈마의 불안정성도 이와 비슷하다. 맹수와 같이 거칠지만 이를 깊이 이해하게 되면 정면승부를 통해 안정화시킬 수 있고, 아니면 우리에게 이로운 방향으로 길들일 수도 있다. 예를 들어, 토카막에 추가로 코일을 감아 플라즈마 내부의 자기장 구조를 살짝 바꿔주거나, 불안정성이 발생한 위치에 변화한 전류만큼 외부에서 보충 혹은 감축해주면 불안정성을 안정화시킬 수 있다. 반면 톱니 불안정성과 같은 불안정성은 잘 이용하면, 플라즈마 내부에 쌓인 불순물을 바깥으로 내보내 플라즈마 연료의 순도를 높이는 데 활용할 수 있다.

앞에서 살펴본 바와 같이, 불안정성은 플라즈마의 압력이 균일하지 않거나 플라즈마에 전류가 흘러 나타나는데, 보통 이 두 가지 요인이 복합되어 나타난다. 불안정성 중에서 대표적인 것이 H-모드에서 나타나는 경계면 불안정성이다. 플라즈마 불안정성이 매우 심하면, 플라즈마의 온도를 낮추는 데서 끝나지 않고, 한 발 더 나아가 아예 플라즈마를 소멸시켜버리는 '플라즈마 붕괴' 현상이 발생하기도 한다.

경계면 불안정성

우리는 H-모드 플라즈마의 언저리에는 수송 장벽이 생겨 플라즈마의 압력이 상승하게 된다는 것을 알고 있다. 그런데 압력이 어느 이상으로 증가하게 되면 불안정성이 급격하게 커져 수송 장벽이 붕괴되는 현상이 일어난다. 그래도 가열이 계속 유지되면 다행히도 붕괴했던 수송 장벽이 바로 회복되어 압력이 다시 상승한다. 하지만 상승하던 압력이 어느 이상으로 커지게 되면 불안정성이 또 다시 발생하고 수송 장벽은 붕괴된다. H-모드에서는 이런 현상이 주기적으로 반복되어 나타나는데 이를 '경계면 불안정성'이라고 한다. 이는 마치 보글보글 끓는 수프에서 기포가 연속해서 터지는 것과 비슷하다. 기포가 터지면 뜨거운 수프가 튀는 것처럼 플라즈마 수송 장벽이 붕괴하면 플라즈마의 고온 입자와 열에너지가 한꺼번에 방출되는데 이 에너지의 대부분이 디버터로 쏠려 디버터에 큰 손상을 주게 된다.

ITER의 경우, 경계면 불안정성으로 20메가줄의 플라즈마 에너지가 방출될 것으로 예측되는데, 이는 다이너마이트 약 4킬로그램의 폭발 에너지에 해당한다. 문제는 이 현상이 한 번만 일어나는 게 아니라 주기적으로 발생한다는 것이다. ITER에서는 초당 1~2회 정도 발생한다. 사실 이런 가혹한 환경을 장시간 견뎌낼 재료는 세상에 없다. 따라서 경계면 불안정성이 일어나는 원인을 찾고, 이를 제어하는 것은 H-모드를 이용한 핵융합 발전소의 실현하기 위해 반드시 해결해야 하는 문제다.

다행히 과학자들은 오랜 연구 끝에 경계면 불안정성을 제어할 수 있는 방법을 찾아냈다. 대표적인 방법은 토카막에 추가 코일을 감아 플라즈마에 걸리는 자기장에 살짝 변화를 주는 것이다. 이렇게 되면 자기장의 대칭성이 깨져 플라즈마 입자가 조금씩 밖으로 새 나가게 된다. 결과적으로 수송 장벽의 플라즈마 압력을 불안정성이 발생하는 압력의 상한값 아래로 유지하여 경계면 불안정성이 생기는 것을 막아줄 수 있다. 아래 〔그림〕은 우리나라의 KSTAR 장치에서 추가 자기장을 가하여 경계면 불안정성을 억제하는 예를 보여 주고 있다.

자기장 섭동 방식을 이용하여 경계면 불안정성을 제어할 수 있다.
(위) KSTAR 장치에 추가 코일을 설치하여 자기장을 추가로 발생시켰다.
(아래) 추가 자기장에 의해 경계면 불안정성이 제어되고 있다.
약 3.5초에 추가 자기장(빨간색 선으로 표시)을 걸자,
약 4초 이후로 경계면 불안정성 (검은색 요동 현상)이 사라진 것을 볼 수 있다.

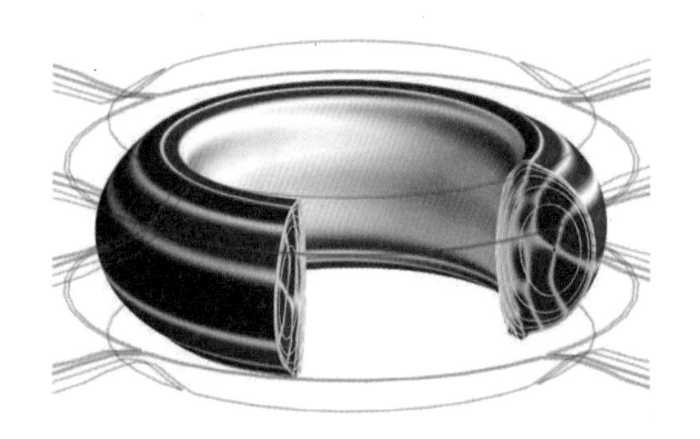

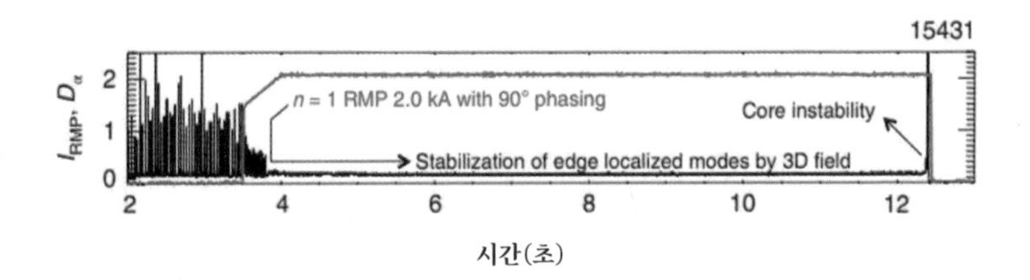

또 다른 방법은 핵융합 연료인 중수소를 얼린 작은 펠릿을 사용하는 것이다. 우리는 JET가 이 얼음 총알을 사용하여 고온의 플라즈마를 얻었던 것을 기억한다. 펠릿은 보통 플라즈마의 밀도를 높이는 데 사용하지만, 크기와 속도를 조절하여 일정한 시간 간격으로 플라즈마에 입사하면 경계면 불안정성도 제어할 수 있다. ITER에서는 시속 1080~1800킬로미터의 속도로 입사하는 것을 고려하고 있는데, 이는 총알 속도의 1/2에서 1/3 정도에 해당한다.

펠릿을 플라즈마에 주입하게 되면 특정 부위의 플라즈마 밀도만 올라가, 불안정성이 일어나는 상한값 이상으로 순간적으로 압력이 높아져 경계면 불안정성이 발생할 수 있다. 그래서 플라즈마의 압력이 경계면 불안정성이 발생할 정도로 커지기 전에 펠릿을 입사해 특정 부위의 압력만 올려 불안정성을 유발시키면 방출되는 에너지가 낮아져 재료의 손상을 줄일 수 있다. 마치 풍선이 최대로 부풀기 전에 미리 바늘로 풍선을 찔러 바람을 살짝 빼줄 수 있다면, 풍선이 터지더라도 그 충격이 줄어드는 것과 마찬가지라고 할 수 있다. 펠릿이 바로 바늘의 역할을 하는 것이다. 펠릿의 입사 간격을 줄일수록 경계면 불안정성의 크기가 작아져, 디버터로 방출되는 플라즈마 에너지를 감소시킬 수 있다. ITER에서는 초당 30~60회의 속도로 펠릿을 입사하는 것을 고려하고 있는데, 이 경우 경계면 불안정성이 디버터에 가하는 에너지를 약 30분의 1로 줄일 수 있다.

이처럼 별도의 자기장을 걸어 주거나 펠릿을 입사하여 경계면 불안정성을 제어하는 방법과 함께 경계면 불안정성이 아예 발생하지 않는 운전 조건을 찾아 그 조건에서 토카막을 운전하는 방식도 개발되고 있다. 미국 샌디에이고의 DIII-D 장치에서 H-모드이지만 경계면 불안정성이 없는 '조용한 H-모드(Quiescent H-mode)'가 발견되었고, MIT의 Alcator C-Mod에서도 에너지 수송에만 외부 수송 장벽이 나타나고 입자 수송에는 장벽이 나타나지 않아 결과적으로 경계면 불안정성이 나타나지 않는 'I-모드(Improved Energy Confinement Regime)'가 발견되었다. 과학자들은 이 플라즈마 조건이 ITER에서도 재현되도록 연구를 진행하고 있다.

독일의 아스덱스 업그레이드 토카막에 펠릿이 입사되고 있다.
펠릿의 크기는 직경 1.8 mm, 속도는 800 m/s이다.

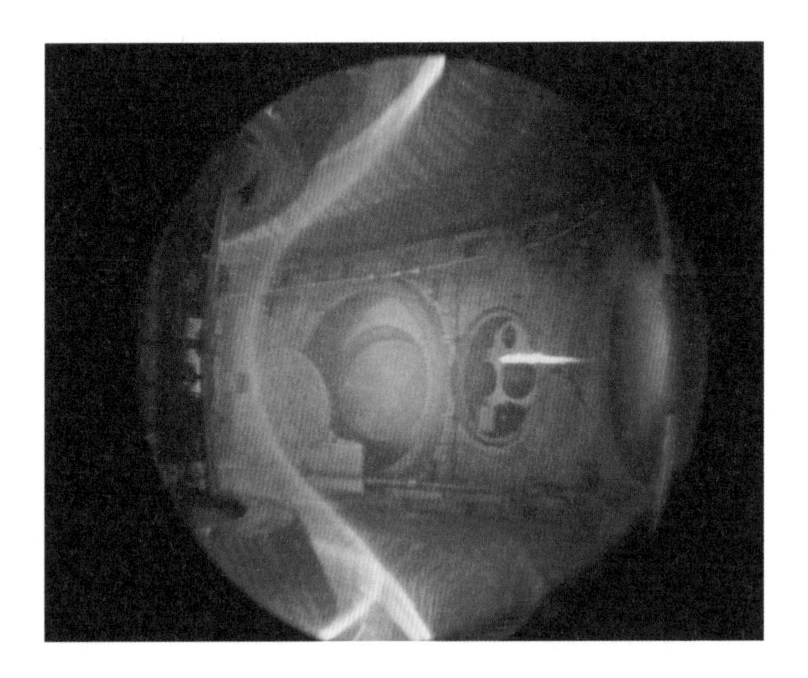

플라즈마 붕괴

플라즈마의 불안정성은 대개 플라즈마의 온도와 밀도를 떨어뜨려 핵융합 출력을 저하시킨다. 그런데 일부 불안정성은 플라즈마의 성능을 급격하게 악화시켜 플라즈마를 꺼트려 버리기도 하는데 이러한 현상을 '플라즈마 붕괴(plasma disruption)'라고 한다. 이 현상은 소련의 TM-2와 TM-3에서 발견되었다.

플라즈마가 그냥 사라진다면 상관없겠지만 플라즈마가 사라지면서 가지고 있던 에너지를 장치 어딘가에 집중적으로 쏟을 수 있어 플라즈마 붕괴는 큰 문제가 될 수 있다. 핵융합 플라즈마의 에너지는 엄청난데, ITER의 경우 500메가줄 이상이다. 이는 다이너마이트 100킬로그램의 에너지에 해당한다. 게다가 이 에너지는 수 밀리초에서 수십 밀리초의 매우 짧은 시간에 방출된다. 마치 100킬로그램의 다이너마이트가 매우 짧은 시간에 토카막 내부에서 폭발하는 것과 마찬가지인 것이다.

하지만 실제로는 다이너마이트가 폭발하는 것보다 훨씬 복잡하다. 붕괴가 일어나면 플라즈마가 가지고 있던 에너지는 여러 형태의 에너지로 변환되어 장치에 전달된다. 일반적으로 플라즈마의 에너지는 열 에너지나 복사 에너지, 전자기 에너지로 변환되는데, 열 에너지와 복사 에너지는 디버터를 비롯한 토카막 내벽 재료를 크게 손상시킬 수 있다. 플라즈마가 사라지면서 플라즈마 내부에 흐르던 전류도 사라지게 되는데, 이때 전자기 유도 현상에 의해 금속으로 이루어진 토카막 구조 어딘가에 전류를 유도하게 된다. 이렇게 유도된 전류가 토러스 축 방향 자기장에 의해 로런츠 힘을 유발하면 장치에 뒤틀리는 힘을 가해 장치에 큰 변형을 가져올 수 있어 중요한 연구 주제로 다루어지고 있다. 2018년에 발간한 ITER의 연구계획 보고서에도 플라즈마 붕괴에 대한 연구가 가장 시급하고 중요한 연구 주제로 지목되었다.

핵융합 과학자들은 오랜 연구를 통해 플라즈마 붕괴를 막는 방법을 고안해 냈는데, 크게 다음 두 가지 방법으로 정리되고 있다.

첫째는 플라즈마 붕괴를 야기할 수 있는 심각한 불안정성을 피해 토카막을 운전하는 방법이다. 플라즈마 붕괴는 일반적으로 플라즈마 베타가 어느 이상 증가할 때나 플라즈마 밀도가 어느 이상 올라갈 때 또는 플라즈마 전류가 어느 이상으로 올라갈 때 발생한다. 대표적인 경우로 플라즈마 베타가 올라가게 되면, 다시 말해 동일한 자기장 압력에서 플라즈마 압력이 증가하게 되면, 플라즈마 압력의 불균일성에 의해 불안정성이 심각하게 발생할 수 있다. 따라서 플라즈마 베타를 불안정성이 발생하는 상한값 아래로 유지하면 중대한 불안정성을 막아 플라즈마 붕괴를 피할 수 있다. 경계면 불안정성을 제어하는 것과 유사한 방법이다. 자동차를 운전할 때 제한속도 아래로 운전해서 사고를 예방하는 것과 비슷하다고 할 수 있다. 다만 이 경우에는 속도가 느려 목표에 늦게 도달한다는 단점이 있듯이 플라즈마 압력이 상대적으로 낮아져 핵융합 출력이 작아진다는 단점이 있다. 마찬가지로 플라즈마 밀도와 전류도 불안정성을 야기할 수 있는 상한값 아래로 유지하게 되면 중대한 불안정성을 피할 수 있어 플라즈마 붕괴를 막을 수 있다. 그러나 이 경우도 핵융합 출력이 떨어지는 단점이 있다.

둘째는 플라즈마 붕괴 자체를 제어하는 방법이다. 가장 확실한 것은 붕괴를 일으키는 중대한 불안정성을 안정화하거나 최소화하는 것이다. 하지만 이 불안정성이 너무 급격히 발생할 경우에는 제어 자체가 어렵다. 고속으로 운전하다가 갑자기 급한 커브길을 만나면 자동차를 제어하기가 어려운 것과 마찬가지다.

불안정성 제어에 실패하거나 어렵다고 판단될 경우에는 플랜 B로 넘어가는데, 이는 플라즈마 붕괴가 일어날 것을 상정하고 이로부터 야기될 수 있는 피해를 최소화하는 방법이다. 먼저 플라즈마를 실시간으로 감시하여 붕괴가 일어날 것인지 여부를 확인하여 일어날 시점을 예측하는 것이다. 플라즈마 붕괴 예측에는 머신러닝 기법이 적극 활용되고 있다. 이렇게 시점이 예측되면 붕괴가 일어나기 전에 소화기로 불을 끄듯 플라즈마를 미리 식혀 장치 내벽에 가해질 부하를 최소화한다. 이때 불순물을 다양한 방식으로 주입하여 플라즈마 에너지를 복사 에너지로 변환하는 방법을 주로 사용한다. 또한 이 과정에서 복사 에너지가 국부적으로 집중되어 내벽이 손상되는 것을 막기 위해 복사 에너지를 토카막 내벽에 고르게 퍼지도록 하는 게 중요하다.

이렇게 우리는 플라즈마 불안정성에 대해 살펴보았다. 불안정성을 제어하고 플라즈마 붕괴를 피하거나 완화하는 것은 핵융합 삼중곱을 높이고 유지하는데 반드시 필요한 노심 플라즈마 기술 중의 하나다.

고성능 플라즈마의 장시간 운전 기술

우리는 앞에서 핵융합로의 조건을 핵융합 삼중곱으로 기술할 수 있다는 것을 알았다. 그렇다면 어떻게 하면 핵융합 삼중곱을 높일 수 있고, 또 유지할 수 있을까?

우선 핵융합 삼중곱을 크게 하려면, 첫 번째로 플라즈마 안정성을 높여야 한다. 플라즈마의 불안정성을 제어하면, 플라즈마의 압력을 높일 수 있다. 압력은 밀도와 온도의 곱에 비례하므로, 압력이 올라가면 핵융합 삼중곱 중 nT가 커지게 된다.

두 번째로 에너지 가둠 시간은 어떻게 높일 수 있을까? 정의 그대로 에너지 가둠을 높이면 된다. 다시 말해, 플라즈마의 수송 현상을 억제하여 플라즈마 에너지가 빠져나가는 것을 최대한 줄이면 에너지 가둠 시간이 늘어날 것이다. 난류를 억제하는 수송 장벽을 만드는 것이 대표적인 예다. 이렇게 핵융합 삼중곱이 높은 플라즈마를 일반적으로 '고성능 플라즈마'라고 한다.

핵융합로는 이러한 고성능 플라즈마를 만들어 내는 것 못지않게 고성능 플라즈마를 오랜 시간 유지하는 기술이 꼭 필요하다. 이를 위해서는 우선 플라즈마 전류를 장시간 유지해야 한다. 우리는 토카막이 전자기 유도에 의해 플라즈마 전류를 생성한다는 것을 알고 있다. 이를 위해서는 중심부 솔레노이드 코일에 흐르는 전류를 시간에 따라 계속 변화시켜야 한다. 보통은 전류의 세기를 계속 높이는데 이렇게 전류를 올리다 보면 언젠가는 코일의 최대 한계값에 도달한다. 그러면 전류를 다시 내릴 수밖에 없는데, 이렇게 반대 방향으로 코일 전류를 흘리게 되면 플라즈마에는 역방향으로 기전력이 유도되어 플라즈마 전류는 점점 작아지고 결국은 사라지게 된다. 따라서 토카막의 운전 시간은 전자기 유도 방식으로 플라즈마 전류를 얼마나 오래 유지하느냐로 결정되었고, 이에 따라 토카막은 태생적으로 연속 운전이 아닌 펄스 운전이 될 수밖에 없는 운명이었다.

그러다 플라즈마가 스스로 전류를 만들어 낼 수 있다는 놀라운 연구 결과가 발표되었다. 1971년 영국의 로이 비커튼과 잭 코너, 브라이언 테일러의 작품이었다. 그들은 토카막 플라즈마가 외부 도움 없이 스스로 전류를 만들어 낸다는 것을 이론적으로 예측하고, 이를 '자발 전류(bootstrap current)'라고 불렀다. 이론적인 예측 이후 1998년에 프린스턴의 TFTR 장치에서 자발 전류가 실제로 존재한다는 것이 실험적으로 관측되었다. 이 전류는 플라즈마 내부에 온도와 밀도의 불균일성이 존재할 경우 발생하며, 토카막에 전자기 유도를 일으키지 않더라도 만들어질 수 있었다. 전자기 유도가 없어도 플라즈마가 스스로 전류를 만들게 되니 이제 토카막에서 '자발 전류'를 이용하면 펄스 운전이 아니라 연속 운전을 할 수 있었다. 다행히 핵융합 삼중곱이 증가하면 플라즈마 내부의 온도와 밀도가 높아지면서 자발 전류도 자연스럽게 함께 커진다. 따라서 핵융합 삼중곱을 높이면 고성능 플라즈마도 얻을 수 있을 뿐 아니라 전자기 유도 없이 장시간 운전도 가능할 수 있었다. 일석이조다.

그런데 앞에서 살펴본 바와 같이 핵융합 삼중곱을 높이는 데는 한계가 있다. 예를 들어 각 토카막에는 장치의 공학적 특성상 높일 수 있는 플라즈마 전류의 한계값이 있다. 이 값에 따라 높일 수 있는 밀도의 한계가 정해진다. 미국 MIT의 마틴 그린월드는 다양한 토카막 실험 데이터를 통해 밀도의 한계값이 플라즈마 전류에 비례하고 플라즈마 크기의 제곱에 반비례함을 제시하였다. 이를 그의 이름을 따서 '그린월드 밀도 한계값'이라고 한다.

온도 또한 밀도가 낮을 경우 일반적으로 더 높이 올라갈 수 있기는 하지만, 가열 장치의 파워에 상당 부분 좌우된다. 게다가 온도가 너무 올라가게 되면 복사 에너지의 방출이 커진다. 입자들이 자기장을 따라 돌게 되면 복사 에너지를 방출한다. 온도가 커지면 방출하는 복사 에너지가 점점 커져 플라즈마는 에너지를 잃게 된다.

에너지 가둠 시간은 다양한 실험 장치의 H-모드 플라즈마 데이터를 종합하여 'H-모드의 에너지 가둠 시간 실험식'을 통계적으로 만들어 본 결과, 장치 크기의 제곱에 비례하여 늘어났고, 플라즈마 전류에 비례하여 증가했다. ITER 장치를 크게 짓는 가장 큰 이유가 바로 이 의존성 때문이다. KSTAR는 주반경이 1.8미터이고 ITER는 6.2미터다. 다른 조건이 동일하다는 가정 하에 크기만으로 비교하면 ITER는 KSTAR보다 $(6.2/1.8)^2$에 해당하는 약 12배 정도 에너지 가둠 시간이 길다고 예상할 수 있다. 따라서 토카막 장치의 크기와 전류에 따라 에너지 가둠 시간도 어느 정도 정해지게 된다.

이처럼 핵융합 삼중곱이 각 토카막 장치의 설계값에 따라 제한값을 갖게 되니 자신이 운전하는 토카막 장치에서 아무리 열심히 실험을 한다고 해도 높일 수 있는 값에 한계가 있기 마련이다. 게다가 현재까지 가장 큰 장치인 ITER 조차 핵융합로 조건에는 도달하지 못한다. 일종의 태생 한계에 부딪히게 되는 것이다. 그렇다면 우리는 어떻게 작은 장치를 이용해서 향후 상용 핵융합로의 플라즈마를 예측하고 준비할 수 있을까?

공학자들은 장치의 크기에 상관없이 물리 현상을 표현할 수 있는 무차원수라는 개념을 곧잘 이용한다. 유체역학에서 자주 사용하는 레이놀즈수가 대표적인 무차원수다. 레이놀즈수를 이용해 우리는 유체가 층류인지 난류인지 쉽게 판별할 수 있다. 그리고 애초에 이 수는 길이나 면적, 부피와 같은 공간의 크기에 무관하게 정의되어 있어서, 유체가 흐르는 공간이 기하학적으로 유사하다면 그 규모에 상관없이 적용이 가능하다. 그래서 실험이 어려운 대규모 시스템에서 일어나는 유체의 거동을 레이놀즈수를 동일하게 한 작은 실험 장치에서 유사하게 재현해 볼 수 있다.

토카막도 마찬가지다. 장치가 크든 작든 플라즈마의 특정 물리 현상을 대표할 수 있는 무차원수를 동일하게 맞춘다면 작은 장치에서 수행한 실험을 통해 대형 장치에서 플라즈마 거동이 어떻게 될지 예측할 수 있다. 플라즈마의 압력 대 자기장의 압력으로 정의되는 플라즈마 베타(β)와, 해당 장치의 에너지 가둠 시간 대비 H-모드의 에너지 가둠 시간 실험식으로 정의되는 H가 대표적인 예다. nT를 무차원수로 표현한 베타와 τ_E를 무차원수로 표현한 H를 곱하면 핵융합 삼중곱 $n\tau_E T$를 무차원수로 변환할 수 있다. 이렇게 현존하는 장치에서 무차원수인 플라즈마 베타와 H를 최대화하는 실험을 수행함으로써 ITER 핵융합로에서 핵융합 삼중곱이 최대화되는 조건을 예측할 수 있다.

보통 토카막 실험에서 조절할 수 있는 변수는 플라즈마의 전류, 자기장, 가열 장치, 가열 파워, 가열 시작 시간, 연료주입, 플라즈마 형상 등이 있다. 신기한 것은 동일한 실험 조건에서 가열 시간만 바꾸어 주어도 완전히 다른 플라즈마 베타와 H 값을 얻을 수 있다는 점이다. 우리는 밀도만 약간 바꿈으로써 플라즈마 불안정성을 피하고 온도를 높일 수 있다는 것도 이미 '사고의 용광로'에서 경험한 바 있다.

토카막 운전을 시작하면 먼저 플라즈마 전류를 목표값까지 올리게 된다. 이렇게 전류가 올라가고 있을 때, 토카막에 강력한 가열 파워를 입사하면 플라즈마가 빠르게 뜨거워지면서 플라즈마의 저항이 줄어든다. 플라즈마의 저항이 줄어들면 패러데이 법칙에 의해 유도되는 플라즈마 전류가 플라즈마의 중심부가 아니라 가장자리로 모이는 현상이 나타난다. 도체에 전류를 흘릴 때, 전류가 도체의 내부가 아니라 표면에 흐르는 것과 마찬가지다. 이에 따라 전류가 가장 밀집돼 있는 플라즈마 가장자리 부분의 자기장 구조가 크게 달라지고, 그러면서 국부적으로 난류가 억제되는 현상이 나타난다. 내부 수송 장벽이 형성되는 것이다.

일반적인 H-모드에서는 전류 분포(검은 점선)와 압력 분포(붉은 점선)가 [그림]과 같이 나타난다. 그런데 전류 분포를 플라즈마 중심부가 아닌 가장자리가 높은 말안장 모양(검은 실선)이 되게 하면, 전류가 최대가 되는 가장자리에서 난류가 억제되어 내부 수송 장벽이 형성된다. 내부 수송 장벽이 형성되면 압력 경사가 커져(붉은 실선) 그 위치에서 자발 전류가 크게 발생하고, 이는 원래 말안장 모양의 전류 분포를 더욱 강화해 난류 억제 효과가 더 커진다. 난류가 억제되어 내부 수송 장벽이 생기면, 에너지 가둠 시간이 H-모드의 경우보다 한층 커진다. H 값이 보통 H-모드에서의 값보다 더 큰 고성능 플라즈마가 되는 것이다.

플라즈마에 가열 파워를 입사하여 전류 분포를 변화시켜 내부 수송 장벽을 만들었다. H-모드에서는 플라즈마의 전류 분포(검은 점선)가 플라즈마의 중심부에 집중하여 나타난다. 그런데 플라즈마의 전류 분포를 말안장 모양(검은 실선)으로 바꾸어 주면, 내부 수송 장벽이 형성되어 플라즈마의 중심부 압력(붉은 실선)이 증가하고 그 위치에서 자발 전류가 커져 말안장 모양의 전류 분포가 강화되어 난류 억제 효과가 더 커진다. 결과적으로 내부 수송 장벽이 강하게 유지된다.

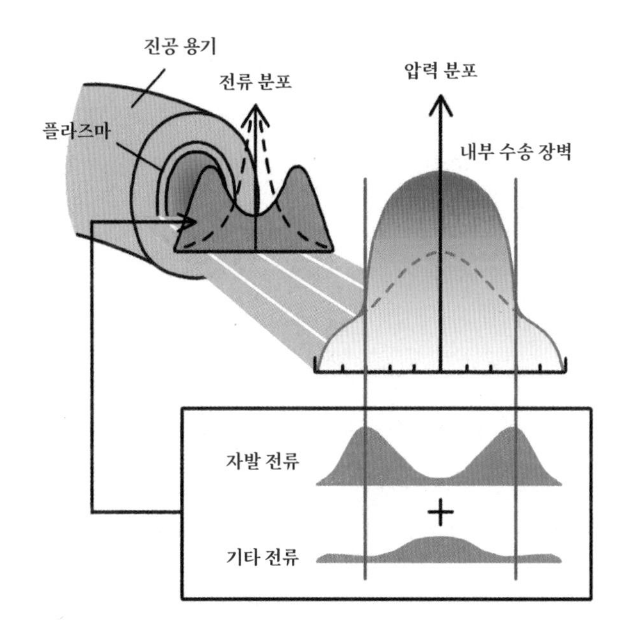

그리고 우리는 플라즈마의 압력이 공간에 따라 고르지 않거나 플라즈마에 전류가 흐를 경우 불안정성이 발생한다는 것을 알고 있다. 다행히 우리는 플라즈마의 압력과 전류의 공간 분포를 바꿔 불안정성이 자라는 것을 막을 수 있다. 플라즈마 내부의 압력과 전류의 공간 분포를 세밀하게 조절하면, 동일한 가열 파워와 연료 주입량으로도 불안정성을 최소화하고 플라즈마의 압력을 높일 수 있다. 플라즈마의 압력이 커진다는 것은 플라즈마 베타가 커진다는 것이고 이는 고성능 플라즈마가 된다는 의미다.

플라즈마의 형상도 플라즈마 베타와 H에 영향을 미친다. 다음 〔그림〕은 KSTAR의 고성능 플라즈마인 하이브리드 모드와 FIRE(Fast Ion Regulated Enhancement) 모드를 보여 준다. 하이브리드 모드는 ITER의 공식 운전 모드 중 하나로, H-모드를 기반으로 하지만 플라즈마 전류의 공간 분포를 보다 고르게 하여 플라즈마의 수송과 안정성을 향상시킨 운전 방식이다. FIRE 모드는, 플라즈마의 밀도는 낮지만 내부 수송 장벽이 있어 이온의 온도가 높고 경계면 불안정성이 발생하지 않는 운전 방식이다. 이 방식에서는 중성입자빔에서 발생하는 고속 이온이 난류를 억제하여 내부 수송 장벽을 형성한다. 그림에서 알 수 있는 것처럼, 두 모드의 플라즈마 형상은 서로 다르다. 하나는 장치의 아래쪽에 다른 하나는 위쪽에 붙어 있다. 플라즈마가 아래쪽에 붙어 있는 경우가 하이브리드 모드(검정색)이고 위쪽에 있는 경우가 FIRE 모드(빨간색)다.

그림에서 보듯, 플라즈마 전류, 자기장, 가열 장치의 종류와 파워, 가열 시작 시간, 연료 주입을 거의 동일하게 유지하고 플라즈마

KSTAR의 하이브리드 모드(검정색)와 FIRE 모드(빨간색)를 비교한 것이다.
플라즈마의 운전 조건(왼쪽)을 비슷하게 해도,
플라즈마의 형상(오른쪽)을 바꾸면 더 높은 온도(가운데 그림의 빨간색 선)를
얻을 수 있었다.

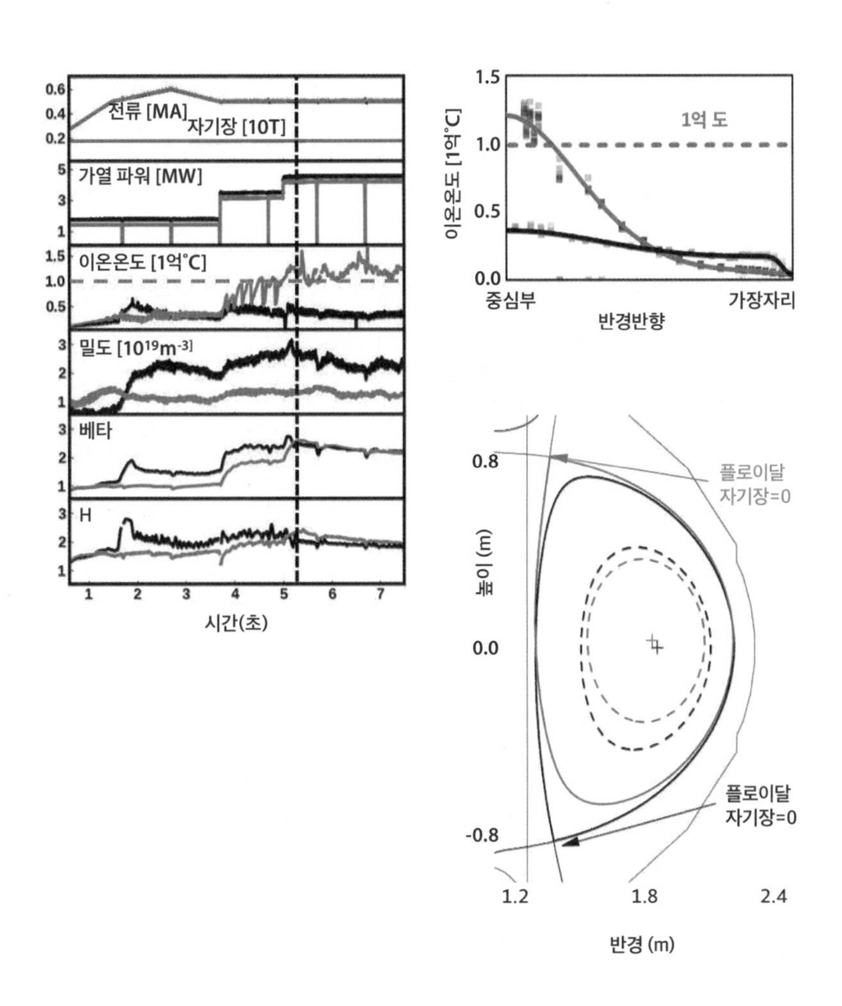

의 형상만 살짝 바꾸었는데 완전히 다른 플라즈마가 얻어졌다. 플라즈마가 아래쪽에 붙어 있는 하이브리드 모드의 경우는 1.5초 근처에서 H-모드가 발생해 플라즈마 가장자리에 수송 장벽이 생기면서 가장자리 영역의 온도가 올라갔다(오른쪽 그림의 검은 선). 반대로 플라즈마가 위쪽에 붙어 있는 FIRE 모드의 경우는 밀도가 낮게 유지되며 H-모드가 발생하지 않은 대신 내부 수송 장벽이 생겨 이온의 온도를 1억 도 이상으로 올릴 수 있었다(오른쪽 그림의 붉은 선). KSTAR는 FIRE 모드를 통해 2018년에 처음으로 이온 온도 1억 도에 도달하였다.

재미있는 것은 두 플라즈마 모두 베타와 H 값이 비슷하다는 점이다. 핵융합 삼중곱도 비슷하다. 둘 다 비슷한 성능을 갖는 고성능 플라즈마다. 그러나 두 플라즈마는 각각 장단점이 있다. FIRE 모드는 고온으로 핵융합 반응이 일어날 확률은 높지만 밀도가 낮아 핵융합 반응을 일으키는 이온의 개수가 적다. 하이브리드 모드는 온도는 낮지만 이온의 개수는 많다.

이처럼 토카막에서는 다양한 실험 변수를 조절하여 고성능 플라즈마를 만드는 노력을 하고 있다. 이와 더불어 토카막 플라즈마를 통합적으로 시뮬레이션할 수 있는 통합 시뮬레이터를 개발하고 있는데, 이는 가상 핵융합로 구축으로 확장되고 있다. 통합 시뮬레이터를 이용하면 실험하기 전이나 장치를 개발하기 전에 시뮬레이션을 통해 플라즈마의 성능을 미리 예측해 볼 수 있다. 우리나라에서는 공룡이 등장한 중생대의 트라이아스기(Triassic period)에서 이름을 딴 'TRIASSIC(Tokamak Reactor Integrated Automated Suite for

SImulation and Computation)'이라는 통합 시뮬레이터가 서울대를 중심으로 개발되고 있다.

이런 다양한 방법을 통해 베타와 H 값이 높은 플라즈마가 만들어지면 이 방식을 ITER와 상용로에 적용하여 핵융합 삼중곱을 극대화하게 될 것이다.

핵융합 극한 재료

미국의 우주왕복선은 언제 보아도 감탄을 자아낸다. 거대한 규모, 웅장한 자태, 우주를 여행한다는 어릴 적 꿈을 실현시켜 주는 마법의 비행기, 그리고 그걸 가능케 하는 놀라운 기술력. 우주왕복선은 총 여섯 대가 제작되었는데, 이중 두 대는 폭발했고 현재는 네 대가 남아 있다. 이들도 모두 퇴역한 상태다. 아틀란티스, 디스커버리, 엔데버와 엔터프라이즈호가 각각 플로리다와 워싱턴 DC 인근, 캘리포니아와 뉴욕에 전시되어 있다.

우주왕복선의 겉부분은 흰색과 검은색으로 이루어져 있는데 그중 검은색 부분을 자세히 살펴보면 각기 다른 모양의 타일이 퍼즐처럼 맞추어져 있음을 알 수 있다. 각 타일에는 고유번호가 붙어 있어 손상 시 그 부분만 교체할 수 있게 되어 있다. 이 검은색 타일이 바로 지구 대기권 재진입 시 고열을 견뎌야 하는 부분이다.

그렇다면 토카막은 어떨까? 1억 도가 넘는 뜨거운 인공 태양을 담고 있어야 하니 토카막을 구성하고 있는 재료는 우주왕복선보다 훨씬 가혹한 조건을 견뎌야 할 것이다. 다행히도 토카막은 자기장을 이용하여 뜨거운 플라즈마 입자를 잡아두고 있기 때문에 1억 도의 플라즈마가 도넛 내부 벽에 직접 닿는 것을 최소화하고 있지만 플라즈마 수송 현상 때문에 이를 완전히 피하기는 어렵다.

그런데 여기서 한 가지 짚고 넘어가야 할 것이 있다. 온도가 높다고 모두 위험한 것은 아니라는 점이다. 예를 들어 우리는 샤워기의 물이 뜨거운지 확인하기 위해 손을 살짝 대보곤 한다. 물이 아주 뜨거워도 몇 방울 정도의 아주 적은 양만 손에 닿는다면 크게 위험하지는 않다. 물의 온도뿐 아니라 충돌하는 물 입자의 개수가 중요한 이유다. 토카막의 내부 재료도 마찬가지다. 온도와 더불어 부딪치는 입자의 수, 즉 밀도도 중요하다. 그래서 보통 고온에 의해 재료가 받는 충격은 단위 시간과 단위 면적당 받는 열 에너지의 양인 열속(heat flux, 단위는 W/m^2)으로 평가한다. 한여름 뜨거운 태양에서 쏟아지는 햇빛의 열속은 제곱미터당 약 1킬로와트인데, 우주왕복선이 지구 대기권에 재진입할 때 쏟아지는 열속은 이의 500배에 달한다. ITER에서 플라즈마를 마주하고 있는 대면 재료에 가해지는 열속은 우주왕복선의 10배 이상이다. 디버터는 그 이상으로 무려 40배에 달한다.

흥미로운 사실은 이처럼 플라즈마가 토카막 내부의 대면 재료에 영향을 미치지만, 역으로 대면 재료 또한 플라즈마의 특성에 영향을 미친다는 점이다. 플라즈마 입자들은 '굴러온 돌이 박힌 돌을 빼내듯이' 대면 재료에 충돌하여 재료를 구성하고 있는 원자들을 튕겨 내거나, 대면 재료 표면에 보이지 않게 붙어 있던 산소나 아르곤

등의 입자들을 떨어 낸다. 이런 입자들은 중수소, 삼중수소 등 핵융합을 일으키는 원료가 아니라 원료를 오염시키는 물질이기 때문에 '불순물'로 분류한다. 이렇게 대면 재료에서 튕겨져 나온 불순물은 플라즈마 내부로 유입되어 이온이나 전자와 충돌해 이온화된다. 이온화된 불순물은 디버터를 통해 배출되기도 하지만 일부는 플라즈마 내부에 머물면서 핵융합 플라즈마를 오염시킨다.

문제는 이 불순물이 복사열을 방출한다는 것이다. 불순물은 플라즈마와 반응하여 복사열을 방출하는데, 이때 플라즈마는 에너지를 잃어 온도가 내려간다. 원자번호가 높은 물질일수록 복사열 방출이 커서, 1억 도 플라즈마에서 원자번호 74번인 텅스텐의 경우 원자번호가 6번인 탄소에 비해 1000배 정도 높은 복사열을 방출한다. 따라서 플라즈마가 텅스텐에 0.01퍼센트만 오염되더라도 플라즈마 온도가 급격하게 떨어져 핵융합 반응을 지속하지 못하게 된다.

플라즈마 입자는 보통 수송 현상에 의해 대면 재료와 충돌한다. 정상적인 수송 현상에 의한 충돌도 문제지만, 그보다는 플라즈마에 불안정성이 나타나 발생하는 급격한 수송 현상이 더욱 큰 문제다. 그때는 매우 짧은 시간에 엄청난 에너지가 대면 재료의 특정 영역에 집중적으로 가해지기 때문이다. 타이어에 구멍이 났을 때, 구멍에 손바닥을 가져다 대면 센 압력으로 공기가 새 나오는 것을 느낄 수 있다. 마찬가지로 플라즈마에 불안정성이 생기면 플라즈마 입자들(공기 입자들)이 자기장(타이어)을 뚫고 나와 높은 에너지를 대면 재료(손바닥)에 가하게 된다. 대표적인 예가 앞에서 살펴보았던 경계면 불안정성인데, 이런 현상이 반복되면 대면 재료는 주기적으로 손상을 입어 수명이 빠르게 단축된다.

상황이 이렇다 보니 핵융합 재료 선정은 보통 일이 아니다. 핵융합 연구자들은 주기율표에 있는 원소 대부분을 활용하여 견고한 내벽 재료를 개발하기 위해 노력해 왔다. 시도는 크게 두 가지로 나뉜다. 낮은 원자번호의 물질로 내벽을 만드는 것과 반대로 높은 원자번호의 물질로 만드는 것이다. 낮은 원자번호 물질의 경우, 플라즈마에 유입되더라도 복사열 방출이 낮다. 반면 강도가 약해 플라즈마 입자와 부딪히면 재료를 구성하고 있는 원자들이 쉽게 튕겨 나가게 된다. 반면, 높은 원자번호 물질의 경우에는 플라즈마에 유입될 경우 복사열 방출이 매우 많지만 강도가 세서 재료를 구성하는 원자가 쉽게 튕겨 나가지 않는다. 서로 반대되는 장단점을 갖고 있는 것이다.

원자번호가 낮은 물질의 경우에는 6번 탄소가 대표적이다. 탄소는 녹는점이 섭씨 3550도로 열에 강하다. 이처럼 탄소가 열에 강하기 때문에 현존하는 많은 토카막 장치가 탄소 계열 물질을 대면 재료와 디버터 재료로 사용하고 있다. 그런데 탄소를 사용할 경우, 삼중수소를 연료로 사용하는 핵융합로에서는 문제가 생길 수 있다. 탄소는 수소와 만나게 되면 탄소 화합물을 만든다. 중수소와 삼중수소의 플라즈마 입자가 탄소로 이루어진 대면 재료에 부딪치게 되면 탄소 입자를 튕겨낼 뿐 아니라, 표면에 메테인(CH_4, CD_4, CT_4)과 같은 탄화수소를 생성한다. 이렇게 만들어진 탄화수소와 벽에서 튀어나온 탄소 입자는 토카막 내벽 주위를 돌아다니다 대면 재료의 표면에 흡착되어 다공성 층으로 쌓이게 된다. 여기에 삼중수소 입자가 다시 충돌하면 다공성 층에 이들 삼중수소가 가둬진다. 삼중수소는 방사선을 방출하며 붕괴되기 때문에, 가둬진 삼중수소가 방출하는 방사선에 노출된 재료는 물성이 변하고 물리적으로도 손상을 입는다. 그래서 중수소-삼중수소 반응을 이용하는 ITER나 향후 건설될 핵융합 발전소에서는 탄소 사용을 피하려 하고 있다. 대신 녹는점이 섭씨 1240도인 4번 베릴륨이나 섭씨 2076도인 5번 붕소를 스테인리스 표면에 코팅하여 사용한다.

반대로 원자번호가 높은 물질의 경우에는, 74번 텅스텐이 고려되고 있다. 텅스텐은 녹는점이 섭씨 3422도로 모든 원소들 중 가장 높다. 탄소가 고체로 존재할 수 있는 한계 온도(섭씨 3642도)가 텅스텐보다 높긴 하지만, 탄소는 액체 상태를 거치지 않고 기체로 바로 승화하기 때문에 텅스텐의 녹는점이 가장 높다고 할 수 있다. 또한 텅스텐의 인장 강도는 원소들 중에 가장 높고, 강철과 합금을 만들게 되면 그 강도 역시 매우 커진다. 무기나 항공 우주 부품과 같이 높은 강도가 필요한 재료에 텅스텐이 많이 사용된다. 그중 탄소와의 합금인 탄화텅스텐 혹은 텅스텐카바이드(WC)는 세상에서 가장 강한 물질 중 하나로, 기계와 공구 재료에 자주 활용된다. ITER 역시 디버터의 플라즈마와 접촉하는 안쪽과 바깥쪽 타깃 그리고 아래쪽 돔을 텅스텐으로 설계하고 지지대 부분은 강철로 구성하고 있다.

그런데 이처럼 강한 텅스텐도 섭씨 6000도를 넘어가면 기체 상태가 되면서 증발한다. 핵융합 플라즈마에서 텅스텐 디버터에 열속이 여과없이 전달되면 텅스텐은 기화되고 만다. 이렇게 증발한 텅스텐은 플라즈마 입자와 충돌해 들뜬 상태가 되고 엄청난 양의 복사선을 내놓는데, 이들 복사선은 텅스텐 디버터 주위에 쏟아져 디버터에 큰 손상을 입힌다. 이런 디버터의 손상을 고려하여 디버터는 일종의 소모품으로 간주된다. 마치 우주왕복선의 타일처럼 ITER도 디버터를 모두 54개의 카세트로 분리하여 원격 조정을 통해 탈부착이 가능하도록 설계하고 있다.

문제는 고열만이 아니다. 핵융합 재료는 중수소-삼중수소 핵융합 반응의 결과로 쏟아져 나오는 무지막지한 중성자도 견뎌야 한다. 중성자는 재료 내부에 들어오게 되면 재료 안의 원자들을 튕겨 내거나 이온화시키고, 원자핵 변환도 일으킨다. 결과적으로 재료의 물성이 변해 강도가 현저히 줄어드는 것이다. 그래서 핵융합 발전소에서는 강도가 크고 부식에 강한 스테인리스강을 많이 사용한다.

스테인리스강은 녹이 슬지 않는 합금강이다. 가격은 싸지만, 열전도율이 작고 고온에도 비교적 잘 견디며 광택도 좋아 자동차와 비행기의 재료와 건설 자재로 많이 사용된다. 또한 내식성을 높이기 위해 철에 크롬을 추가하거나, 경도와 내마모성을 키우기 위해 몰리브덴이나 니오븀을 추가하기도 한다. 그런데 바로 이들 물질이 중성자에 취약하다. 그래서 몰리브덴이나 니오븀을 텅스텐이나 탄탈럼으로 대체하여 스테인리스강의 장점은 유지하면서 방사화를 최소화하는 방법이 개발되고 있다. 이를 저방사화강(RAFM steel · Reduced-Activation Ferritic/Martensitic steel)이라고 하는데, 우리나라에서도 '아라(ARAA · Advanced Reduced Activation Alloy)'라는 저방사화강을 개발해서 사용중이다.

이외에도 세라믹 재료로 탄화규소 복합소재가 활발하게 연구되고 있다. 탄화규소 복합소재는 고열과 방사선에 잘 견디는데다 불순물이 없는 고순도의 상태로 제작이 가능하다. 하지만 열전도도가 낮고 대량 생산과 용접 및 가공이 어렵다는 단점이 있다.

연구자들은 핵융합로의 무지막지한 환경을 고려하여 획기적인 신재료 개발을 하고 있으며 이와 더불어 재료 냉각 효율을 높이는 연구, 플라즈마에서 재료에 가해지는 열속 자체를 줄이는 방법도 연구하고 있다. 예를 들어 플라즈마와 디버터 사이에 질소나 네온과 같은 기체를 주입하여 이 기체가 플라즈마로부터 오는 열속을 처리해 주는 일종의 쿠션 역할을 수행하는 연구도 진행하고 있다.

이처럼 핵융합 재료는 플라즈마의 고열과 중성자를 견뎌야 하며 불순물이 되었을 때 플라즈마에 미치는 영향도 최소화해야 하는 등 수많은 요구 조건을 만족해야 한다. 이는 핵융합 발전의 상용화를 위해 극복해야 할 가장 중요한 기술 중 하나다. 핵융합 재료 개발에 필요한 각종 가공과 물성 평가 기술은 다양한 분야에 파급 효과가 클 것으로 기대되어 세계 각국은 경쟁과 협력을 병행하며 기술 개발을 진행하고 있다.

5

The Sun Builders

우리나라의 핵융합

핵융합 상용화를 향한 세계 각국의 발걸음

지금까지 우리는 핵융합 발전의 여러 난제를 살펴보았다. 그렇다면 이 난제를 극복하고 상용화를 이루려는 주요 국가들의 계획은 어떤지 한번 알아보자.

먼저 핵융합 연구를 주도해 왔던 유럽연합(EU · European Union)은 일찌감치 핵융합 에너지를 미래 성장 동력 중 하나로 상정하고 폭넓고 지속적인 투자를 진행하고 있다. 우선 국제 핵융합 실험로(ITER)의 건설에 들어가는 총비용의 절반 가까이에 해당하는 45.5퍼센트를 부담한다. 또한 탄소 중립을 위한 '유럽 그린 딜(European Green Deal)'의 주요 프로젝트 중 하나로 ITER 프로젝트를 채택했고, 유럽의 최대 연구 개발 프로젝트인 '호라이즌 2020(Horizon 2020)'에도 핵융합 연구를 포함시켰다. 실증로 건설을 목표로, 유럽연합과 스위스, 우크라이나의 30여 개 연구 기관과 대학이 컨소시엄을 형성하여 체계적으로 핵융합 연구와 개발을 추진하고 있다.

유럽연합을 탈퇴한 영국은 G7 국가 중에서는 가장 먼저 2050년까지 '온실가스 순배출량 제로'를 달성하기 위한 탄소 중립 법안을 2019년 6월에 통과시켰다. 그리고 같은 해 9월에는 탄소 중립 정책 실현을 위한 녹색 산업혁명 10대 계획에 핵융합 에너지 개발을 포함시켰고, 2040년까지 소형 핵융합 플랜트인 STEP(Spherical Tokamak for Energy Production)의 건설과 운영에 관한 계획을 발표하였다. 핵융합의 태동기를 열었다는 자존심을 되살려 세계 최초로 핵융합을 이용한 전력 생산을 실증하겠다는 야심찬 계획이다.

미국은 핵융합 에너지 개발 가속화 방안을 제시하며 핵융합 개발에 박차를 가하고 있다. 미국 과학·공학·의학한림원(NASEM·National Academies of Sciences, Engineering, and Medicine)은 '핵융합 건설 지름길 전략 보고서'에서 2050년까지 탄소 배출을 최대로 줄인 전력 시스템 전환을 위해 2030~2040년 사이에 적은 비용으로 핵융합 전력 생산을 검증할 수 있는 소형 핵융합 파일럿 플랜트 건설을 제시하였다. 미국 에너지부의 핵융합 에너지 과학국(Fusion Energy Sciences) 산하 자문위원회도 핵융합 에너지 개발을 빠르게 가속화할 수 있는 핵심 기술을 선정하고 이를 개발하기 위한 중장기 계획을 내놓았다.

일본은 2050년 탄소 중립 달성을 위한 녹색 성장 전략의 하나로 21세기 중반까지 핵융합 에너지 상용화를 목표로 하고 있다. 문부과학성을 중심으로 핵융합 연구 개발 관련 정책을 수립하여 이를 체계적으로 추진중이다. 유럽연합과 진행 중인 '폭넓은 접근 협정'을 기반으로 안정적 전기 생산을 실증하기 위한 'JA Model 2018 실증로 설계(안)'을 도출하는 등 핵융합 실증 연구도 추진하고 있다.

중국은 세계 1위의 에너지 소비국으로 폭증하는 전력 수요를 감당하고 대기오염을 포함한 환경과 기후변화 문제 해결을 위해 원자력과 핵융합 연구 개발을 묶어 하나의 로드맵으로 추진하고 있다. 특히 국제 우주 정거장이 수명을 다하면 이를 대체하는 우주 정거장 개발과 더불어 핵융합 발전을 중국의 2대 과학 목표로 설정하고 공격적인 투자를 진행 중이다. 중국은 다른 핵융합 선진국보다 10년 먼저 핵융합 에너지를 상용화하겠다는 선언과 함께 2030년대 운영을 목표로 ITER 규모의 실험로인 CFETR(China Fusion Engineering Test Reactor)을 자체적으로 건설하고 있다. 그리고 관련된 핵심 기술 확보를 위한 통합 연구 시설도 함께 건설 중이다.

전 세계 각국에서는 공공 부문의 연구와 더불어 민간 기업의 투자도 활발히 이루어지고 있다. 대표적인 민간 투자자로 아마존의 제프 베이조스, 마이크로소프트의 창업자인 빌 게이츠와 폴 앨런, 페이팔을 공동 창업한 피터 틸을 들 수 있다. 민간 투자는 미국의 코먼웰스퓨전시스템(Commonwealth Fusion Systems)과 TAE(Tri Alpha Energy) 테크놀로지, 영국의 토카막에너지(Tokamak Energy) 그리고 캐나다의 제너럴퓨전(General Fusion)이라는 4개의 글로벌 핵융합 기업을 중심으로 이루어지고 있으며, 투자를 받아 새로운 핵융합 기업이 우후죽순으로 설립되고 있다.

이렇게 핵융합 기술 개발의 주도권이 정부에서 민간으로 점차 넘어간다는 것은 핵융합의 상용화 시점이 앞당겨졌다는 기대감을 반영한 것이다. 앤드루 홀랜드 핵융합 산업협회(Fusion Industry Association) 회장은 2021년 10월에 "핵융합 기업들은 2030년대에 핵융합 발전을 상업화할 것으로 기대하고 있다"라고 언급하기도 했다. 이처럼 세계의 핵융합 선진국들은 막대한 미래 가치를 선점하고 탄소 중립을 빠르게 달성하기 위해 핵융합 에너지 개발을 적극적으로 추진하고 있고, 민간 기업들도 이에 맞춰 핵융합 상용화에 따른 기득권 확보를 위해 발 빠르게 움직이고 있다.

우리나라 핵융합 연구의 발자취

지금까지 우리는 주요 국가들의 핵융합 개발 동향에 대해 살펴보았다. 그렇다면 우리나라는 어떨까? 이제 우리나라의 핵융합 역사와 현황도 한번 살펴보자.

• SNUT-79와 핵융합 연구의 태동

"세월이 좀먹나? 이런 문제는 담배 한 대 피면 다 풀린다!"

원조 괴짜 천재라고 할 수 있는 정창현 교수는 국민학교(현재 초등학교) 6학년 때 불의의 사고로 부모를 모두 잃고는 동생 셋을 키우며 친척 집을 전전하고 있었다. 무작정 상경했던 그는 서울대에 합격하면 한 학기 등록금을 대주겠다는 친구 어머니의 말을 믿고 무작정 서울대에 지원했다. 결과는 수석 합격. 그가 선택한 과는 제1회 입학생을 모집 중이던 원자력공학과(현재 원자핵공학과)였다. 이렇게 그는 1959년 서울대 원자핵공학과의 제1회 입학생이 되었다.

입학 시험을 볼 때 앞자리에 있던 사람에게서 술 냄새가 났다는 말을 했는데, 나중에 알고 봤더니 본인이 먹은 술 냄새였다고 한다.

"난 배 속에 '군불'을 때야 머리가 돌아가거든. 서울대 입학 시험장에서 어디선가 술 냄새가 나기에 '나 같은 놈이 또 있나'해서 좋아했는데 알고 보니 내 입에서 나는 술 냄새여서 어찌나 실망했던지 …."

졸업 후에는 미국 MIT에서 박사 학위 제출 자격 시험에 합격하고는 5개월 만에 논문을 제출했다. MIT에서는 "논문은 훌륭하지만, 학위를 주기엔 너무 이르다"며 1년 동안 학위 수여를 미루었다. 한국 제1호 원자력 공학 박사의 탄생이었다. 학위를 받고 귀국했을 때는 박정희 대통령의 특별 지시로 공항에서부터 카퍼레이드를 했고, 서른 살에 서울대 최연소 교수가 되었다.

서울대 원자핵공학과는 정창현 교수를 비롯하여 김창효 교수와 강창순 교수의 MIT 출신 'Three Changs'가 핵분열을 이용한 원자력 공학의 기초를 닦아 '삼창시대(三昌時代)'를 열었고, 이들과 함께 핵물리와 핵계측 분야의 전문가이면서 이순신 장군에 대해서도 해박했던 박혜일 교수 그리고 '망치 과학자' 정기형 교수가 방사선 공학, 핵융합 플라즈마, 가속기 공학의 기틀을 잡아가고 있었다.

정기형 교수는 1970년 3월 서울대 원자핵공학과에 교수로 부임했다. 당시는 제대로 된 플라즈마 장치 하나 없고, 기초 부품은 전량 수입에 의존해야 했던 시절이었다. "연구는 편하게 앉아서 하는 것이 아니라 죽을 각오로 목숨 걸고 하는 것"이란 철칙을 갖고 있던 그는 이런 불모지에서 핵융합 과학의 저변 기술을 확보하기 위해 핵융합 장치가 반드시 필요하다는 혜안을 가지고 있었다. 그러던 중 당시 최종완 과학기술처 장관이 서울대를 방문한 적이 있었다. 정기형 교수는 그를 설득하여 2000만 원 가량을 지원받았다. 이를 종자돈으로 서울대 원자핵공학과에 한국 최초로 국산 핵융합 실험 장치 건설이 시작되었다. 장치의 이름은 서울대의 머리글자와 개발이 시작된 해인 1979년을 따 SNUT-79(Seoul National University Tokamak-79)로 지었다.

SNUT-79는 1979년에 개념 설계와 공학 설계를 시작하여 주반경 50센티미터, 부반경 20센티미터 사양으로 1980년부터 주장치 제작에 들어갔다. 1980년 말에는 토러스형 진공 용기 본체가 완성되어 진공 용기에 대한 개략적인 진공 특성 확인 후, 7턴의 옴 가열 코일과 소규모 축전기 전원을 이용하여 수백 토르(Torr) 의 진공에서 첫 플라즈마 발생 실험을 성공적으로 수행하였다. 훗날 한국원자력연구원의 인상렬 박사, 한국핵융합대학협의회 초대 회장을 지낸 단국대 노승정 교수, 핵분열로 전공을 바꾸어 노(reactor) 이론 분야의 석학으로 꼽히는 서울대 주한규 교수 등 당시 젊고 유능한 대학원생들이 개발의 주축이었다.

이후 장치를 키워 주반경 65센티미터, 부반경 15센티미터로 설계를 변경하고, 16개의 토로이달 자기장 코일과 철심 코어를 장착하여 1984년 주장치의 조립을 완성하였다. 1985년 300킬로줄(kJ) 수준의 소규모 축전기 전원을 사용한 1차 운전 시험을 통해 설계 변경 후 최초 플라즈마를 얻었다. 그러나 고질적인 예산 부족으로 토로이달 전자석 전원을 갖추지 못하게 되면서 설계 때 목표로 잡았던 플라즈마 전류, 자장, 밀도, 온도 값은 결국 얻지 못하고 짧은 순간 플라즈마를 생성하는 실험에 만족해야 했다. 최종적으로 플라즈마의 밀도를 세제곱미터당 10^{19}, 플라즈마의 온도를 100전자볼트 수준까지 달성하였다.

1979년 예전 공릉동 서울 공대 5호관에서 정기형 교수와 대학원생들이 실험하고 있다.

(위) SNUT-79 토카막 제작 과정
(아래) SNUT-79 토카막의 모습과 당시 대학원생으로 제작에 참여했던 주한규 교수 (한국원자력연구원장, 서울대 원자핵공학과 교수)

당시 SNUT-79 건설에는 대학원생이 대거 참여하여 직접 코일을 감고 진단 장치를 제작했다. 정기형 교수와 학생들은 '탱크도 팔지만 배송은 못해준다'던 청계천 등지에서 토카막 부품 제작에 필요한 고철을 구했다고 한다. 연구비는 한정되어 있고, 인력과 재료 여건도 좋지 않아 외국의 앞서가는 연구를 모방하기조차 어려운 수준이었지만, 프로젝트 규모가 작다보니 주제 선정이 자유로웠고, 이를 시작으로 플라즈마에 관심 있는 교수들이 전국의 여러 학교에서 연구 그룹을 만들기 시작했다. 그리고 장치 개발에 참여했던 학생들은 한국원자력연구원과 한국핵융합에너지연구원으로 진출하여 훗날 KSTAR를 비롯한 한국 핵융합 개발의 주역으로 성장했다. 한국의 핵융합 연구에 이정표를 제시했던 SNUT-79는 2019년에 국가중요과학기술자료로 선정되어, 서울대에서 한국핵융합에너지연구원을 거쳐 대전 국립중앙과학관으로 이전되었다.

정기형 교수가 SNUT-79로 불모지를 일구고 있을 때, 홍상희 교수가 서울대 원자핵공학과에 부임했다. 플라즈마 이론을 전공한 그는 장치 제작과 실험에 집중하던 정기형 교수와 균형을 맞춰 한국의 핵융합을 이끌어갈 많은 이론가를 배출했다. 홍상희 교수의 제자로 프린스턴 플라즈마 물리 연구소에서 박사 학위를 받고 CDX-U 토카막 장치를 건설하고 운전하는데 참여했던 황용석 교수, 반도체 공정 플라즈마와 플라즈마-재료 상호작용 전문가인 김곤호 교수, 세계 최고의 핵융합 이론가 중 한 명으로 손꼽히는 함택수 교수 그리고 실험 모델링과 시뮬레이션을 전공한 저자가 서울대 원자핵공학과에 오면서 서울대 원자핵공학과는 핵융합 분야의 실험과 이론, 모델링과 시뮬레이션의 삼박자를 모두 갖추게 되었다.

• KT-1, 핵융합 에너지 개발의 토대

1980년 한국원자력연구원에서는 한국물리학회 초대 플라즈마 분과 위원장을 맡은 정문규 박사를 중심으로 핵융합로 개념 설계에 착수했다. 이듬해에는 외국의 주요 토카막 장치에 대한 자료를 모으고 연구를 보완했다. 이런 선행 작업을 바탕으로 우리도 이제 토카막을 자체 개발해 보자고 결정하고 1982년부터 주반경 30센티미터의 소형 토카막인 KT-1(KAERI Tokamak-1)의 기본 설계를 시작했다. 여기에는 인상렬 박사 등 SNUT-79 제작에 참여했던 인력이 중추적인 역할을 맡았다. 이들은 SNUT-79 제작 당시, 여건에 비해 장치 규모를 너무 크게 잡아 난관에 부딪혔던 경험을 되풀이하지 않기 위해 크기를 대폭 줄인 토카막을 제작하기로 결정했다. 최종적으로 장치는 주반경 27센티미터, 부반경 5센티미터로 결정되었다. 테이블에 올려놓을 정도로 크기가 작아 토이막(Toy-mak)이라고도 불렸다.

KT-1의 본체는 1985년에 완성했다. 하지만 각 부품에 대한 특성 시험 결과, 각 코일의 회로 상수와 자기장 분포는 설계와 잘 맞았던 반면 진공도가 만족스럽지 못해 설계부터 다시 하게 되었다. 그리고 이제 이듬해인 1986년 2만 4000암페어의 플라즈마를 얻는 데 성공했다. 1988년에는 자기장 전원을 완성하고 시운전을 거쳐 1991년에 토카막 코일의 전원을 완성했다. 1994년에는 플라즈마 제어 기술 장치까지 완성하면서 KT-1을 정상적으로 운전할 수 있었다.

KT-1을 통해 토카막 장치의 내벽 처리 기술과 플라즈마 제어 기술 등 토카막의 운용 기술과, 정전 및 자기장 탐침, 가시광을 이용한 플라즈마 진단 기술을 개발하고, 플라즈마 가둠 현상을 연구하였다. 한국원자력연구원은 이 경험을 토대로 KT-1의 후속 사업으로 중형 토카막인 KT-2 설계를 시작하게 된다.

한국원자력연구원의 KT-1

이처럼 정부출연연구소에서 핵융합 연구가 시작되면서 우리나라는 핵융합 에너지 개발을 위한 거대 프로젝트를 체계적으로 추진하는 토대를 마련할 수 있었다.

• 카이스트-토카막

서울대에 실험가인 정기형이 있었다면, 한국과학기술원(KAIST)에는 이론가 최덕인이 있었다. 최덕인 교수는 서울대 물리학과를 졸업하고 미국 콜로라도 주립대에서 핵융합 플라즈마 이론으로 박사 학위를 받았다. 이후 통계역학의 대가인 벨기에 브뤼셀 자유대학의 라두 발레스쿠 그룹에서 박사후연구원을 지내고, 미국 텍사스 대학 오스틴 캠퍼스에서 핵융합 이론을 연구하고 있었다. 우리나라에 핵융합 연구가 태동하고 있던 1980년대 초, 최덕인 교수가 KAIST 물리학과에 부임하면서 KAIST에서도 핵융합 연구가 본격적으로 시작되었다. 최덕인 교수는 당시 불모지나 다름없던 우리나라에서 세계 수준의 핵융합 플라즈마 이론을 발표하였다. 그중에는 훗날 함택수 교수에 의해 완성되는 모던 선회 운동 모델의 토대가 되는 논문도 포함되어 있었다.

1990년에는 장홍영 교수와 최덕인 교수가 미국과의 협력 연구 과제를 통해 선진 핵융합 기술을 단기간에 흡수하기 위한 목적으로 최 교수가 재직했던 텍사스 대학 오스틴 캠퍼스의 핵융합 연구센터에서 1978년부터 1990년까지 실험에 사용된 PreTEXT 토카막을 KAIST로 이전해 왔다. 한국으로 이전 후 장홍영 교수의 주도로 여러 파워 장치를 보강해 KAIST-TOKAMAK으로 이름 붙이고 1993

년 4월에 첫 플라즈마를 발생시켜 플라즈마 전류 5000암페어를 달성하였다. 그러나 위치 제어가 제대로 되지 않아 플라즈마가 내벽에 닿아 플라즈마 전류를 높이는 데 어려움이 있었다. KAIST-TOKAMAK이 미국에서 한국으로 운송되는 중에 장치 중심부에 설치된 철심의 자화 특성이 변형되어 토카막 내부 자기장 배열이 틀어진 것이 그 이유였다.

1997년 가을에는 홍상희 교수의 제자로 프린스턴 대학에서 박사 학위를 받은 최원호 교수가 물리학과에 부임하여 연구를 주도하였다. 그는 철심 위와 아래에 자기적 진단장치와 전자석 코일을 보강하여 위아래 대칭을 개선하고 플라즈마 위치 제어를 위한 파워시스템을 대폭 구축하여 1999년 3월에 3만 암페어의 플라즈마 전류를 100밀리초 동안 얻는 데 성공하면서 플라즈마의 성능을 획기적으로 높였다. 방전 클리닝 시스템과 전이온화 시스템 등 여러 토카막 시스템을 보강하고 개선했고, 각종 이미징 플라즈마 진단 장치를 구축하여 1999년 10월에는 시스템을 자동화하여 재현성이 높고 안정적인 플라즈마를 얻게 되어 고온 플라즈마 특성 연구에 집중할 수 있었다. 플라즈마 진단계로는 각종 자기적 진단계와 탐침, 간섭계, 광학 진단계 등이 개발 및 설치되어 KAIST-TOKAMAK은 토카막 장치의 운전과 관련된 제어와 진단 계통의 개발과 핵융합 기초 연구를 수행하며 KSTAR를 위한 기틀을 닦았다. 연구주제로는 토카막 내 헬리콘 플라즈마 발생, 플라즈마 시동 실험 모델링 연구, 고속파 연구, 플라즈마 바이어스를 통한 플라즈마 수송 연구 등이 활발히 수행되었다. KAIST-TOKAMAK에서 학위과정을 통해 교육

카이스트 토카막(KAIST-TOKAMAK)

을 받은 학생들은 핵융합에너지연구원 등 연구기관으로 진출하여 핵융합 관련 연구를 주도하고 있다

최덕인 교수는 기초과학지원연구소 소장을 역임하며 산하의 KSTAR 프로젝트를 이끌었고, KAIST 원장과 한국물리학회 회장을 지내며 국내 핵융합 발전에 크게 이바지하였다. KAIST에서 이론 분야로는 신고전 플라즈마 수송 이론의 대가인 장충석 교수가 외국과 활발한 국제 공동 연구를 통해 세계적 수준의 이론 연구를 수행하였고, 향후 KSTAR 이론팀을 이끌어갈 우수한 인재들을 양성하였다. 특히 장충석 교수는 KAIST에서 개발한 플라즈마 시뮬레이션 코드인 XGC 코드를 미국과의 공동 연구를 통해 세계적 수준의 플라즈마 전산모사 코드로 발전시켰는데, 이 코드는 JET, ITER 등 여러 핵융합 장치에서 활발히 활용되고 있다.

- 한빛 자기 거울 장치

1989년 11월 한국물리학회 주최로 열린 간담회에서는 핵융합 연구를 대형 공동 연구 장비 분야로 선정하고, 1990년 1월 6일에는 핵융합 연구 장치 도입을 위한 프로젝트 팀을 구성했다. 그 결과 한국기초과학지원연구원은 미국 MIT의 플라즈마 핵융합 센터에서 1980년대 초에 개발된 타라(Tara) 자기 거울 장치를 1991년 11월 미국의 에너지부에서 무상으로 받을 수 있었고, 1992년 말에는 장치 일부를 한국으로 가져와 다목적 플라즈마 연구 장치로 개조하여 설치했다. 타라는 서로 닮은 두 대의 자기 거울 장치를 하나로 연결한 탠덤(tandem) 형식의 자기 거울 장치인데, 두 대 중 하나를 이양

해 온 것이었다.

이렇게 우리나라 최초의 자기 거울 장치이자 첫 번째 대형 플라즈마 공동 연구 시설인 한빛(Hanbit)이 탄생했다. 한빛은 길이가 15미터, 지름이 최대 3미터로 대기압의 10억분의 1 수준의 진공 상태와 지구 자기장의 100만 배인 5만 가우스(5테슬라)의 자기장을 만들 수 있었다. 한빛 장치는 1993년 초부터 조립을 시작해 2년 만인 1995년에 장치의 가장 중요한 부분인 진공 용기와 전자석을 정렬하고 진공 배기 장치와 전자석 전원 장치를 설치하면서 1차 설치 작업을 완료하였다. 3년간 35억 원을 지원받았고, 1995년 2월 3일에 첫 플라즈마 발생에 성공했다. 이후 각종 플라즈마 발생 실험과 진단 장치 개발, 펄스 모드 운전 및 산업적 활용을 위한 시스템 설치를 진행하

한국기초과학지원연구원에 설치되었던 한빛 자기 거울 장치

였다. 그리고 1999년 400킬로와트의 고주파 출력 가동에 성공하여 플라즈마 온도 상승을 위한 본격적인 가열 실험을 진행하였다.

한빛에서 얻은 대형 장치 운전 기술은 향후 KSTAR 운전에 밑거름이 되었을 뿐 아니라 플라즈마 응용 첨단기술과 산업의 실용화 기술인 초고주파, 초고진공, 고자장, 초고온, 계측제어 기술의 개발에 획기적인 계기가 되었다.

• 우리나라 최초의 구형 토카막, VEST

1998년 KAIST에서 서울대로 온 황용석 교수는 프린스턴 시절부터 매료되었던 통통한 토러스 모양의 구형(spherical) 토카막 장치를 제작하기로 마음먹었다. 우리나라 사정에 맞는 소형 핵융합로 개발에는 구형 토카막이 오히려 적합하다는 판단에서였다. 구형 토카막은 보통 주반경과 부반경의 비율인 종횡비(aspect ratio)가 2가 채 안 된다. KSTAR의 종횡비(1.8미터/0.5미터)가 3.6이고, ITER(6.2미터/2.0미터)는 3.1인데 반해, 구형 토카막은 일반 토카막 장치보다 종횡비가 작은 것이다. 이런 구형 토카막은 1980년대에 미국 오크리지 연구소의 벤 카레라스와 팀 헨더가 수행한 안정성 연구와 마틴 펭의 자기장 코일에 대한 선구적인 연구를 통해 제안되었다.

구형 토카막은 안정성이 좋아 높은 베타값에서도 운전이 가능해 콤팩트하고 경제적인 핵융합로가 될 수 있다. 반면에 종횡비가 작아 토러스의 안쪽 공간이 좁은 편이다. 그래서 중심 솔레노이드가 플라즈마 시동에 충분한 자속을 만드는 데 한계가 있어 플라즈마 방전이 어렵고 블랭킷 설치가 어렵다는 약점이 있다. 미국 프린스턴의 NSTX(National Spherical Torus Experiment)와 영국 컬햄의 MAST(Mega Ampere Spherical Tokamak)가 대표적인 구형 토카막이다.

황용석 교수는 서울대에 핵융합로공학선행연구센터(CARFRE)를 설립해 구형 토카막 설계를 시작했고 제자인 서울대 정경재 교수와 KAIST 성충기 교수, 핵융합에너지연구원의 안영화, 이현영 박사 등이 적극적으로 참여하여 2011년 국내 최초의 구형 토카막 장치인 VEST(Versatile Experiment Spherical Torus)를 만들었다. VEST는 구형 토카막에 대한 여러 기초 연구와 더불어, VEST만의 고유한 특징인 부분 솔레노이드를 활용하여 다양한 토카막 시동 방법과 이를 응용한 연속적인 플라즈마 병합 운전 방법을 개발할 목적으로 설계되었고, 대학 연구실을 중심으로 다양한 실험과 연구가 가능하도록 유연하게 제작되었다. 특히 기존 토카막 장치가 토카막 중심부에 폴로이달 자기장을 0에 가깝게 만들어 방전을 통해 플라즈마 크기를 키우는 것과 달리, VEST는 자기장이 토러스 내부에 수직으로 걸리는 방식의 플라즈마 시동법을 개발하여 KSTAR에 성공적으로 적용하였고, ITER에도 이를 응용하였다.

VEST에는 한국원자력연구원과의 협력으로 중성입자빔 주입 장치가 설치되었고 선구적인 라디오파 가열 장치도 설치되어 신개념 가열 및 전류 구동 연구를 수행하였다. 이외에도 구형 토카막 장치에서 특이하게 나타나는 IRE(Internal Reconnection Event) 불안정성 현상을 물리적으로 규명하였고, 세계 최초 6차원 토카막 시뮬레이션 코드를 개발하여 실험 결과를 검증하는 등 선구적인 연구를 수행하고 있다.

서울대학교의 VEST 토카막 장치

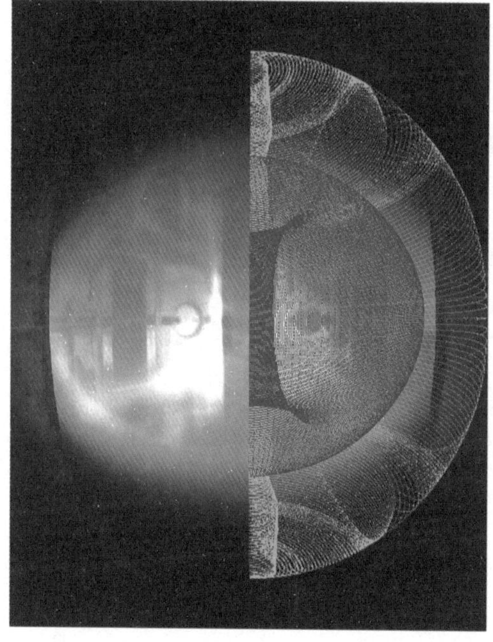

• 한국의 별, KSTAR

한빛의 성공은 핵융합의 기반이 약한 우리나라에서도 대형 핵융합 장치를 이용한 연구가 가능하다는 것을 확인해 주었다. 한빛이 설치 중이던 1993년, 한편에서는 대형 초전도 핵융합 장치를 짓겠다는 원대한 계획이 시작되고 있었다. STarX(Superconducting Tight-aspect-ratio eXperiment)라고 명명된 이 프로젝트는 핵융합의 불모지인 우리나라에 최첨단 초전도 토카막 장치를 만들어 ITER에 가입하려는 전략의 일환이었다. STarX는 주반경이 1.6~2.0미터, 부반경이 0.7~1.0미터, 자기장 강도가 3~5테슬라로, 사양은 약간 다르지만 지금의 KSTAR(Korea Superconducting Tokamak Advanced Research) 프로젝트의 발판이 되었다.

1995년 초, 과학기술부와 각 정부출연연구소는 신임 장관의 신년사와 청와대 보고 자료 준비로 분주했다. 기초연구 성과가 널리 알려져 있는데도 상업화 연구가 미진한 부분을 골라 집중적으로 육성하자는 새로운 전략을 제시했기 때문이었다. 신임 장관은 정근모 박사였다. 그는 1990년 제12대 과학기술처 장관으로 이미 한 번 취임한 바 있어 사실은 재임 장관이었다.

정근모 박사는 미국 MIT 플라즈마 핵융합 연구센터를 거쳐 프린스턴의 요시카와 쇼이치 그룹에서 연구했으며 TFTR 설계에도 참여한 국내 최초 핵융합 과학자다. 그는 프린스턴에서 거장들이 핵융합에 대해 논의하는 것을 곁에서 지켜 보며 한국에도 핵융합 개발이 필요하다는 것을 절감하고 있었다. 이후 한국으로 돌아온 정근모 박사는 서울대의 실험가 정기형 교수, KAIST의 이론가 최덕인 교수와 더불어 삼두마차로 불모지였던 한국의 핵융합 개발을 견인하게 된다.

정근모 장관이 발표한 전략은 모방추격형을 벗어나 신제품을 선제적으로 개발해 선진국의 과학기술을 단시간에 따라잡자는 '중간 진입전략(Mid-Entry Strategy)'이었다. 그리고 이를 위해 전략 분야를 선정하고 육성하기 위한 'G7 프로젝트'를 추진한다. 이 프로젝트는 '2001년 과학기술능력 G7 국가에 진입하여 선진국 대열에 동참'하는 것을 추진 목표로 삼았다.

G7 프로젝트에서는 핵융합을 전략기술 중 하나로 선정하였고, '차세대 초전도 토카막 장치'의 기반 기술 개발 사업 유치를 위해 한국원자력연구원과 한국기초과학지원연구원이 경쟁을 시작했다. 한국원자력연구원은 중형 차세대 토카막의 기반 연구 장치로 KT-2 장치를 제안하였고, 한국기초과학지원연구원은 차세대 콤팩트형 초전도 토카막 핵융합 연구 장치로 STarX를 제안하였다. 두 기관은 서로 양보 없는 경쟁을 계속하다 1995년 8월 12일 28명의 전문가가 참여한 '핵융합 연구개발 추진 계획(안)'에 관한 공청회에서 서로의 장치 이름을 더는 고집하지 않고 초전도 토카막 건설을 위한 국가 사업에 함께 참여하기로 합의하였다.

한국원자력연구원이 제안한 KT-2 장치는 초전도 기술보다 핵융합 노심 기술 확보에 중점을 둬 핵융합 기술 기반을 효율적으로 구축하는 것을 목표로 하고 있었다. 그래서 초전도 자석을 도입하며 겪게 될 기술 개발과 건설 부담을 줄이기 위해 초기에는 우선 중형 토카막을 건설해 운영하면서 초전도체 기술 역량을 단계적으로 축

적하다가, 2005년경에 초전도 자석을 도입해 KT-2U로 장치를 업그레이드하거나 새로운 초전도 콤팩트 핵융합로 KT-3를 건설하자는 제안이었다.

그러나 '중간 진입'을 위해서는 바로 초전도 토카막을 도입하는 것이 보다 적절하다는 판단이 우세해지면서 최종적으로 STarX가 선정되었다. 장치의 이름은 KSTAR로 바뀌었다. 최덕인 교수가 원장을 맡은 한국기초과학지원연구원에 핵융합개발사업단이 설립되었고 KSTAR 건설을 위해 1995년부터 2001년까지 7년 동안 1321억 원의 예산이 배정되었다.

KSTAR는 세계 최고 수준의 초전도 토카막 장치를 짓는다는 매우 야심차고 멋진 프로젝트였다. 그렇지만 당장 누가, 어떤 기업이 토카막의 각 부품을 맡아 제작할지부터가 문제였다. 제한된 인력과 인프라를 가지고 있는 한국기초과학지원연구원이 KSTAR의 모든 부품을 만든다는 것은 상상조차 할 수 없었다. 기업들도 핵융합 상용화가 요원한 상황에서 선뜻 나서지 못했다. 하지만 KSTAR를 이끄는 연구진에게는 대한민국에 별을 띄우고자 하는 열정이 있었다.

정부는 KSTAR 프로젝트를 시작할 당시, 성공 가능성을 가늠하기 위해 세계적인 석학들에게 KSTAR 사업에 대한 추천서를 받도록 했다. 사실 당시 그 누구도 추천서를 써 주려고 하지 않았다. 서울대학교의 SNUT-79, 한국원자력연구원의 KT-1 수준의 토카막 정도만 지어 본 나라가 최첨단 초전도 토카막 장치를 건설하겠다니, 정말 터무니없는 소리라고 웃어 넘길 만했다. 그런데 추천서를 써

준 사람이 있었으니, 바로 H-모드를 발견한 독일 막스플랑크 플라즈마 물리 연구소의 프리츠 바그너 교수였다.

시간이 한참 지나 KSTAR가 성공적으로 플라즈마를 발생시킨 후 사람들이 그에게 물었다.

"모두가 안 된다고 할 때, 당신은 왜 KSTAR를 위한 추천서를 써 주었습니까?"

그의 대답은 이랬다. "나도 처음에는 다른 사람들과 마찬가지로 안 될 거라고 생각했습니다. 그런데 어느 날 뮌헨 시내에서 평소에 보지 못한 자동차 한 대를 보았습니다. 기아 자동차의 카니발이었습니다. 독일차의 자존심인 BMW의 본사가 있는 뮌헨 한복판에 한국 차가 돌아다니다니 ……." 바그너 교수는 그때 정말 많이 놀랐다고 한다. "이 나라는 할 수도 있겠구나!"

KSTAR 프로젝트의 책임은 이경수 박사가 맡았다. 그는 서울대 물리학과를 졸업하고 미국 오스틴의 텍사스 대학 물리학과에서 박사를 받은 후 오크리지 국립연구소와 MIT에서 연구했다. 그는 대학원 시절 미국물리학회에서 발표 중에 본인과 다른 이론을 주장하는 다른 대학 교수가 질문하자 "이건 당신에게 너무 어려울텐데!"라는 답변을 할 정도로 패기 넘치던 학자였다. 이경수 박사의 프로젝트 관리 철학은 간단했다. '예산 제로, 전문인력 열두 명, 기간 삼 년'으로 프로젝트를 완수했던 예수의 방법을 본보기로 삼는 것이었다. KSTAR 프로젝트도 어떤 면에서는 이와 다를 바가 없었다. 예산은 어느 정도 확보되어 있었지만, 전문 인력이 거의 없었고 기간도 칠년 밖에 되지 않았다. 한일월드컵이 열리는 2002년 8월

15일까지 완성하는 것이 당시 목표였다.

국내 기반이 극도로 미비한 상황에서 프로젝트의 성공을 위해서는 경험이 풍부한 해외 선진기관과의 국제 협력이 필수였다. 이경수 박사는 해외의 여러 핵융합 기관을 방문하여 KSTAR를 소개하고 협력 체계를 맺었다. 한번은 일본을 방문할 때였다. KSTAR를 소개하는 발표가 끝나고 질의응답이 시작되었다.

"초전도 자석 중에서도 가장 다루기 어렵다는 니오븀-주석 합금으로 초전도 토카막을 만들겠다는데, 당신은 이 초전도 선재를 본 적은 있습니까?"

KSTAR의 가장 큰 특징이자 장점이 ITER에서 선택한 니오븀-주석 합금의 초전도 자석을 장착하는 것인데, 이 자석을 본 적은 있냐니. 이 질문은 발표자에게 굉장한 수치심을 안기는 것이었다. 이경수 박사는 그 충격으로 그후 20년 동안 이 질문자를 보지 않았다고 한다. 그런데 더 수치스러웠던 것은 실제로 이경수 박사가 이 초전도 자석을 본 적이 없다는 사실이었다!

이런 우여곡절 끝에 KSTAR는 러시아의 쿠르차토프 연구소를 비롯하여 미국의 프린스턴 플라즈마 물리 연구소, MIT의 플라즈마 핵융합 센터, 영국의 컬햄 핵융합 연구소, 독일의 막스플랑크 플라즈마 물리 연구소, 프랑스의 원자력 및 대체에너지청(CEA · Commissariat à l'énergie atomique et aux énergies alternatives), 일본의 원자력 연구소와 핵융합 과학 연구소 등 세계 선진 기관과 공동 협력 체제를 구축하였다.

1995년 12월, KSTAR의 개념 설계가 시작되었다. 프린스턴 플라즈마 물리 연구소에서 제안했던 TPX(Tokamak Physics Experiment) 장치가 바탕이었다. TPX는 ITER와 유사한 초전도 코일을 장착하고 장시간 운전을 목표로 설계되었지만, 프로젝트가 중단되면서 설계의 많은 부분을 KSTAR에 이전하여 적용할 수 있었다. TPX 설계를 토대로 최신 핵융합 연구 결과가 반영되고, 장치 크기와 구조, 코일 개수, 재료, 전기 장치 등이 개선되어 KSTAR의 설계가 이루어졌다.

도면이 완성되었으니 이제는 산업체가 나설 차례였다. 당시 우리나라 산업체는 초전도 코일이나 토러스 형태의 대형 진공 용기를 제작해 본 경험이 없었다.

고려제강은 타이어 보강용 와이어 등 특수 선재를 제작하는 회사다. 그동안 다양한 코일을 만들어 봤지만 초전도 코일은 처음이었다.

"뭐 선재만 바뀌는 거니 한번 해 보지요."

고려제강의 장인들은 그동안 갈고 닦았던 기술을 니오븀-주석 선재에 적용했다. 그리고 수 마이크로미터 굵기의 필라멘트를 5킬로미터나 뽑아냈다. 전 세계 누구도 예상하지 못한 결과였다.

현대중공업은 거대한 철판을 휘고 용접하여 선박을 제조하는 회사다.

"세계 최대 규모의 선박도 건조하는데, 도넛 모양도 한번 해보지요."

현대중공업의 기술자들은 자신들만의 노하우를 적용하여 기존의 2차원 벤딩 방식을 넘어 한치의 오차도 없이 3차원 형상으로 진공 용기를 제작했다. 세계 최고 기술이었다.

초전도 토카막 장치를 지을 여건이 미흡해 보였지만, 우리나라 산업체는 초정밀을 요하는 이 거대한 별을 쏘아 올릴 역량을 자신도 모르게 이미 갖추고 있던 것이었다. 이렇게 KSTAR는 어려움을 극복해 가며 한 걸음씩 전진하고 있었다.

그러나 1997년 G7 프로젝트 사업의 중간 평가에서 KSTAR 프로젝트는 난관에 부딪히게 된다. 개념 설계를 마치고 건설 단계에 들어가면서 처음 계획보다 훨씬 더 많은 예산이 필요했다. 눈덩이처럼 불어나는 예산에 정부는 사업을 계속 유지할지 여부를 결정해야 할 기로에 서게 되었다. 2002년 광복절 완공은 요원해 보였다.

설상가상으로 1997년 불어 닥친 외환 위기는 예상치 못한 프로젝트의 악재였다. 당장 눈앞의 나라 재정이 무너진 상태인데, 먼 훗날을 대비해 대규모 예산을 투입한다는 것은 어찌보면 무모한 일이었다. 게다가 당시의 김영삼 정부는 정권 말기로 심각한 레임덕을 겪고 있었다. KSTAR 전문가 회의에서 프로젝트 중단이 논의되었다. 그러나 KSTAR를 시작했던 연구자들이 정부 인사들을 설득하고, 해외의 핵융합 석학들에게 편지를 쓰는 등 열정어린 활동으로 프로젝트의 중단은 막을 수 있었다. 결국 참여 연구원들의 월급은 주되, 사업은 일시 중지하는 것으로 최종 결정되었다.

그후 4년의 암흑기 동안 연구진은 KSTAR 설계를 재검토하고 건설 계획을 되짚어 보는 시간을 가졌다. 어쩌면 이 컴컴한 어둠 속 축적의 시간이 KSTAR 프로젝트를 더 견고히 하여 시행착오 없이 최초 플라즈마를 성공하는 데 결정적인 역할을 했는지도 모른다. 어느덧 4년이 흘러 2001년 KSTAR 공학 설계가 완성되었고, 2002

실제 KSTAR의 건설 모습

1

2

3

4

1 진공 용기 2 토로이달 자기장 코일

3 중심부 솔레노이드 4 폴로이달 또는 평형 자기장 코일

년부터 건설이 시작되었다. 2005년 10월에는 한국기초과학지원연구원 부설로 핵융합연구센터가 설립되어 KSTAR 프로젝트를 주관하게 되었다. 초대 소장은 한국원자력연구소 소장을 역임했던 신재인 박사였다.

2007년 8월, 11년 8개월의 대장정 끝에 KSTAR가 완공되었다. 이후 각종 용기의 외부와 내부에 이상이 없는지 확인하고 원하는 진공도를 만들 수 있는지 검증하는 진공 배기 운전, 초전도 코일의 극저온 냉각 운전 그리고 초전도 코일 각각에 대전류를 흘려주어 초전도 코일의 정상 작동을 확인하는 단계를 거쳐 2008년 6월 13일, 단 한 번의 시운전 만에 최초 플라즈마 발생에 성공했다. 아파트 11층 높이, 벽 두께 1.5미터, 축구장 4분의 1 면적의 주장치실 내부에 용접 부위만 8600개인, 지름과 높이 약 10미터, 무게 1000톤 장치가 이상 없이 작동한 것이다. 총 1510명이 참여해, 장치 개발에 3090억 원, 시설 건설에 1092억 원이 소요된, 당시 국내 과학기술 역사를 통틀어 가장 거대한 규모의 프로젝트가 성공한 것이다.

장치에는 세계 최초로 니오븀-주석 합금을 사용한 초전도 코일 26개가 장착되었고, 니오븀-티타늄 합금을 사용한 초전도 코일 4개가 장착되었다. ITER와 동일한 초전도체를 사용한 것이었다. 기존의 초전도 핵융합 장치는 대개 토로이달 자기장 코일에만 초전도체를 사용했고, 재료 또한 상대적으로 제작이 수월한 니오븀-티타늄 합금을 사용했다. KSTAR는 토로이달 자기장 코일뿐 아니라 폴로이달 자기장 코일도 전부 초전도 코일을 사용했다. 16개의 토로이달 자기장 코일과 10개의 폴로이달 자기장 코일 모두 고자기장에서도 열적 성능이 우수한 니오븀-주석 합금을 사용했다. 니오븀-주석을 사용한 초전도체는 제작 과정에서 660도의 고온에서 1개월 정도의 열처리를 해야 하는 등 복잡하고 어려운 제작 공정을 거쳐야 하는데, 이를 국내 기술로 성공시킨 것이었다.

이렇게 제작된 초전도 코일은 최대 7.5테슬라의 자기장을 발생시킬 수 있었다. 지구 자기장의 14만 배, 냉장고에 들어가는 자석 자기장의 750배에 해당한다. 초전도 특성을 맞추기 위해 코일을 절대온도 4K(섭씨 영하 269도)로 유지하려면 액체 헬륨이 시간당 3000리터가 필요했다. 이때 소모되는 전력은 3.6메가와트로, 이 정도의 전기면 실내 스키장 3곳을 운영할 수 있다.

그리고 KSTAR에는 자기장 오차가 10^{-5} 수준인 세계 최고 정밀도로 코일이 설치되었다. 기존 핵융합 장치보다 10배 이상 높은 정밀도였다. KSTAR 장치 내 고유 오차 자기장은 장치 내부의 가장 큰 자기장 값의 0.001퍼센트에 불과하다. 자기장 오차는 핵융합 플라즈마의 거동을 물리적으로 바꿀 수 있기 때문에 문제가 될 수 있다. 다누리와 같은 달 탐사선의 궤적이 0.001퍼센트만 틀어져도 목적지에 도달할 수 없게 되는 것처럼 토카막 내부의 자기장 트랙이 조금이라도 틀어지면 이 트랙을 따라 엄청난 속도로 질주하고 있는 플라즈마 입자들은 쉽게 벽으로 손실될 수 있기 때문이다.

그리고 토카막에 연결된 12대의 진공 펌프는 초당 4만 리터의 공기를 흡입하여 토카막 내부를 초고진공 상태로 유지한다. 가정용 진공청소기 약 1300대를 동시에 작동시키는 것과 비슷하다.

KSTAR는 고진공, 극저온, 대(大)전류, 초고속 제어 등 첨단 기술

우리나라의 핵융합로 KSTAR
정면(아래), 내부(오른쪽 위), 후면(오른쪽 아래)의 모습

을 증명해 보이면서 향후 세계 핵융합 연구를 선도할 우리나라의 잠재력을 확인해 주었을 뿐 아니라, 남들이 불가능하다고 생각했던 차세대 초전도 자석의 제작과 조립까지 성공하면서 우리나라의 핵융합 연구에 중요한 전환점을 마련해 주었다. KSTAR의 성공으로 우리나라는 2010년에 IAEA 핵융합 학회를 유치할 수 있었다. 39개국, 5개의 국제기구에서 1000명 이상의 전문가가 참여하여, 600여 편의 논문이 발표되었다.

KSTAR는 이후 포항공대와 원자력연구원을 중심으로 가열 장치를 업그레이드 하고, 세계적인 연구 성과를 발표하고 있다. 2010년 11월 초전도 핵융합 장치로는 세계 최초로 H-모드를 달성했고, 2011년에는 3차원 코일을 사용하여 경계면 불안정성을 제어하는데 성공했다.

특히 핵융합 플라즈마를 2차원과 3차원으로 촬영할 수 있는 획기적인 진단 장치를 개발해 톱니 불안정성 현상을 규명한 박현거 박사가 24년간 재직했던 프린스턴 플라즈마 물리 연구소를 떠나 포항공대에 부임한 후 윤건수 교수와 함께 KSTAR에서 세계 최고 수준의 영상 진단 장치를 개발함으로써 핵융합 연구의 새로운 장을 열었다. 이 새로운 진단 장치는 경계면 불안정성, 신고전 찢어짐 모드 등 다양한 플라즈마 불안정성과 난류 현상에 이르기까지 핵융합 플라즈마의 난제 해결에 획기적인 발전을 가져왔다. 박현거 교수는 2015년부터 2년간 KSTAR 연구 센터장을 맡았고, 2020년에는 2,3차원 영상 장치를 통한 새로운 물리 현상 연구에 대한 기여로 아시아 태평양 물리 연합회가 수여하는 찬드라세카르상을 수상했다.

함택수 교수 또한 KSTAR의 실험 결과를 토대로 다양한 난류 이론을 제시하고 2021년 찬드라세카르상을 수상하여 한국 핵융합계의 위상을 드높였다. 2018년에는 KSTAR에서 새로운 고성능 플라즈마인 FIRE 모드가 발견되어 이온 온도 1억 도를 달성하였으며 2022년에는 이를 20초 이상 유지하여 세계 신기록을 세우고 초고온 달성의 물리적 기작을 규명하여 《네이처》에 그 결과를 발표하였다. 또한 3차원 코일을 사용한 경계면 불안정성 제어에 대한 물리적 기작을 규명하였고, 45초 이상 경계면 불안정성을 제어하는 데도 성공하였다. 이외에도 KSTAR를 통해 토카막에서 플라즈마 방전이 일어나는 일련의 과정이 밝혀졌고, 플라즈마 난류와 불안정성의 상관 관계 그리고 토카막 플라즈마가 스스로 만들어 내는 새로운 자발 전류를 발견하기도 하였다.

이러한 KSTAR의 성공은 해외 우수연구기관과의 협력 뿐 아니라 핵융합에너지연구원과 한국원자력연구원 그리고 서울대, 카이스트, 포항공대, 한양대, 울산과기대 등이 중심이 된 한국핵융합대학협의회 사이의 긴밀한 공동 연구를 자양분으로 이룬 것이었다. KSTAR는 현재 상용 핵융합로 개발에 필수적인 고성능 플라즈마 운전 기술과 초전도 자석을 이용한 장시간 안정적 제어 기술 개발을 목표로 실험에 박차를 가하고 있다.

KSTAR를 밝히겠다는 지난 10여 년의 시간은 BTS(방탄소년단)의 '연습생'의 시간이었다. 다시 읽어 봐도, 정말 그렇다.

연습생 어찌보면 나 자체이지만
뭐라고 형용할 수 없는 그런 말
어딘가에 속하지도 않고
그렇다고 무언가를 하고 있지도 않은 그런 시기 과도기

내가 그 연습생 신분으로 살면서
가장 곤욕스러웠던 건
친척들과 친구들의 언제 나올거냐고
데뷔 언제할 거냐고 하는 그런 그 질문들이었다
나는 답을 할 수가 없었다 왜냐면 나도 모르니까
나도 그 답을 알 수 없으니까

자신감과 나에 대한 확신을 갖고 이곳에 왔지만
나를 기다리던 건 정말 다른 현실
아직도 3년이 지난 지금도
내가 나가면 가요계를 정복해버리겠다
할 수 있을 것 같다 이런 확신을 찾다가도
막상 PD님들과 선생님들께 혼나고 나면
내가 정말 아무것도 아닌 것 같은
정말 먼지밖에 안된것 같은 그런 기분
꼭 마치 내 앞에 푸르른 바다가 있다가도
뒤를 돌아보면 황량한 사막이 날 기다리는 것 같은 그 기분

정말 그런 모래시계 같은 기분에서 그 기분 속에서
나는 내 연습생 3년을 보냈다
그리고 나는 지금 데뷔를 앞두고 있다

네가 데뷔를 하더라도
아마 다른 바다와 다른 사막이 나를 기다리고 있을 것이다
그치만 조금도 두렵지 않다
분명 지금 나를 만든건 지금 내가 본 바다와 그 사막이니까

절대 잊지 않을 것이다 내가 봤던 그 바다와 그 사막을

나는 연습생이니까

— 방탄소년단 데뷔 EP 〈2Cool4Skool〉에서 Skit: On The Start Line

초전도 토카막의 등장과 핵융합 세계 질서의 재편

한국에서 KSTAR가 거론되기 직전인 1994년, 인도에서도 초전도 토카막 프로젝트가 시작되었다. 장치의 이름은 SST-1(Steady-State Superconducting Tokamak-1), 인도 간디나가르에 있는 플라즈마 연구소 주관으로 개발이 진행되었다. 2005년에 장치를 완공하였고, 2005년 12월 6일 인도가 ITER에 가입하는데 중추적 역할을 담당했

다. 이후 SST-1은 장치 개선을 위해 해체한 후 2012년 1월에 재조립에 성공했고, 2015년에 자기장 1.5테슬라, 전류 7만 5000암페어의 플라즈마를 0.5초 유지하였다. 인도는 SST-1 이후 실증로에 해당하는 SST-2를 계획하고 있다.

중국은 H-모드를 발견했던 독일의 아스덱스 토카막 장치를 이전해 HL-2A 장치로 업그레이드하여 디버터 토카막 운전을 시작했다. 그후 중국과학원의 플라즈마 물리 연구소를 중심으로 KSTAR보다 약간 늦게 초전도 토카막 프로젝트를 진행했다. 처음에는 HT-7U라고 불렀으나 나중에 EAST(Experimental Advanced Superconducting Tokamak)로 이름을 바꾸었다. 주반경 1.85미터, 부반경 0.45미터로 규모는 KSTAR와 비슷하다. 장치는 2006년 3월에 완공했고, 9월에 최초 플라즈마를 발생시켰다. 2017년에는 H-모드 플라즈마를 100초 이상 유지했고, 2022년에는 전자 온도 1억 도 이상을 100초 이상 유지하였다. 고성능 플라즈마의 장시간 운전을 목표로 연구를 진행하고 있다.

일본은 유럽과의 '폭넓은 접근' 협정에 따라 ITER와 동일한 플라즈마 형상을 갖는 JT-60SA 초전도 토카막 장치를 양자과학기술연구소에서 2013년 건설을 시작해 2020년 10월에 조립을 완료했고, 2023년에 최초 플라즈마 발생에 성공했다. JT-60SA는 주반경이 2.96미터, 부반경이 1.18미터, 플라즈마 전류가 5.5메가암페어, 자기장이 2.25테슬라로, ITER 이전 최대 규모의 초전도 토카막 장치다. JT-60SA는 ITER의 플라즈마 운전 시나리오와 장시간 고성능 플라즈마 운전 시나리오를 개발하고, ITER의 주요 이슈를 해결할 목표로 실험을 진행할 예정이다.

이렇게 첨단 초전도 토카막 장치들이 아시아에 집중되면서 그동안 러시아와 유럽, 미국에 위치했던 토카막 연구의 무게 중심이 서서히 아시아로 움직이기 시작했다. 특히 미국은 TFTR 이후 대규모 토카막 장치를 짓지 못하면서 KSTAR 및 EAST와 국제공동협력체계를 강화하고 다양한 분야에서 공동연구를 수행하고 있고, 유럽은 JT-60SA를 일본과 공동운영하는 등 아시아에서 핵융합 연구가 활발하게 진행되고 있다.

한국의 ITER 가입

시간을 뒤로 돌려 때는 2000년대 초. 유럽과 일본은 ITER 부지를 두고 양보할 수 없는 싸움을 하고 있었다. 유럽은 스페인의 바르셀로나와 프랑스의 생폴레듀랑이 내부 경쟁에 들어가, 결국 프랑스 최대 원자력 센터가 있는 생폴레듀랑이 선정되었다. 일본은 방사성 폐기물 처리장이 있는 로카쇼무라를 내세웠다. 이 두 후보지를 두고 유럽, 러시아, 중국은 프랑스를 지지했고, 일본과 미국, 한국은 일본을 지지했다. 아직 인도가 ITER에 참여하기 전이라 6개 국가의 3:3 싸움은 기울지 않는 저울처럼 팽팽했다.

우리나라는 1995년에 한-EU 핵융합 공동협력 협정을 통해 유럽으로부터 ITER 가입을 적극적으로 권유받았다. 하지만 1997년 외환 위기로 백지화되었다가 2002년 ITER에 참여의향서를 전달하고, 2003년 6월에 ITER에 정식으로 가입할 수 있었다. 이렇게 보면 한국의 ITER 가입에는 유럽의 지지가 있었던 것이다.

2005년 6월 ITER 부지는 프랑스의 생폴레듀랑으로 최종 결정되었다. ITER 건설 부지 확정 직후, 우리나라는 2005년 10월 국내 핵융합 연구 전담 기관으로 핵융합연구센터를 출범하고 산하에 ITER 사업단을 조직했다. 그리고 그해 12월 ITER 공동이행협정 협상을 완료하고, 2006년 11월 ITER 공동이행협정에 서명했다. 이듬해인 2007년 9월에는 ITER 한국사업단을 설립했고, 우리나라는 ITER의 총 86개 주요 품목 중 10개 품목의 조달을 맡았다. 이 10개 품목 조달에 국내 224개 회사가 참여했다.

우리나라는 ITER에 가입하면서 2005년 12월 기준으로 8767억 원의 건설 분담금과 7500억 원의 운영과 실험 비용, 방사능 감쇄와 폐로 비용을 포함해 총 1조 6000억 원(부가세 미포함)을 분담하기로 약속했다. 현물 분담금의 대부분은 국내 산업체 매출로 고용 증대와 산업 경쟁력 강화에 기여하고 있고, ITER 참여를 통해 1500억원 규모의 해외 사업을 수주하면서 핵융합 에너지 개발이라는 거시적 효과와 더불어 단기적으로도 적지 않은 경제적 효과를 낳고 있다.

우리나라가 맡게 된 10가지 조달 품목은 다음과 같다.

① 토러스 진공 용기 본체, ② 진공 용기 포트, ③ 토로이달 자기장 코일의 초전도 도체, ④ 전원 공급 장치, ⑤ 내벽 코일 전류 전달 장치(busbar), ⑥ 열 차폐체, ⑦ 조립장비류, ⑧ 삼중수소의 저장과 공급 시스템, ⑨ 블랭킷 차폐 블록, ⑩ 플라즈마 진단 장치.

첫 번째로 진공 용기 본체는 초고온의 핵융합 플라즈마를 발생시켜 가두는, 다양한 내벽 장치를 지지하는 도넛 모양의 구조체다. ITER의 진공 용기는 높이가 13.7미터, 무게가 5000톤에 육박하는 대형 구조물이다. 이 큰 도넛은 한번에 제작하지 않고 9개 섹터(조각)로 나누어 제작한다. 섹터 하나당 평균 무게는 약 550톤으로 세계 최대 여객기인 A380의 최대 이륙 중량과 맞먹는다. 우리나라는 유럽연합과 함께 조달하며, 총 9개 중 4개를 맡았다.

진공 용기 포트는 진공 용기 본체와 가열 장치, 진단 장치, 진공 펌프 등을 연결하는 통로 역할의 구조물이다. 우리나라는 러시아와 함께 조달을 맡았다.

토로이달 자기장 초전도 코일은 토러스 축 방향 자기장을 만들어 플라즈마를 가두는 역할을 한다. 우리나라는 760 미터 규모의 초전도 도체 묶음 27개를 담당하였고, 2014년에 회원국 중 최초로 조달을 완료하였다.

전원공급장치는 ITER의 초전도 코일에 전류를 공급하는 전력 변환 장치다. 우리나라가 중국과 함께 조달을 맡았다.

내벽 코일 전류 전달 장치는 전원 장치로부터 진공 용기 포트에 설치된 내벽 코일 단자까지 전류를 전송하는 구조물이다. 내벽 코일은 플라즈마가 토카막 내벽을 향해 급작스럽게 움직이는 등 불안정성이 발생했을 때 이를 빠르게 제어하도록 진공 용기 내벽에 설치한 코일이다. 우리나라는 총 2.2킬로미터에 달하는 전류 전달 장치 전체를 맡았다.

열 차폐체는 수억 도의 플라즈마와 영하 269도 초전도 자석 사이의 열 전달을 막는 보호막 역할을 하는 설비다. 높이 12미터, 지름 25미터, 무게 900톤에 이르는 초대형 구조물로 표면에 은을 도금하여 복사열을 차단한다. 보온병과 유사한 원리다. 보온병 내부를 보면 반짝거리는데, 이는 복사에 의한 열의 이동을 막기 위해 은 도금을 했기 때문이다. 열 차폐체는 저온을 유지해야 해서 영하 196도의 헬륨이 열 차폐체의 냉각재로 쓰인다. 열 차폐체는 한국이 100퍼센트 조달한다.

조립 장비류는 ITER 주요 장치를 구성하는 진공 용기, 초전도 코일, 열 차폐체 등을 조립하는 데 필요한 전용 기구로 총 128종으로 이루어져 있다. 우리나라가 전량 조달한다.

삼중수소의 저장과 공급 시스템은 핵융합의 연료가 되는 삼중수소를 저장하고 공급하는 설비로 방사성 물질인 삼중수소를 다루기 때문에 극도의 안전성을 요구하는 품목이다. 우리나라는 월성원자력 발전소에서 삼중수소를 취급하는 기술을 보유하고 있어, 이 설비의 81.5퍼센트를 조달하게 되었다. 시스템의 설계, 제작, 시험, 운송, 현지 설치와 시범 운전 지원 업무를 수행한다.

블랭킷 차폐 블록은 진공 용기 내부에 설치하여 블랭킷 안에서 발생한 열과 방사선을 차단함으로써 진공 용기와 초전도 코일 등의 주요 장치를 보호하기 위해 설치하는 구조물이다. 총 440개의 모듈이 사용되는데, 각각의 무게는 4.6톤으로 우리나라와 중국이 절반씩 담당한다. 참고로 ITER의 블랭킷은 삼중수소 증식 기능이 없고, 앞에서 언급한 별도의 '테스트 블랭킷 모듈'에서 삼중수소 증식을 검증한다.

플라즈마 진단장치에 대해서는 '사고의 용광로'에서 이미 다룬

바 있다. ITER는 약 40여 종의 독립적인 진단 시스템으로 플라즈마 상태를 파악할 수 있다. 우리나라는 진단 상부 포트 플러그와 중성자 방사화 시스템 및 진공 자외선 분광기를 조달한다.

이처럼 우리나라는 ITER에 주요 품목 10개를 조달하지만, 이외에도 조달하는 품목이 또 있다. 바로 KSTAR 프로젝트를 성공적으로 완수했던 브레인들이다. 이경수 박사는 2015년 ITER 국제 기구의 2인자인 ITER 사무차장을 맡았고, KSTAR 건설 사업을 총괄했던 박주식 박사는 2012년 ITER의 수석 엔지니어로 ITER 조립 총괄을 맡았다. KSTAR 진공 용기를 책임졌던 최창호 박사는 ITER의 진공 용기 총괄을 맡았다. 포항공대 남궁원 교수는 2016년부터 ITER 건설의 일정과 예산 등 사업의 중요한 사항을 결정하는 최고 의결 기구인 ITER 이사회 의장을 맡았다. 서울대 황용석 교수는 2020년 ITER 과학기술자문위원회 의장을 맡았고, 전북대 홍봉근 교수는 2016년 ITER 테스트 블랭킷 모듈 프로그램 위원회 의장을 맡았다. ITER의 플라즈마 물리를 자문하는 전문가 그룹에는 2009년 포항공대/울산과기대 박현거 교수가 진단 그룹 의장을 맡고, 2018년에 저자는 통합 운전 그룹 의장을 맡았다.

이렇게 우리나라는 KSTAR 프로젝트의 성공으로 ITER를 비롯하여 세계의 핵융합 연구를 선도하는 '중간 진입'에 성공적으로 안착하게 되었다.

핵융합 상용화를 향한 우리나라의 발걸음

핵융합 발전과 같이 긴 호흡을 필요로 하는 연구는 정치에 좌지우지되지 않고 지속적인 지원을 받는 것이 매우 중요하다. 우리나라에서는 2007년에 '핵융합에너지개발진흥법'이 국회를 통과했다. 국회의원 213명이 참석하여 212명이 찬성표를 던졌다. 반대한 1표는 핵융합에 대한 반대가 아니라 '핵'에 대한 반대였다. 이처럼 국민의 전폭적인 지지로 핵융합 진흥법이 제정되었고, 이 법률에 의거하여 2040년경 핵융합 발전 실용화를 목표로 5년 간격으로 '핵융합에너지개발진흥기본계획'이 수립되고 있다.

핵융합에너지개발진흥기본계획은 '핵융합 에너지 실용화 기술개발로 지속가능한 국가 신에너지 확보'라는 비전을 세우고 이를 달성하기 위한 다음 세 단계를 제시하였다. 1단계는 2007년부터 2011년까지 핵융합 에너지 개발 추진 기반을 확립하는 것을 목표로, KSTAR 장치의 운영 기술 확보와 ITER 건설 참여를 기본 방향으로 설정하였다. 이를 위해 같은 기간에 제1차 핵융합 진흥기본계획이 수립되었다. 2단계는 2012년부터 2026년 까지로 실증로 플랜트 기반 기술 개발을 목표로, KSTAR에서 고성능 운전 기술을 확보하고 ITER의 운전 준비 및 실증로 개념 설계를 기본 방향으로 설정하였다. 이에 맞추어 제2차(2012년~2016년), 3차(2017년~2021년) 및 4차(2022년~2026년) 기본 계획이 수립되었다. 마지막 3단계는 2027년부터 2040년까지 핵융합 발전소 건설 능력 확보를 목표로, 핵융합 발전소 설계 기술을 확보하고, ITER 운영에서 핵심적인 역할을 수행하며 실증로의 공학 설계와 건설 및 전기 생산 실증을 기본 방향으로 삼았다. 이에 맞춰 5차(2027년~2031년), 6차(2032년~2036년) 및 7차(2037년~2041년) 기본 계획이 수립될 예정이다.

이처럼 핵융합 에너지 개발을 위한 국가 계획이 수립되고 이어 8대 핵심 기술이 도출되었다. 앞에서 언급한 바와 같이 ① 핵융합로 노심 플라즈마 기술, ② 증식 블랭킷 기술, ③ 핵융합로 소재 기술, ④ 연료 주기 기술, ⑤ 디버터 기술, ⑥ 가열 및 전류 구동 기술, ⑦ 초전도 자석 기술, ⑧ 안전·인허가 기술이 8대 핵심 기술로 선정되었으며 각 기술을 개발하기 위한 세부 로드맵이 수립되었다. 이 핵융합에너지개발진흥기본계획과 기술개발 로드맵에 따라 차질없이 연구개발이 진행된다면 2040년 경에는 우리나라에서 실증로 개발이 이루어지게 될 것이다.

> "핵융합은 세상이 필요로 할 때 가능할 것이다"
>
> — 레프 아르치모비치, 1972년

태양의 시대가 시작되다

나는 한스 베테와 나란히 서서 떠오르는 태양을 바라본다. 참으로 신비롭고 장엄하고 아름답다.

사람들은 한국의 첫 번째 핵융합 발전소의 완공에 환호하며 거대한 홀로그램으로 구현된 디지털 트윈 토카막 내부에서 타오르기 시작한 제2의 태양을 바라본다. 플라즈마의 온도는 곧 1억 도를 지나 3억 도에 도달한다. 핵융합 출력은 점차 오르기 시작하고 연료주기 계통에서 삼중수소가 감지되기 시작한다. 블랭킷에서 삼중수소가 성공적으로 생산되고 있었다. 한스 베테도 짐짓 놀란 표정이었다.

20○○년 ○월 ○일.

드디어 핵융합 발전소가 건설되었다.

아직 정해지지 않은 날짜.

이 날짜는 이 글을 읽고 있는 당신에 의해 결정될 것이다. 그리고 이 책을 읽고 있는 여러분 중 누군가는 설국열차처럼 소형 핵융합 엔진을 만들 것이며, 아이언맨처럼 초소형 핵융합 장치를 실현시킬 것이다.

"마지막으로 오늘날 우리는 어디에서
에너지를 공급받고 있는지에 대해 이야기하고 싶습니다.
우리의 에너지원은 태양, 비, 석탄, 우라늄, 수소입니다.
태양이 비를 만들고 석탄도 만드니
이 모든 것이 태양에서 왔다고 할 수 있습니다.
우리는 이미 우라늄에서 에너지를 얻고 있습니다.
우리는 또한 수소에서 에너지를 얻을 수 있지만,
아직은 폭발할 가능성이 있는 위험한 상태로만 얻을 수 있습니다.
핵융합 반응을 제어할 수 있다면 초당 약 10 리터의 물로
미국에서 생산되는 모든 전력과 맞먹는
에너지를 얻을 수 있을 것입니다!
이런 에너지 문제에서 인류를 해방시키는 방법을 찾아내는 일은
물리학자의 몫입니다. 우리는 할 수 있습니다."

— 리처드 파인먼,
《파인먼의 물리학 강의 1 (The Feynman Lectures on Physics I)》,
p.4~8, Addison-Wesley (1964) 에서

이 책에 나오는 주요 인물들

한스 베테 (Hans Albrecht Bethe, 1906. 7. 2 ~ 2005. 3. 6)

별과 태양의 에너지원이 핵융합 반응이라는 것을 이론적으로 밝혔다. 독일 태생이지만 나치를 피해 미국으로 망명하여 맨해튼 프로젝트의 이론물리 부장을 맡았다.
이 책 1부의 주요 인물이다.

엔리코 페르미 (Enrico Fermi, 1901. 9. 29 ~ 1954. 11. 28)

세계 최초의 원자로 CP-1을 만들었고, '자기장 마개(거울)'라는 핵융합 장치의 이론적 기반을 제공했다. '물리학의 교황', '모든 것을 알았던 마지막 사람', '핵시대의 설계자'로 불린다. 한스 베테에게 큰 영향을 끼쳤다.
이 책 1부의 주요 인물이다.

에드워드 텔러 (Edward Teller, 1908. 1. 15 ~ 2003. 9. 9)

헝가리 출신의 유대계 미국인 물리학자로, 베르너 하이젠베르크의 제자. '수소폭탄의 아버지'로 불린다. 맨해튼 프로젝트의 초기 멤버로 활동했고 미국 로런스 리버모어 연구소의 창립자 중 한 사람으로 나중에 소장을 역임했다. 마셜 로젠블루스와 양전닝의 스승이기도 하다. 이 책 1부에서 한스 베테에게 핵융합 연구를 제안하고 수소폭탄 개발을 주도한다.

레프 아르치모비치

(Lev Andreyevich Artsimovich, 1909. 2. 25 ~ 1973. 3. 1)

'토카막의 아버지'라 불리며, 쿠르차토프 연구소의 소장으로 있으면서 소련의 초기 핵융합 연구를 이끌었다. 달에 그의 이름을 딴 '아르치모비치 분화구'가 있다. 이 책 2부의 주요 인물이다.

안드레이 사하로프

(Andrei Dmitrievich Sakharov, 1921. 5. 21 ~ 1989. 12. 14)

소련의 핵물리학자. 소련의 수소폭탄 개발에 큰 활약을 했으며, 이고리 탐과 함께 토카막 핵융합 장치를 고안했다. 말년에는 소련에서 인권 향상 활동을 한 공로로 1975년에 노벨 평화상을 수상했다. 이 책 2부의 주요 인물이다.

이고리 탐

(Igor Yevgenyevich Tamm, 1895. 7. 8 ~ 1971. 4. 12)

소련의 물리학자로, 체렌코프 효과를 이론적으로 설명했고, 안드레이 사하로프의 스승이기도 하다. 사하로프와 함께 토카막을 고안했다. 이 책 2부의 주요 인물이다.

이고리 쿠르차토프

(Igor Vasil'evich Kurchatov, 1903. 1. 12 ~ 1960. 2. 7)

'소련의 오펜하이머'라고 할 수 있는 핵물리학자로, 소련의 원자폭탄 제조 계획을 주도해 '소련 원자폭탄의 아버지'로 불린다. 러시아의 대표적인 핵융합 연구소인 쿠르차토프 연구소는 그의 이름을 따라 지었다. 이 책 2부에 핵융합 연구의 국제 교류와 관련하여 나온다.

이고리 골로빈
(Igor Nikolaevich Golovin, 1913. 3. 12 ~ 1997. 4. 15)

소련의 물리학자. 소련의 원자폭탄 개발 프로그램에서 활동했고, 토카막 개발에도 적극 참여했다. '오그라(Ogra)' 핵융합 자기장 마개 장치 개발을 주도했고, '토카막'과 '오그라'라는 이름을 지었다. 이 책 2부에 핵융합 연료 연구를 비롯한 토카막 개발 과정에 나온다.

레프 란다우 (Lev Davidovic Landau, 1908. 1. 22 ~ 1968. 4. 1)

소련의 대표적인 이론 물리학자. 이론 물리학의 여러 분야에 큰 업적을 남겼으며, '란다우 감쇠'를 비롯해 플라즈마 물리학의 발전에도 크게 기여했다. 이 책 2부에 자기장 내부에서 입자의 거동을 설명하는 과학자로 나온다.

나탄 야블린스키
(Natan Aronovich Yavlinsky, 1912. 2. 13 ~ 1962. 7. 28)

소련의 공학자로 토카막을 실제로 구현하는데 커다란 역할을 했다. 이 책 2부에서 최초의 토카막 T-1의 개발자로 등장한다. 비행기 사고로 T-3의 완공을 보지 못하고 세상을 떠났다.

보리스 카돔체프
(Boris Borisovich Kadomtsev, 1928. 11. 9 ~ 1998. 8. 19)

소련의 플라즈마 이론물리학자. 핵융합 플라즈마의 수송과 난류, 불안정성의 해석에 커다란 업적을 남겼다. 이 책 2부에서 플라즈마 불안정성을 설명하는 인물로 나온다.

비탈리 샤프라노프
(Vitaly Dmitrievich Shafranov, 1929. 12. 1 ~ 2014. 6. 9)

소련의 플라즈마 이론물리학자. 핵융합 플라즈마의 평형과 불안정성을 밝히는 데 큰 역할을 했다. 이 책 2부에서 카돔체프와 함께 플라즈마 불안정성을 설명하는 인물로 나온다.

게르쉬 부드케르
(Gersh Itskovich Budker, 1918. 5. 1 ~ 1977. 7. 4)

소련의 원자핵 및 가속기 물리학자로, 부드케르 핵물리연구소의 초대 소장을 지냈다. 페르미의 이론을 적용하여 자기장 마개 핵융합 장치 개발에 크게 기여했다. 이 책 2부에서 자기장 마개 장치를 설명하는 역할로 나온다.

한네스 알벤
(Hannes Olof Gösta Alfvén, 1908. 5. 30 ~ 1995. 4. 2)

스웨덴의 물리학자로, 알벤파를 발견하고 오로라 현상을 규명하는 등 플라즈마 물리학의 기틀을 닦았다. 이 책 2부에 등장한다.

조지 패짓 톰슨
(George Paget Thomson, 1892. 5. 3 ~ 1975. 9. 10)

영국의 물리학자로, 전자를 발견한 조지프 존 톰슨의 아들이다. 영국에서 초기 핵융합 연구를 이끌었으며 핵융합 장치의 특허를 최초로 출원했다. 이 책 2부에서 영국의 핵융합 선구자로 나온다.

피터 소너맨 (Peter Clive Thonemann, 1917. 6. 3 ~ 2018. 2. 10)

호주 출신의 영국 물리학자. 옥스퍼드의 클래런던 연구소를 거쳐 하웰의 원자력 에너지 연구 시설에서 ZETA를 비롯한 핵융합 연구를 주도했다. 이 책 2부에서 영국의 핵융합을 이끄는 주요 인물 중 한 사람이다.

라이먼 스피처 (Lyman Spitzer, Jr., 1914. 6. 26 ~ 1997. 3. 31)

미국 프린스턴 대학의 천체물리학자로, 우주 망원경 개념을 제안했다. 스텔라레이터 핵융합 장치를 최초로 고안했고, 자기장을 이용한 핵융합 장치에서 '디버터'라는 개념을 제안했다. 이 책 2부에서 미국에서 활동하는 소련 핵융학 연구자들의 대표적인 경쟁자로 나온다.

마셜 로젠블루스

(Marshall Nicholas Rosenbluth, 1927. 2. 5 ~ 2003. 9. 28)

미국의 이론물리학자로, 플라즈마의 불안정성과 난류 등 플라즈마 물리학의 거의 모든 분야에 커다란 업적을 남겼다. 미국의 수소폭탄 개발 프로그램에도 참여했고, 계산통계역학과 입자물리학에도 적지 않은 공헌을 했다. '플라즈마 물리학의 교황'이라고 불린다. 이 책 2부에서 해결사 중 한 명으로 등장한다.

프리츠 바그너 (Friedrich Wagner, 1943. 11. 16 ~)

독일의 실험물리학자로, 유럽물리학회장을 역임했다. 막스플랑크 플라즈마 물리 연구소의 아스덱스 토카막 장치에서 고성능 플라즈마인 H-모드를 발견했다. 토카막의 성능을 한 단계 업그레이드했다. 이 책 3부의 주요 등장인물이다.

정기형 (1938. 4. 25 ~ 2016. 5. 13)

'망치 과학자'라 불리는 한국의 핵융합 실험가로, 우리나라의 초창기 핵융합과 가속기 실험을 이끌었다. 서울대에 우리나라 최초의 토카막 장치인 SNUT-79를 만들었다. 이 책 5부에 나온다.

최덕인 (1936. 4. 30 ~ 2022. 3. 28)

핵융합 플라즈마 이론가로, 한국의 초기 핵융합 연구를 이끌었다. KAIST 총장과 한국물리학회장을 역임했으며, 기초과학지원연구원장으로 KSTAR 프로젝트를 유치했다. 이 책 5부에 나온다.

정근모 (1939.12.30 ~)

한국을 대표하는 과학 석학 중 한 사람. 한국 최초의 핵융합 연구자로, 미국 프린스턴의 TFTR 설계에 참여했다. 두 차례 과학기술부 장관을 역임했으며, 한국과학원, 한국과학재단, 고등연구소, 한국과학기술한림원의 설립을 주도했고, 중간진입전략의 하나로 KSTAR 프로젝트를 시작했다. 이 책 5부에 나온다.

이경수 (1956.6.7 ~)

KSTAR 프로젝트의 대명사. 국가핵융합연구소 소장을 역임했으며 ITER 사무차장을 지냈다. 이 책 5부 KSTAR의 주역으로 나온다.

참고문헌

1
별이 빛나는 이유

아인슈타인의 $E = mc^2$

- **질량-에너지 등가 원리** A. Einstein, "Ist die Trägheit eines Körpers von seinem Energieinhalt abhängig?", *Annalen Der Physik* 18 pp.639-641 (1905)

질량은 어떻게 에너지로 바뀌는가

- **익명으로 발표된 프라우트의 논문** Anonymous (James Prout), "On the Relation between the Specific Gravities of Bodies in their Gaseous State and the Weights of their Atoms", *Annals of Philosophy* 6 pp.321-330 (1815); Anonymous (James Prout), "Correction of a Mistake in the Essay on the Relation between the Specific Gravities of Bodies in their Gaseous State and the Weights of their Atoms", *Annals of Philosophy* 7 pp.111-113 (1816)
- **에저턴의 수소 실험** A. C. G. Egerton, "The Analysis of Gases after Passage of Electric Discharge", *Proceedings of the Royal Society A* 91 pp.180-189 (1915)
- **하킨스의 핵융합 연구** William D. Harkins and Ernest D. Wilson, "LXXVI. Energy relations involved in the formation of complex atoms", *The London, Edinburgh, and Dublin Philosophical Magazine and Journal of Science* 30 pp.723-734 (1915); William D. Harkins and Ernest D. Wilson, "The Changes of mass and weight involved in the formation of Complex Atoms [First Paper on Atomic Structure]", *The Journal of the American Chemical Society* 37 pp.1367-1383 (1915); William D. Harkins and Ernest D. Wilson, "The Structure of Complex Atoms. The Hydrogen-Helium System [Second Paper on Atomic Structure]", *The Journal of the American Chemical Society*

37 pp.1383-1396 (1915); William D. Harkins and Ernest D. Wilson, "Recent Work on the Structure of the Atom [Third Paper on Atomic Structure]", *The Journal of the American Chemical Society* 37 pp.1396-1421 (1915); William D. Harkins and Ernest D. Wilson, "The Structure of Complex Atoms and the Changes of Mass and Weight Involved in Their Formation", *Proceedings of the National Academy of Science* 1 pp.276-283 (1915); Robert S. Mulliken, Biographical Memoir "William Draper Harkins", *National Academy of Scieces* pp.49-81 (1975)

- **하킨스 중성자 명칭 사용** William D. Harkins, "XXXIX. The constitution and stability of atom nuclei. (A contribution to the subject of inorganic evolution.)", *The London, Edinburgh, and Dublin Philosophical Magazine and Journal of Science* 42 pp.305-339 (1921); N. Feather, "A History of Neutrons and Nuclei. II.", *Contemporary Physics* 1 pp.257-266 (1960)
- **페랭의 연구** Jean Perrin, *Les Atomes*, Librairie Felix Alcan (1913)

태양의 심장을 갖고 싶다

- **에딩턴과 핵융합** A.S. Eddington, "The Internal Constitution of the Stars", *Nature* 106 pp.14-20 (1920); https://ccfe.ukaea.uk/eddingtons-dream-becoming-reality-100th-anniversary-of-the-discovery-of-solar-fusion/ (2024년 8월 31일 접속)
- **핵융합 연구의 초창기 역사** François Wesemael, "Harkins, Perrin and the Alternative Paths to the Solution of the Stellar-Energy Problem, 1915-1923", *Journal for the History of Astronomy* 40 pp.277-296 (2009); Daniel M. Siegel, "Classical-Electromagnetic and Relativistic Approaches to the Problem of Nonintegral Atomic Masses", *Historical Studies in the Physical Sciences* 9 pp.323-360 (1978); Matthew Stanley, "So simple a thing as a star: the Eddington-Jeans debate over astrophysical phenomenology", *The British Journal for the History of Science* 40 pp.53-82 (2007)

쿨롱 반발력을 넘어서려면

- **진스** J. H. Jeans, "The Internal Constitution and Radiation of Gaseous Stars", *Monthly Notices of the Royal Astronomical Society* 79 pp.319-332 (1919)
- **앳킨슨과 하우터만스** R. d'E. Atkinson und F. G. Houtermans, "Zur Frage der Aufbaumöglichkeit der Elemente in Sternen", *Zeitschrift für Physik* 54 pp.656-665 (1929); R. d'E. Atkinson, F. G. Houtermans, "Transmutation of the Lighter Elements in Stars", *Nature* 123 pp.567-568 (1929); Iosif B. Khriplovich, "The Eventual Life of Fritz Houtermans", *Physics Today* 45 29 (1992); Simon Singh, "Fun with physics", *Los Angeles Times*, May 7, 2006; R. Jungk, *Brighter Than a Thousand Suns*, Harcourt

Brace, New York (1958) | 《천 개의 태양보다 밝은》 (다산사이언스)

밝혀진 별의 비밀

- **한스 베테** https://www.britannica.com/biography/Hans-Bethe; https://www.youtube.com/watch?v=kAt9ZwZCJ1Q&list=PLVV0r6CmEsFyUDSroBQVEcbnNud7I9xom&index=71 (2024년 8월 31일 접속)
- **CNO 순환** H. A. Bethe, "Energy Production in Stars", *The Physical Review* 55, p.103 (1939); H. A. Bethe, "Energy Production in Stars*", *The Physical Review* 55, pp.434-456 (1939); C.F. von Weizsäcker (1937) "Über Elementumwandlungen im Innern der Sterne. I", *Physikalische Zeitschrift* 38 pp.176-191; C.F. von Weizsäcker (1938) "Über Elementumwandlungen im Innern der Sterne. II", *Physikalische Zeitschrift* 39 pp.633-646

페르미가 알아낸 $E = mc^2$의 암시

- **페르미의 해석이 포함된 "아인슈타인의 상대성 이론의 원리"** 이탈리아어 번역본 August Kopff, *I fondamenti della relativita einsteiniana*, Milano, Hoepli (1923)
- **콤스톡의 질량-에너지 변환식** Daniel F. Comstock, "I. The Relations of Mass to Energy", *Philosophical Magazine and Journal of Science*, 15 pp.1-21 (1908)
- **페르미 전기** 데이비드 N. 슈워츠 (김희봉 옮김) 《엔리코 페르미, 모든 것을 알았던 마지막 사람》, 김영사 (2020)
- **핵분열의 발견** Von O. Hahn and F. Strassmann, "Über den Nachweis und das Verhalten der bei der Bestrahlung des Urans mittels Neutronen entstehenden Erdalkalimetalle", *Die Naturwissenschaften* 27 pp.11-15 (1939); Lise Meitner and O. R. Frisch, "Disintegration of Uranium by Neutrons: a New Type of Nuclear Reaction", *Nature* 143 pp.239-240 (1939)

화성인이 시작한 원자폭탄

- **몬테카를로 방법** Nicholas Metropolis and S. Ulam, "The Monte Carlo Method", *Journal of the American Statistical Association* 44 pp.335-341 (1949)

파괴를 넘어 홍익으로

- **베테와 페르미** Silvan S. Schweber, "Enrico Fermi and Quantum Electrodynamics, 1929-32", *Physics Today* 55 pp.31-36 (2002); H. Bethe and E. Fermi, "Über die Wechselwirkung von zwei Elektronen", *Zeitschrift für Physik* 77 pp.296-306 (1932)

2
토카막의 탄생

소련의 비밀 연구소

- **소련의 원자력 연구** United States Atomic Energy Commission, "Atomic Energy in the Soviet Union", Trip Report of the U.S. Atomic Energy Delegation, May 1963; Vitalii D Shafranov, "The initial period in the history of nuclear fusion research at the Kurchatov Institute", *Physics-Uspekhi* 44 835 (2001)

첫 번째 문제: 태양을 만들 연료를 찾아라

- **우에믈 프로젝트** https://www.iter.org/newsline/196/930 (2024년 8월 31일 접속)
- **중수소** Harold C. Urey, F. G. Brickwedde, G. M. Murphy, "A Hydrogen Isotope of Mass 2", *The Physical Review* 39 pp.164-165 (1932)
- **원소 기준 체중 60 kg 사람의 원가** 요리후지 분페 (나성은, 공영태 옮김), 《캐릭터로 배우는 재미있는 원소생활》, 이치 (2013)
- **삼중수소** Brett F. Thornton and Shawn C. Burdette, "Tritium trinkets", *Nature Chemistry* 10 686 (2018)

물질의 첫 번째 상태, 플라즈마

- **플라즈마** W. Crookes, "On Radiant Matter", *Nature* 20 pp.419-423, 436-440 (1879); W. Crookes, "A Fourth State of Matter", *Nature* 22 pp.153-154 (1880); I. Langmuir, "Oscillations in Ionized Gases", *Proceedings of the National Academy of Sciences* 14 pp.627-637 (1928); L. Tonks, "The Birth of "Plasma", *American Journal of Physics* 35 pp.857-858 (1967)
- **최초의 핵융합** J.D. Cockcroft and E. T. S. Walton, "Experiments with high velocity positive ions. I. - Further Developments in the method of obtaining High Velocity Positive Ions" *Proceedings of the Royal Society A* 136 pp.619-630 (1932); J.D. Cockcroft and E. T. S. Walton, "Experiments with high velocity positive ions. II. - The disintegration of elements by high velocity protons" *Proceedings of the Royal Society A* 137 pp.229-242 (1932); M.L.E. Oliphant and Lord Rutherford, "Experiments on the transmutation of elements by protons", *Proceedings of the Royal Society of London Series A* 141 pp.259-281 (1933); M. L. E. Oliphant, P. Harteck, and Lord Rutherford, "Transmutation Effects Observed with Heavy

Hydrogen", *Proceedings of the Royal Society of London Series A* 144 pp.692-703 (1934)

레이저로 만든 태양

- **소련의 초창기 레이저 핵융합 연구** N.G. Basov and O.N. Krokhin, "The Conditions of Plasma Heating by the Optical Generator Radiation", *Quantum Electronics Proceedings of the third International Congress 2* pp.1373-1377 (1964)
- **로런스 리버모어 국립연구소 홈페이지** https://lasers.llnl.gov/about/faqs
- **미국의 레이저 핵융합 연구** A. B. Zylstra et al., "Burning plasma achieved in inertial fusion", *Nature* 601 pp.542-548 (2022)

전기장으로 가둔 태양

- **라브렌티에프의 비밀논문** "Lavrent'ev's proposal forwarded to the CPSU Central Committee on July 29, 1950", *Physics-Uspekhi* 44 862 (2001)

번개가 준 선물

- **시드니 대학에서 발견한 조임 효과** J. A. Pollock and S. Barraclough, "Note on a Hollow Lightning Conductor Crushed by the Discharge", *Journal and Proceedings of the Royal Society of New South Wales* 39 pp.131-138 (1905); Professor Peter Thonemann obituary, *The Times*, March 31 2018 (https://www.thetimes.co.uk/article/professor-peter-thonemann-obituary-7n2d2k75)
- **존슨과 베닛의 핀치 효과** J.B. Johnson, "A low voltage cathode ray oscillograph", *Journal of the Optical Society of America* 6 pp.701-712 (1922); Willard H. Bennett, "Magnetically Self-Focussing Streams", *Physical Review* 45 pp.890-897 (1934)
- **불안정한 플라즈마** F.N. Beg, J. Ruiz-Camacho, M.G. Haines, and A.E. Dangor, "Plasma dynamics during the evolution of two wire Z-pinch", *Plasma Physics and Controlled Fusion* 46 pp. 1-29 (2004)

시작도 끝도 없는 도넛

- **블래킷과 오펜하이머** 말콤 글래드웰 (노정태 옮김), 《아웃라이어》, 김영사 (2009)

오로라를 만들어 보자

- **란다우** L. Landau, "On the vibration of the electronic plasma". *Journal of Physics* 10 25-34 (1946); J.H. Malmberg, C.B. Wharton, "Collisionless Damping of

Electrostatic Plasma Waves", *Physical Review Letters* 13 pp.184-186 (1964)

- **알벤** H. Alfvén, *Cosmical Electrodynamics*, Oxford (1950); H. Alfvén, "On the cosmogony of the solar system III". *Stockholms Observatoriums Annaler* 14 pp.1-29 (1942)

페르미는 알고 있었다

- **페르미의 자기장 가둠** E. Fermi, "On the Origin of the Cosmic Radiation", *Physical Review* 75 pp.1169-1174 (1949); E. Fermi, "Galactic magnetic fields and the origin of cosmic radiation", *The Astrophysical Journal* 119 pp.1-6 (1954)
- **페르미와 알벤** https://link.springer.com/article/10.1007/s11207-018-1296-3
- **자기장 거울 장치** R.F. Post, *Sixteen Lectures on Controlled Thermonuclear Reactions*, University of California Radiation Laboratory (1954)

미국에서 온 소식

- **꼬임 불안정성** M. Kruskal and M. Schwarzschild, "Some Instabilities of a Completely Ionized Plasma", *Proceedings of the Royal Society A* 223 pp.348-360 (1954); M.N. Rosenbluth and C.L. Longmire, "Stability of plasmas confined by magnetic fields", *Annals of Physics* 1 120-140 (1957); S. Chandrasekhar, "The stability of viscous flow between rotating cylinders in the presence of a magnetic field", *Proceedings of the Royal Society A*, 216, 293-309 (1953); https://www.iter.org/fr/newsline/33/819 (2024년 8월 31일 접속)
- **로젠블루스** American Institute of Physics, History Programs, Niels Bohr Library & Archives Oral History Interviews; https://www.aip.org/history-programs/niels-bohr-library/oral-histories/28636-1 (2024년 8월 31일 접속)
- **란다우 스케일** Mermin, N. David. (1981). "One of the Great Physicists … and Great Characters", *Physics Today*, in Boojums *All the Way Through: Communicating Science in a Prosaic Age* (§3:35-37). Cambridge University Press, 1990.; https://www.eoht.info/page/Landau%20genius%20scale (2024년 8월 31일 접속)

휴가를 떠나자 꼬인 빛줄이 보였다

- **매터혼 프로젝트** https://nuclearprinceton.princeton.edu/project-matterhorn; "Primer: Project Matterhorn and Early Fusion Research"(https://etherwave.wordpress.com/2009/05/28/hump-day-history-project-matterhorn-and-early-fusion-research/) (2024년 8월 31일 접속)

- **스텔라레이터** Lyman Spitzer, Jr., "The Stellarator Concept", *The Physics of Fluids* 1 pp.253-264 (1958)

마법의 튜브

- **영국의 ZETA** https://www.iter.org/newsline/-/2905

영국을 방문한 소련 원자폭탄의 아버지

- **쿠르차토프의 하웰 연구소 방문** I. V. Kurchatov, "The Possibility of Producing Thermonuclear Reactions in a Gaseous Discharge", *The Soviet Journal of Atomic Energy* (in English Translation), Volume 1, pp. 359-366 (1956)

마침내 탐과 사하로프가

- **토카막의 역사** V.P. Smirnov, "Tokamak foundation in USSR/Russia 1950-1990", *Nuclear Fusion* 50 014003 (2010)
- **'토카막'이라는 이름의 유래** https://www.iter.org/newsline/55/1194

마법의 끝

- **ZETA의 결과** P. C. Thonemann et al., "Controlled Release of Thermonuclear Energy", *Nature* 181 pp.217-220(1958)

스위스에 걸린 슬로건

- **1958년 제2회 '원자력 에너지의 평화적인 이용을 위한 UN 국제학회'** https://nucleus.iaea.org/sites/fusionportal/SiteAssets/Peaceful%20Uses%20of%20Atomic%20Energy.pdf (2024년 8월 31일 접속)
- **유카와 히데키** Mitsuru Kikuchi, "The large tokamak JT-60: a history of the fight to achieve the Japanese fusion research mission", *European Physical Journal H* 43 pp.551-577 (2018)
- **루트비히 비어만** "On the 25th anniversary of Ludwig Biermann's death" (https://wwwmpa.mpa-garching.mpg.de/mpa/institute/news_archives/news1101_biermann/news1101_biermann-en.html) (2024년 8월 31일 접속)

정체된 태양

- **데이비드 봄의 확산 계수** A. Guthrie and R. K. Wakerling (eds.), *The characteristics of*

electrical discharges in magnetic fields, New York: McGraw-Hill (1949); L. Spitzer, "Particle Diffusion across a Magnetic Field", *Physics of Fluids* 3 pp.659-661 (1960)
- **몬드리안의 그림** 오종우, 《예술적 상상력: 보이는 것 너머를 보는 힘》, 어크로스 (2019)

태양 측정

- **아프로시모프** In memory of Vadim Vasil'evich Afrosimov, *Physics-Uspekhi* 62 841-842 (2019)
- **루키야노프** S. Tu. Lukyanov and V. I. Sinitsyn, "Spectroscopic studies of intense pulse discharge in hydrogen", *Soviet Journal of Atomic Energy* 1 pp.379-387 (1956)
- **밀도 측정** T. P. Hughes, "Time-Resolved Interferometry of Ruby Laser Emission", *Nature* 195 pp.325-328 (1962); Charles B. Wharton and Donald M. Slager, "Microwave Interferometer Measurements for the Determination of Plasma Density Profiles in Controlled Fusion Experiments", *IRE Transactions on Nuclear Science 6* pp.20-22 (1959)

소련의 선언: 누가 감히 토카막에 견줄 것인가

- **컬햄 5인방과 토카막 온도 측정 결과** John Connor and Colin Windsor, "Derek Robinson. 27 May 1941 - 2 December 2002", *Biographical Memoirs of Fellows of the Royal Society* 57 395-422 (2011); https://www.iter.org/newsline/102/1401; 'Mission to Moscow: 50 years on' (https://ccfe.ukaea.uk/mission-to-moscow-50-years-on/) (2024년 8월 31일 접속); N. J. Peacock, D. C. Robinson, M. J. Forrest, P. D. Wilcock, V. V. Sannikov, "Measurement of the Electron Temperature by Thomson Scattering in Tokamak T3", *Nature* 224 pp.488-490 (1969)
- **뮌헨의 미스터리와 볼프강 스토디크** A. Iiyoshi, Development of the Stellarator/Heliotron Research, NIFS-84, JP9109087, May 1991; 'Pioneering plasma physicist Wolfgang Stodiek who helped create PPPL's first tokamak passes away' (https://www.miragenews.com/pioneering-plasma-physicist-wolfgang-stodiek-534831) (2024년 8월 31일 접속).

3

인공 태양으로 가는 길

꿈은 여기까지인가

- **알파벳 D 모양 플라즈마** L.A. Artsimovich and V.D. Shafranov, "Tokamak with Non-round Section of the Plasma Loop", *ZhETF Pis*. Red. 15, No. 1, 72-76 (1972); M. Kocan et al., "Impact of a narrow limiter SOL heat flux channel on the ITER first wall panel shaping", *Nuclear Fusion* 55 033019 (2015)

독일에서 나온 돌파구

- **바그너와 H-모드** F. Wagner et al., "Regime of Improved Confinement and High Beta in Neutral-Beam-Heated Divertor Discharges of the ASDEX Tokamak", *Physical Review Letters* 49 pp.1408-1412 (1982); https://www.iter.org/newsline/86/659; https://www.ipp.mpg.de/1084906/wagner
- **경계면 불안정성** M. Keilhacker et al., "Confinement Studies in L and H-type ASDEX Discharges", *Plasma Physics and Controlled Fusion* 26 pp.49-63 (1984); S.M. Kaye et al., "Attainment of High Confinement in Neutral Beam Heated Divertor Discharges in the PDX Tokamak", *Journal of Nuclear Materials* 121 pp.115-125 (1984)

1억 도를 향하여 - 태양을 향해 중성입자를 쏴라

- **CLEO의 중성입자빔주입 가열** J.G. Cordey et al., "Injection of a neutral particle beam into a tokamak: experiment and theory" *Nuclear Fusion* 14 pp.441-444 (1974)
- **PLT의 중성입자빔주입 가열** L.R. Grisham, "Neutral Beam Heating in the Princeton Large Torus", *Science* 207 pp.1301-1309 (1980)

진격의 거대 장치들

- **JET의 탄생** Paul-Henri Rebut, The Joint European Torus, *European Physical Journal H* 43 459 (2018)

발상의 전환과 토카막 업그레이드

- **JET와 TFTR** R.J. Hawryluk, "Results from deuterium-tritium tokamak confinement experiments", *Reviews of Modern Physics* 70 pp.537-587 (1998)

유럽연합과 미국의 총성 없는 전쟁

- **JET vs. TFTR** J. Jacquinot and the JET team, "Deuterium-tritium operation in magnetic confinement experiments: Results and underlying physics", *Plasma Physics and Controlled Fusion* 41 A13 (1999)
- **골드스톤과 자키노의 내기** https://www.pppl.gov/news/2022/friendly-wager-between-pppl-and-jet-physicists-finally-paid-34-years-later (2024년 8월 31일 접속)

밝아 보였지만 어두웠던 길

- **상온 핵융합** Martin Fleischmann, Stanley Pons, "Electrochemically induced nuclear fusion of deuterium" *Journal of Electroanalytical Chemistry* 261 pp. 301-308 (1989)

핵융합 에너지 시대로 가는 지름길 - ITER

- **INTOR** https://www.iter.org/newsline/62/146
- **ITER** "ITER Physics Basis", *Nuclear Fusion* 39 pp.2137-2638 (1999); James Glanz, "Turbulence May Sink Titanic Reactor", *Science* 274 96 pp.1600-1602

4
핵융합 발전이 가능하려면

핵융합로의 조건

- **로슨 조건** J. D. Lawson, "Some Criteria for a Power Producing THermonuclear Reactor", *Proceedings of the Physical Society B* 70 6 (1957); https://www.euro-fusion.org/news/detail/interview-with-jd-lawson/

아직 풀지 못한 문제들

- "2050년대 핵융합 전력생산 실증에 필수적인 8대 핵심기술", 나용수 외, 핵융합원천연구개발 신규 사업 추진 사전기획 연구, 한국연구재단, 2019. 12. 20

플라즈마 불안정성 제어

- **경계면 불안정성** Jong-Kyu Park et al, "3D field phase-space control in tokamak plasmas", *Nature Physics* 14 pp.1223-1228 (2018); P.T. Lang et al, "ELM control strategies and tools: status and potential for ITER", *Nuclear Fusion* 53 043004 (2013); A. Loarte et al, "Progress on the application of ELM control schemes to ITER scenarios from the non-active phase to DT operation", *Nuclear Fusion* 54 033007 (2014)

고성능 플라즈마의 장시간 운전 기술

- **자발 전류** R.J. Bickerton, J.W. Connor & J.B. Taylor, "Diffusion Driven Plasma Currents and Bootstrap Tokamak", *Nature Physical Science* 229 pp.110-112 (1971); M.C. Zarnstorff et al., "Bootstrap Current in TFTR", *Physical Review Letters* 60 pp.1306-1309 (1988)
- **하이브리드 모드** Yong-Su Na et al., "On hybrid scenarios in KSTAR", *Nuclear Fusion* 60 086006 (2020)
- **FIRE 모드** H. Han, S.J. Park, and Yong-Su Na et al., "A sustained high-temperature fusion plasma regime facilitated by fast ions", *Nature* 609 pp.269-275 (2022)
- **TRIASSIC** C.Y. Lee, Yong-Su Na et al., "Development of integrated suite of codes and its validation on KSTAR", *Nuclear Fusion* 61 096020 (2021)

핵융합 극한 재료

- **ITER의 디버터** T. Hirai et al., "Use of tungsten material for the ITER divertor", *Nuclear Materials and Energy* 9 616-622 (2016)

5
우리나라의 핵융합

핵융합 상용화를 향한 세계 각국의 발걸음

- 미국 Final Report Of the Committee on a Strategic Plan for U.S. Burning Plasma Research (NASEM) (2018)

한국의 별, KSTAR

- **KSTAR 장치** G.S. Lee et al, "The KSTAR project: An advanced steady state superconducting tokamak experiment", *Nuclear Fusion* 40 575 (2000); 추용, 박갑래, 오영국, "한국의 핵융합장치용 대형초전도자석 기술현황 및 계획", 《초전도와 저온공학》 17 pp.32-37 (2015); 김성규, "핵융합 연구현황, 원연 KT-2중형토카막계획 - KT-2토카막, 차세대중형급 선구자격될 듯", 《원자력산업》 제14권 제12호 pp.36-56 (1994)
- **경계면 불안정성 제어** Y.M. Jeon et al., "Suppression of Edge Localized Modes in High-Confinement KSTAR Plasmas by Nonaxisymmetric Magnetic Perturbations", *Physical Review Letters* 109 035004 (2012); Jong-Kyu Park et al., "3D field phase-space control in tokamak plasmas", *Nature Physics* 14 pp.1223-1228 (2018)
- **2차원 이미징 진단을 이용한 불안정성 해석** G.S. Yun, H.K. Park et al., "Two-Dimensional Visualization of Growth and Burst of the Edge-Localized Filaments in KSTAR H-Mode Plasmas" *Physical Review Letters* 107 045004 (2011)
- **플라즈마 방전 현상 규명** Min-Gu Yoo and Yong-Su Na et al., "Evidence of a turbulent ExB mixing avalanche mechanism of gas breakdown in strongly magnetized systems", *Nature Communications* 9 3523 (2018)
- **플라즈마 난류와 불안정성의 상관 관계 규명** Minjun J. Choi et al., "Effects of plasma turbulence on the nonlinear evolution of magnetic island in tokamak", *Nature Communications* 12 375 (2021)
- **새로운 토카막 자발 전류 발견** Yong-Su Na, Jaemin Seo et al., "Observation of a new type of self-generated current in magnetized plasmas", *Nature Communications* 13 6477 (2022)

핵융합 전반에 대해서는 다음과 같은 자료를 참고했다.

- Garry McCracken, Peter Stott, Fusion: *The Energy of the Universe*, Elsevier (2005)
- James A. Mahaffey, *Nuclear Power, Fusion*, Facts On File (2012)
- "50 years of research for energy of the future", Max-Planck-Institut für Plasmaphysik, Imprint, 7/2010 (2010)
- Laila A. El-Guebaly, "Fifty Years of Magnetic Fusion Research (1958-2008): Brief Historical Overview and Discussion of Future Trends", *Energies* 3 pp.1067-1086 (2010)
- Daniel Clery, *A Piece of the Sun: The Quest for Fusion Energy*, New York: The Overlook Press (2013)
- **토카막 장치 정리** http://www.tokamak.info/

찾아보기

그림 출처

13,77~80,147,154,158,252~254쪽 Culham Center for Fusion Energy

16~18쪽 National Aeronautics and Space Administration (NASA)

27쪽 Michael Okoniewski/Cornell Archives

114쪽 (cc-sa 3.0) Zátonyi Sándor

204쪽(위) 量子科学技術研究開発機構 (National Institutes for Quantum Science and Technology)

204쪽(아래),308~310,338쪽 Max-Planck-Institut für PlasmaPhysik

247~248,299,358~360쪽 ITER

292쪽(위) EUROFUSION

292쪽(아래) Princeton Plasma Physics Laboratory (PPPL)

293쪽(아래) 核融合科学研究所 (National Institute for Fusion Science)

367~368쪽 정기형

387,390~391쪽 한국핵융합에너지연구원

태양을 만드는 사람들

토카막으로 만드는 핵융합 무한 에너지

지은이 나용수

1판 1쇄 발행 2024년 1월 30일
1판 2쇄 발행 2024년 9월 25일

펴낸곳 계단
출판등록 제25100-2011-283호
주소 (04085) 서울시 마포구 토정로4길 40-10, 2층
전화 070-4533-7064
팩스 02-6280-7342
이메일 paper.stairs1@gmail.com
페이스북 facebook.com/gyedanbooks

값은 뒤표지에 있습니다.

ISBN 978-89-98243-30-2 03550

이 도서는 한국출판문화산업진흥원의 '2023년 중소출판사 출판콘텐츠 창작 지원 사업'의 일환으로
국민체육진흥기금을 지원받아 제작되었습니다.